NIEMANN

ELEMENTOS DE MÁQUINAS

VOLUME III

Blucher

GUSTAV NIEMANN

Doutor Engenheiro, Professor da Escola Superior de Tecnologia de München

ELEMENTOS DE MÁQUINAS

VOLUME III

Tradutor
OTTO ALFREDO REHDER

Professor da Escola de Engenharia de São Carlos da Universidade de São Paulo

MASCHINENELEMENTE
A edição em língua alemã foi publicada pela
SPRINGER – VERLAG.
© 1950/60 by Springer-Verlag

Elementos de máquinas – vol. 3
© 1971 Editora Edgard Blücher Ltda.

14ª reimpressão – 2022

Blucher

Rua Pedroso Alvarenga, 1245, 4º andar
04531-012 – São Paulo – SP – Brasil
Tel 55 11 3078-5366
contato@blucher.com.br
www.blucher.com.br

É proibida a reprodução total ou parcial por quaisquer meios, sem autorização escrita da Editora.

Todos os direitos reservados pela Editora Edgard Blücher Ltda.

FICHA CATALOGRÁFICA

Niemann, Gustav
  Elementos de máquinas / Gustav Niemann – São Paulo: Blucher, 1971.

  Título original: Maschinenelemente
  Conteúdo: v. 3 / tradutor Otto Alfredo Rehder

  Bibliografia.
  ISBN 978-85-212-0035-2

  1. Engenharia mecânica 2. Máquinas I. Título

04-5170   CDD-621.8

Índices para catálogo sistemático:
1. Máquinas: Engenharia mecânica   621.8

Índice

23.	Engrenagens cônicas e cônicas descentradas (*hipóides*)	1
23.1.	Tipos, propriedades e aplicações	1
23.2.	Geometria e dimensões das engrenagens cônicas	1
	1. Associação de engrenagens cônicas	1
	2. Representação do cone e do ângulo de cone	2
	3. Engrenamento na engrenagem cônica e na engrenagem de base	3
	4. Desenvolvimento das linhas dos flancos	3
	5. Perfil do dente na engrenagem cônica e na engrenagem de base	5
	6. Engrenamento no cone posterior e seu desenvolvimento	6
	7. Dimensões de fabricação do engrenamento com engrenagens cônicas	7
	8. Contôrno da cabeça e do pé do dente	7
	9. Deslocamento de perfil	8
	10. Sensibilidade ao êrro nas engrenagens cônicas	9
23.3.	Dimensionamento e resistência das engrenagens cônicas	9
	1. Fixação das medidas	9
	2. Engrenagens cilíndricas equivalentes	11
	3. Resistência das engrenagens cônicas	11
	4. Fôrças nos mancais e dimensionamento	12
	5. Exemplos de cálculos	12
23.4.	Engrenagens cônicas descentradas (*redutores cônicos helicoidais e hipoidais*)	14
	1. Tipos de construção	14
	2. Geometria e dimensões das engrenagens cônicas descentradas	15
	3. Fixação das grandezas	18
	4. Comprovação de resistência	18
	5. Fôrças nos mancais e dimensionamento	19
	6. Exemplo de cálculo	19
23.5.	Normas e bibliografia sôbre as engrenagens cônicas	19
24.	Redutor de parafuso sem-fim	21
24.1.	Propriedades, utilização e dados de funcionamento	21
	1. Propriedades	21
	2. Utilização	21
	3. Resistência mecânica, dimensionamento e custo	22
24.2.	Tipos de associação, forma de dente e comportamento funcional	22
	1. Forma do dente de parafusos cilíndricos	22
	2. Desenvolvimento das linhas de contato e comportamento funcional	22
	3. Outros tipos de associação	23
24.3.	Limites de solicitação e comportamento funcional	23
24.4.	Configuração e apoios, lubrificação e montagem	26
	1. Posição do parafuso	26
	2. Apoios do eixo do parafuso	26
	3. Apoios do eixo da coroa	26
	4. Proteção dos mancais	27
	5. Parafuso	27
	6. Anéis de coroa	28
	7. Caixa	28
	8. Lubrificação e escolha do óleo	28
	9. Montagem e amaciamento	29
24.5.	Designações e relações geométricas	29
	1. Designações e dimensões	29
	2. Relações geométricas	30
24.6.	Transformação de cálculo no perfil	31
	1. Perfil de ferramenta W do perfil no corte axial A	32
	2. Perfil no corte normal N do perfil no corte axial A	32
	3. Perfil no corte axial A do perfil da ferramenta W	32
	4. Perfil no corte normal N do perfil da ferramenta W	32
	5. Perfil no corte axial A do perfil no corte normal N	32
	6. Perfil da ferramenta W do perfil no corte normal N	32
24.7.	Determinação das linhas de contato	34
24.8.	Determinação das dimensões	34
	1. Quando são dados a e i	34
	2. Quando são dados (d_{m1}, z_1, m) e i do parafuso	36

	3. Quando são dadas sòmente as condições de funcionamento	36
	4. Determinação de parafusos para séries de redutores	36
24.9.	Verificação do coeficiente de segurança dos flancos S_F	36
24.10.	Verificação do coeficiente de segurança de temperatura S_T	37
	1. Para carregamento e rotação constantes	37
	2. Para carregamento e rotação variáveis	38
	3. Para pequeno tempo de funcionamento	38
24.11.	Rendimento e potência perdida	38
	1. Grandezas totais	38
	2. Grandezas da associação de dentes	39
	3. Coeficiente de atrito do dente μ_z	40
	4. Potência em vazio N_0	41
	5. Potência perdida N_p devido a solicitações nos mancais	41
24.12.	Verificação do coeficiente de segurança à flexão S_W do eixo do parafuso	41
24.13.	Verificação do coeficiente de segurança à ruptura do dente S_B	41
24.14.	Solicitação dos eixos e mancais	41
24.15.	Exemplos de cálculo	43
24.16.	Tabelas e gráficos	46
24.17.	Bibliografia	52

25. Engrenagens cilíndricas helicoidais — 55

25.1.	Propriedades e aplicações	55
25.2.	Geometria das engrenagens helicoidais	55
	1. Designações e dimensões	55
	2. Contato dos flancos e desenvolvimento do engrenamento	55
	3. Velocidades de escorregamento v_F	57
	4. Resumo das relações geométricas	57
25.3.	Fôrças, potência perdida e rendimento do engrenamento	58
	1. Fôrças nos dentes no ponto de rolamento	58
	2. Potência perdida e rendimento	60
25.4.	Pressão nos flancos	61
25.5.	Dimensionamento prático	62
	1. Determinação geométrica	62
	2. Determinação de d_1 pelo valor C	63
	3. Determinação de d_1 pela pressão nos flancos	63
	4. Limite de engripamento e escolha de óleo	63
25.6.	Exemplo de cálculo	64
25.7.	Bibliografia	64

26. Transmissões por corrente — 65

26.1.	Generalidades	65
	1. Campo de aplicação	65
	2. Funcionamento	66
	3. Correntes de transmissão	66
	4. Engrenagens de corrente	68
	5. Correntes de transporte e de carga	69
26.2.	Transmissão de fôrça e fôrças aparentes	69
	1. Designações e dimensões	69
	2. Transmissão de fôrça	70
	3. Fôrça tangencial U	70
	4. Fôrça de protensão U_v	71
	5. Fôrça centrífuga P_F e componente U_F	72
	6. Efeito poligonal e fôrça poligonal U_P	72
	7. Fôrça de choque P_A	74
26.3.	Solicitações nas correntes de transmissão	74
	1. Para correntes de rolos e de buchas	74
	2. Nas correntes de dente	75
	3. Materiais e tensões admissíveis nas correntes de dente	75
26.4.	Atrito de articulação, vida e rendimento	76
	1. Alongamento da corrente	76
	2. Limite do alongamento da corrente e diâmetro do círculo de cabeça d_k	76
	3. Critério para o desgaste nas articulações, vida e p_{ad}	76
	4. Atrito da articulação e rendimento	77
26.5.	Oscilações nas transmissões por corrente	78
	1. Oscilações transversais	78
	2. Oscilações longitudinais	78
26.6.	Cálculo prático das transmissões por corrente	79
	1. Igualdades genéricas	79
	2. Resistência das transmissões por corrente	79
	3. Resistência das correntes transportadoras e de carga	81

26.7.	Tabelas e gráficos	81
26.8.	Normas e bibliografia	84
27. Transmissões por correia		86
27.1.	Resumo	86
	1. Tipo de transmissão de fôrça	86
	2. Propriedades das transmissões por correia (em relação às transmissões de dente e de corrente)	87
	3. Construções diferentes de transmissões por correia	87
	4. Dados de funcionamento e comparativos	89
	5. Potência transmissível	89
27.2.	Designações e dimensões	89
27.3.	Igualdades e noções genéricas	89
27.4.	Tensões na correia	90
27.5.	Alongamento de desligamento e escorregamento	91
27.6.	Tipos construtivos de correias planas	91
	1. Transmissão de correia alerta	91
	2. Transmissão de correia cruzada	92
	3. Transmissões meio cruzadas e angulares	92
	4. Correias cambiáveis	92
	5. Configuração das polias	93
27.7.	Formação da protensão	93
	1. Para distância entre eixos fixa através do encurtamento da correia	94
	2. Para distância entre eixos fixa através de rolos esticadores no lado sem carga	95
	3. Pelo aumento da distância entre os eixos	95
	4. Através da autoprotensão	95
27.8.	Escolha e acoplamento da correia	96
	1. Correia de couro	96
	2. Correias de borracha e balata	97
	3. Correias têxteis	97
	4. Correias aglomeradas com material sintético	97
	5. Fita de aço	97
27.9.	Dimensionamento prático das correias planas	97
	1. Dependências necessárias	97
	2. Determinação das dimensões	98
	3. Contrôle das solicitações	98
27.10.	Exemplos de cálculo para correias planas	99
	1. Exemplo 1	99
	2. Exemplo 2	99
	3. Exemplo 3	99
	4. Exemplo 4	100
	5. Comparação dos resultados dos Exs. 1-4	100
27.11.	Tabelas para o cálculo de transmissões por correia	101
27.12.	Transmissões por correia em V	103
	1. Disposição	103
	2. Cálculo de resistência	104
	3. Dimensionamento prático	104
	4. Dados de referência	105
	5. Exemplo	105
27.13.	Bibliografia	105
28. Rodas de atrito		107
28.1.	Tipos construtivos e utilização	107
	1. Nas rodas de atrito constante	107
	2. Nas rodas de atrito variáveis	107
	3. Nas rodas de atrito cônicas	107
	4. Associação múltipla	108
28.2.	Produção das fôrças de compressão	108
28.3.	Associação de material nas rodas de atrito e dados experimentais de funcionamento	109
28.4.	Limitação de carga	109
28.5.	Cálculo e dimensionamento de associações com rodas de atrito	109
	1. Designações e dimensões	109
	2. Associação fundamental genérica para o cálculo	110
	3. Movimento de rolamento, escorregamento e relação de multiplicação	111
	4. Relações geométricas	111
	5. Pressão de rolamento, fôrça e potência	111
	6. Potência de atrito devido ao escorregamento forçado, dado de perda e rendimento	112
	7. **Desgaste, vida e limite de solicitação**	113
	8. Cálculo para contato puntiforme	113
28.6.	Exemplos de cálculo	115
	1. Exemplo para rodas de atrito constante	115
	2. **Exemplo para rodas de atrito de regulação**	115
	3. **Crítica às duas construções**	116

      28.7. Tabelas para o cálculo 116
      28.8. Bibliografia 117

VI. ACOPLAMENTOS 119

29. Acoplamentos e freios de atrito 119
    29.1. Resumo 119
        1. Acoplamentos de atrito 119
        2. Freios de atrito 120
    29.2. Processo de atrito no acoplamento e no freio 120
        1. Aceleração com um acoplamento de engate 120
        2. Aceleração com acoplamento de engate com mudança em vários degraus 122
        3. Partida com um acoplamento centrífugo 122
        4. Acionamento com um acoplamento de segurança 122
        5. Desaceleração com um freio de frenagem 123
        6. Nos freios de bloqueio 123
        7. Nos freios de potência 123
    29.3. Escolha, dimensionamento e cálculo 123
        1. Designações e dimensões 123
        2. Escolha do tipo de construção, comando e engate 124
        3. Posição de repouso e ajustes 124
        4. Dados de funcionamento 124
        5. Escolha das principais dimensões 124
        6. Dados de carga 125
        7. Dados de comando 125
        8. Cálculo do calor 125
        9. Cálculo da vida 126
        10. Dimensionamento magnético 126
    29.4. Exemplos de cálculo 127
    29.5. Dados experimentais e recomendáveis 132
        1. Tabelas 132
        2. Relações e associações de atrito 134
        3. Tipos construtivos e propriedades 136
        4. Recomendações para o projeto 137
        5. Apresentações variadas 139
        6. Engate e comando 142
    29.6. Construções realizadas 143
        1. Acoplamentos de atrito 143
        2. Freios de atrito 146
    29.7. Bibliografia 148
30. Acoplamentos direcionais (*catracas, rodas livres e acoplamentos de adiantamento*) 153
    30.1. Resumo 153
        1. Tipo de trabalho e utilização 153
        2. Tipos construtivos e designações 153
    30.2. Designações e dimensões 154
    30.3. Apresentação com catraca de travamento 155
        1. Para a construção 155
        2. Dimensionamento e cálculo 156
        3. Dados experimentais 156
        4. Exemplos de cálculo 157
        5. Construções executadas 157
    30.4. Apresentações por atrito 158
        1. Para a construção 158
        2. Dimensionamento e cálculo 160
        3. Dados experimentais 162
        4. Exemplos de cálculo 163
        5. Construções executadas com travamento por atrito 165
    30.5. Bibliografia 170

23. Engrenagens cônicas e cônicas descentradas *(hipóides)*

23.1. TIPOS, PROPRIEDADES E APLICAÇÕES

A Fig. 23.1 dá uma visão geral sôbre os principais tipos de engrenagens, as Figs. 20.2a a 20.2d as construções típicas com dentes retos, inclinados e circulares, e as Figs. 23.2 a 23.4 as diversas possibilidades de associação de engrenagens cônicas.

Engrenagens cônicas. Simplesmente, sem outra denominação, são aquelas cujos eixos se cruzam num ponto. Os eixos limitam o ângulo de cruzamento δ_A (geralmente 90°). Nas págs. 87 e 91 a 97 do Vol. II, tem-se um confronto das engrenagens cônicas em relação às cilíndricas e aos parafusos sem-fim, sob o ponto de vista de resistência, de aplicação, de dimensão e de custo.

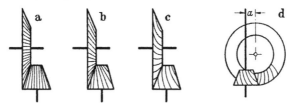

Figura 23.1 — Visão sôbre as associações de engrenagens cônicas

Engrenagens cônicas descentradas[1]. Trata-se, aqui, das associações de engrenagens com eixos reversos (Figs. 20.2 e 23.19). O eixo do pinhão cruza o eixo da coroa numa distância a, apresentando, assim, um escorregamento adicional nos flancos dos dentes, na direção do alinhamento dos flancos[2]. Êste tipo de associação é empregado, principalmente, nos engrenamentos em arco e quando os dentes são temperados, por exemplo nos eixos traseiros dos veículos onde se pretende aumentar o diâmetro do pinhão e, com isso, a sua resistência, sem variar a relação de multiplicação, amaciar o ruído de engrenamento com escorregamentos adicionais, colocar um eixo de pinhão mais baixo ou transpassar um eixo de acionamento (acionamento em série para vários eixos automotrizes). A distância entre eixos a, nas engrenagens cônicas descentradas, deve ser a mínima possível ($a = 0,1 d_{02}$ a $0,2 d_{02}$; para os veículos, cêrca de 25 mm), a fim de limitar as perdas por atrito e o aquecimento (rendimento total de 94 a 96% em comparação a 97% para as engrenagens cônicas centradas). O escorregamento adicional exige, geralmente, uma lubrificação nos flancos dos dentes com óleos quìmicamente ativos (conhecidos como óleo E.P. ou Hipóide).

Em tôda associação por meio de engrenagens cônicas, devido a possíveis erros adicionais, deve-se tomar um cuidado especial na sua confecção e contrôle, no necessário armazenamento e na montagem, pois seu bom funcionamento e sua resistência dependem disso. Para compensar o restante dos erros, recomenda-se um contato elipsoidal nos flancos dos dentes, segundo a Fig. 23.16.

23.2. GEOMETRIA E DIMENSÕES DAS ENGRENAGENS CÔNICAS

Nomenclatura, ver Tab. 23.2

1. *ASSOCIAÇÃO DE ENGRENAGENS CÔNICAS*

Segundo a Fig. 23.2, diversas engrenagens cônicas, 2A a 2D, podem, sob um contato ideal linear com os flancos dos dentes, engrenar entre si. Nas diversas associações é genérico o ponto de cruzamento O, a linha do cone de rolamento OC (também definido como eixo de rolamento), o engrenamento básico (engrenagem base 2C) e a posição das duas coroas referentes às superfícies esféricas externa e interna K_a e K_i. É variável, no entanto, o ângulo de cone δ_2 (δ_{2A} e assim por diante) das coroas e o ângulo entre os eixos $\delta_A = \delta_1 + \delta_{2A}$ ou $\delta_B = \delta_1 + \delta_{2B}$ e assim por diante. Além disso, o pinhão, segundo as Figs. 23.3 e 23.4, pode engrenar-se ao mesmo tempo com diversas coroas, o que dá outros recursos construtivos.

---

[1] Conhecido também pelos nomes "engrenamento cônico helicoidal" e "engrenamento hipoidal". É uma forma desenvolvida do engrenamento *Spiroid* (parafuso cônico), ver Fig. 24.1.

[2] Além disso a superfície de apoio dos flancos dos dentes passa, teòricamente, de uma superfície retangular a uma elíptica alongada; considera-se naturalmente uma associação por engrenagens cônicas perfeitas. Pode-se, também, usinar uma das engrenagens (por exemplo o pinhão) utilizando-se como ferramenta a outra engrenagem do par (ver pág. 18); forma-se assim, teòricamente, um contato linear (como na transformação de engrenagem helicoidal para o parafuso sem-fim).

Elementos de Máquinas

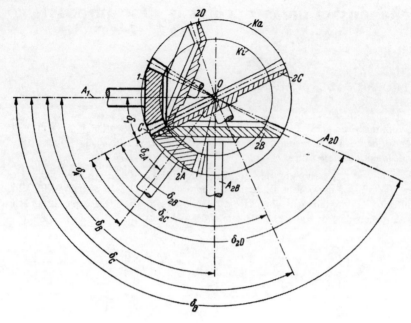

Figura 23.2 – Possíveis associações para a engrenagem cônica 1 com outras engrenagens 2A a 2D; a engrenagem de base 2C é a referência para tôdas as outras engrenagens cônicas

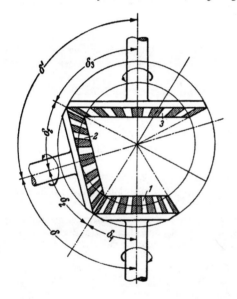

Figura 23.3 – Associação dupla de engrenagens cônicas para um acionamento axial de rotação inversa. Eixos 1 e 3. Alternativa: Aplicado no câmbio de inversão com uma ampliação variável 1/3, conforme o acionamento pela direita ou pela esquerda. Para tanto as engrenagens 1 e 3 são acopladas por um eixo ôco, que permite um deslocamento axial segundo a Fig. 23.4

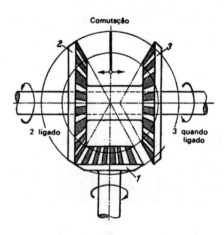

Figura 23.4 – Associação de engrenagens cônicas como câmbio para o eixo 2. Engate pela engrenagem 2 ou 3 deslocando axialmente o carretel 2/3

2. REPRESENTAÇÃO DO CONE E DO ÂNGULO DE CONE

O eixo do cone representado a seguir corresponde ao eixo da respectiva engrenagem cônica.

Cone de rolamento e cone divisor. Numa associação de cones com eixos concorrentes em O (Figs. 23.2 e 23.12), os cones de rolamentos (cone útil de rolamento) das respectivas engrenagens cônicas tocam-se numa linha comum $R_a = OC$. Êles rolam sôbre si, sem escorregar, com a rotação da engrenagem cônica, justificando sua definição. Os respectivos ângulos de cone são $\delta_1 = A_1 OC$ e $\delta_2 = A_2 OC$ (nomenclatura exata pela DIN 3 971 δ_{b1}, δ_{b2}).

Os cones divisores com os ângulos de cone δ_{01} e δ_{02} são utilizados como cones de rolamento na fabricação das engrenagens cônicas. Normalmente, o cone divisor e o cone útil de rolamento coincidem entre si, mas há exceções, como mostra a Fig. 23.7.

Cone da cabeça e cone do pé (Fig. 23.12). As cabeças dos dentes de uma engrenagem são limitadas pelo cone de cabeça (ângulo do cone de cabeça δ_k e ângulo da cabeça $\varkappa_k$), e os pés dos dentes, pelo cone de pé (ângulo do cone de pé δ_f e ângulo do pé $\varkappa_f$).

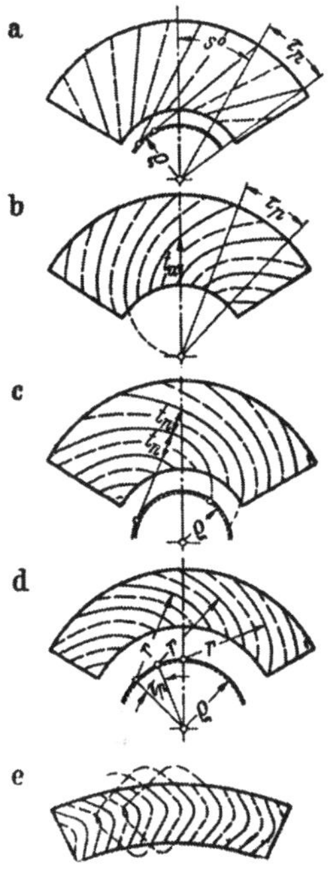

Figura 23.5 — Tipos de engrenamentos cônicos correspondentes ao desenvolvimento das linhas dos flancos da engrenagem de base: a engrenamento oblíquo (ascendente pela direita); b engrenamento espiral; c engrenamento por evolvente em arco (ascendente pela esquerda); d engrenamento por arco circular; e engrenamento angular segundo Böttger: τ_p ângulo divisor

Cone posterior e cone de fechamento (Fig. 23.11). As superfícies dos cones nos quais se medem as dimensões da fabricação do engrenamento cônico são, segundo a norma DIN 3971, os cones posteriores com vértices em O_{r1} e O_{r2} e ângulos de cone δ_{r01} e δ_{r02}. Suas superfícies de contôrno ficam, segundo a Fig. 23.12, a uma distância R_a do vértice do cone divisor O. Os outros cones de superfícies de contôrno, paralelos ao cone posterior, denominam-se, pela DIN 3971, "cones de fechamento" e são designados por suas distâncias ao vértice do cone divisor O. O cone posterior é, portanto, o cone de fechamento, uma distância R_a de O.

3. ENGRENAMENTO NA ENGRENAGEM CÔNICA E NA ENGRENAGEM DE BASE

Na Fig. 23.2, a coroa cônica 2C, que engrena com o pinhão cônico 1, é uma engrenagem de base. Seu cone divisor é, portanto, um disco circular com diâmetro do círculo divisor

$$2R_a = \delta_{01}/\text{sen}\,\delta_1.$$

O engrenamento da engrenagem de base é usado como guia para as respectivas engrenagens cônicas, assim como a cremalheira serve de guia para as engrenagens cilíndricas.

A engrenagem de base tem, com as respectivas engrenagens cônicas, as seguintes grandezas coincidentes (ver Figs. 23.11 e 23.12): a **linha** do cone divisor $OC = R_a$, a largura do dente b, o ângulo de ataque α, o divisor de dentes t, o contôrno do pé e da cabeça do dente e o desenvolvimento das linhas dos flancos. Em concordância com as modificações para um engrenamento cônico anormal (por exemplo outros contornos de cabeça ou deslocamentos de perfil) a engrenagem de base também deve ser modificada da mesma maneira.

Por isso, o engrenamento de uma engrenagem cônica pode ser nìtidamente fixado pelos dados dos ângulos do cone divisor e pelos dados de engrenamento da engrenagem de base.

4. DESENVOLVIMENTO DAS LINHAS DOS FLANCOS

As linhas dos flancos, assim como as linhas do corte dos flancos dos dentes com o cone divisor do pinhão (na engrenagem de base, as linhas do corte dos flancos dos dentes com o plano do círculo divisor), são nìtidamente fixadas com a fixação das linhas de flanco. O desenvolvimento das linhas dos flancos na engrenagem de base (de forma reta, oblíqua ou em arco, ver Fig. 23.5) está em perfeita concordância com os movimentos de usinagem da ferramenta, fixando assim os meios de fabricação e de construção das fresas para engrenagens. As Figs. 23.6, 23.7 e 23.8 mostram o engrenamento de base e a construção das engrenagens cônicas com dentes em arco, utilizadas nos atuais e mais importantes meios de fabricação.

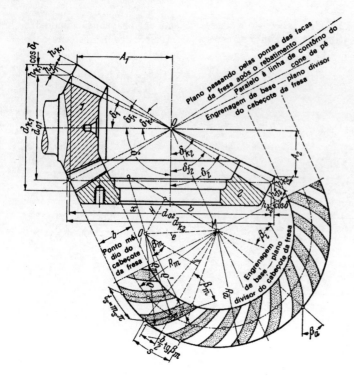

Figura 23.6 – Engrenagens cônicas com engrenamento em arco circular-Gleason, usinadas com um cabeçote de fresa de disco. Segundo Trier [21/16]

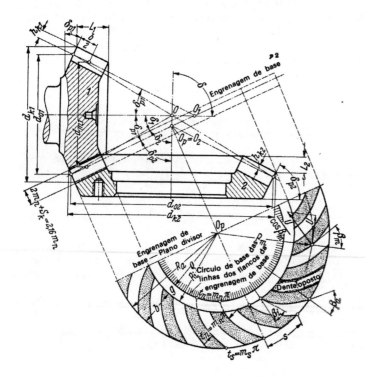

Figura 23.7 – Engrenagens cônicas com engrenamento em arco Klingelnberg--Palloid, usinadas com uma fresa tipo parafuso sem-fim. Segundo Trier [21/16]. Ângulos dos cones construtivos δ_{p1} e δ_{p2}

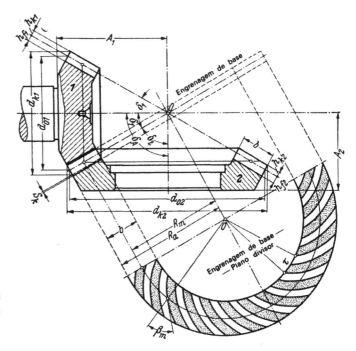

Figura 23.8 — Engrenagens cônicas com engrenamento em arco Oerlikon-Eloid, usinadas com cabeçote de fresa de disco. Segundo Trier [21/16]

5. PERFIL DO DENTE NA ENGRENAGEM CÔNICA E NA ENGRENAGEM DE BASE

Engrenamento octóide. Semelhante ao engrenamento cilíndrico, prefere-se aqui também o perfil *trapezoidal*, principalmente o perfil de 20°, segundo a DIN 867, para as engrenagens cônicas, ou melhor, para o perfil do dente do engrenamento de base. Nos engrenamentos retos de engrenagens cônicas, a engrenagem de base correspondente possui superfícies planas como flancos de dentes (Fig. 23.9) e os engrenamentos oblíquos ou em arco das engrenagens cônicas uma reta como perfil de flanco. Esta, na fabricação de engrenagens cônicas pelo processo de rolamento, é utilizada como aresta cortante, movimentando-se, inclinada ou em forma de arco, ao longo das linhas dos flancos.

Os flancos dos dentes do engrenamento octóide, assim formados, coincidem com as superfícies de contôrno que os flancos dos dentes da engrenagem de base de dentes de perfil reto formam com a engrenagem cônica, quando rolam sôbre si mesmos os cones divisores da coroa e do pinhão (Fig. 23.9).

O desenvolvimento do engrenamento octóide corresponde, assim, ao desenvolvimento dos dentes com flancos por evolvente, das engrenagens cilíndricas. Passando-se do rolamento da ferramenta sôbre o *cilindro* (engrenagem cilíndrica) para o rolamento sôbre o *cone* (engrenagem cônica), tem-se, como inconveniência, uma linha de contato para os engrenamentos octóides que foge um pouco da reta (Fig. 23.9). Ela envolve o contôrno esférico da associação das engrenagens cônicas, com uma curva em forma de 8 (Octóide, Fig. 23.10). Para as engrenagens cônicas com engrenamento zero e V-zero, ela é, apesar da linha de contato fugir um pouco da reta, cinemàticamente perfeita, pois, para cada engrenagem de base com perfil de dente genérico, podem-se construir engrenagens cônicas cinemàticamente perfeitas.

Engrenamento por evolventes esféricas. O engrenamento a seguir, para engrenagens cônicas, aqui mencionado como "engrenamento por evolventes esféricas" (DIN 3 971) é um engrenamento *cônico* por evolventes de pouco valor prático. Aqui as evolventes são formadas como "evolventes por pontos" e descritas por pontos no cone de contôrno que se forma quando se desenrola um cone—cone base (as evol-

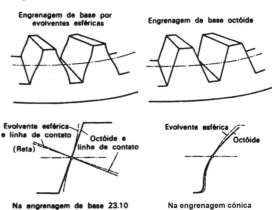

Figura 23.9 — Engrenagem de base com dentes em forma de evolventes esféricas (à esquerda em cima) e de octóide (à direita em cima) e a comparação de forma do dente da engrenagem de base (à esquerda embaixo) e da engrenagem cônica (à direita embaixo) segundo Apitz [23/2]

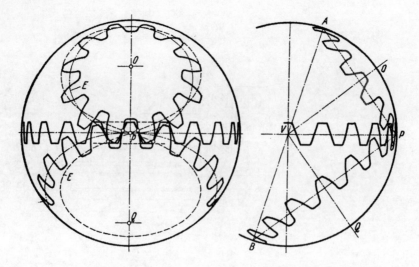

Figura 23.10 — Engrenamento simples e básico de uma associação de engrenagens cônicas com dentes em forma de Octóide, representado sôbre a superfície esférica de contôrno. Segundo Merritt [21/7], E linha de contato com desenvolvimento octoidal sôbre a superfície esférica

ventes por pontos estão sôbre uma superfície esférica). Êste engrenamento possui um plano de contato plano, mas, por outro lado, uma engrenagem de base com um perfil de flanco curvo e com uma inflexão de curvatura no ponto de rolamento (ver Fig. 23.9), dificultando, assim, a sua usinagem. (Usinado com facas contornando uma máscara.)

6. ENGRENAMENTO NO CONE POSTERIOR E SEU DESENVOLVIMENTO

O engrenamento que aparece no cone posterior pode ser desenvolvido num plano, onde aparecem sem modificar tôdas as grandezas já conhecidas como ângulo de ataque, divisão de dentes, espessura, altura e perfil do dente cujas dimensões até agora se localizam sôbre a superfície de contôrno do cone posterior (Fig. 23.11). O desenvolvimento do engrenamento da engrenagem de base dá uma cremalheira,

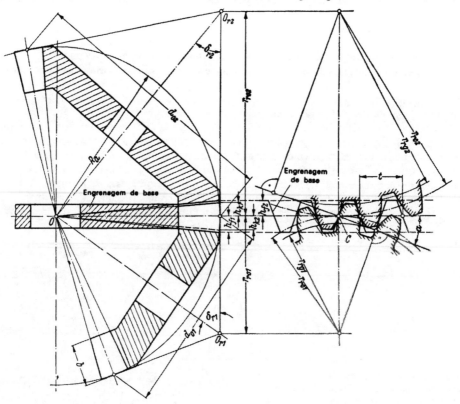

Figura 23.11 — Associação de engrenagens cônicas. Engrenagem de base com engrenamento zero de 20° e o desenvolvimento do engrenamento do cone posterior no cone posterior. A mesma associação de engrenagens cônicas, mas com um engrenamento em V de 20°, ver à Fig. 23.15

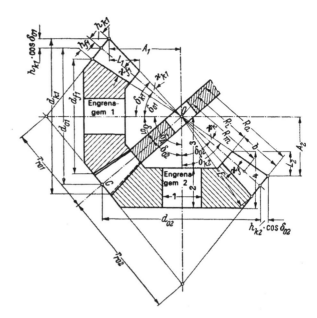

Figura 23.12 — Associação de engrenagens cônicas com a engrenagem de base e a cotação das dimensões principais e secundárias. As dimensões de 1 a 4 servem para a confecção e para a ajustagem do corpo da engrenagem. Segundo Trier [21/16]

um perfil de dente de flancos retos e uma linha de contato retilínea, quando o perfil de referência é de flancos retos (engrenamento octoidal). O desenvolvimento do engrenamento do cone posterior (dimensões com índice r) tem para o raio do círculo divisor r_{r0} o comprimento da aresta geradora do cone posterior.

7. DIMENSÕES DE FABRICAÇÃO DO ENGRENAMENTO COM ENGRENAGENS CÔNICAS

Nas engrenagens cônicas deve-se dar especial atenção à disposição das dimensões (Fig. 23.12). Além das já vistas (R_a, δ_A, δ_{01}, δ_{02}) e dos números de dentes (z_1, z_2), deve-se mencionar:

largura do dente b, medidas sôbre a aresta geradora do cone divisor,
diâmetro do círculo divisor $\quad d_{01}$, d_{02}
diâmetro do círculo de cabeça d_{k1}, d_{k2} } medidas sôbre o cone posterior num plano perpendicular ao eixo da engrenagem,
diâmetro do círculo de pé $\quad d_{f1}$, d_{f2}
altura da cabeça do dente h_{k1}, h_{k2} medidas sôbre a aresta geradora do cone posterior
altura do pé do dente $\quad h_{f1}$, h_{f2}

divisor de dentes t, medido sôbre o círculo divisor,
módulo do dente $m = t/\pi$,
ângulo de ataque α_0 (Fig. 23.11), no corte normal α_{0n},
ângulo de inclinação $\beta_0 = \beta_a$, respectivamente β_i e β_m, medidos entre a linha de flanco no plano da engrenagem de base (Fig. 23.7) e a respectiva linha de flanco da engrenagem cônica.

Relações entre as dimensões de fabricação e as outras dimensões, ver Tab. 23.2.

8. CONTÔRNO DA CABEÇA E DO PÉ DO DENTE

Normalmente as linhas de contôrno k e f (Fig. 23.13a) concorrem para o vértice do cone divisor (para o ponto de concorrência dos eixos O). Mas nada impede que o seu desenvolvimento seja adaptado à fabricação, por exemplo executando as paralelas ao cone divisor ou, em casos extremos, até paralelas ao eixo do pinhão (Figs. 23.13d e 23.14). Pois o desenvolvimento das linhas de cabeça e do pé só influenciam a limitação do engrenamento (grau de interferência), não o desenvolvimento do cone de rolamento e a seqüência dos movimentos de rolamento. Aplicando-se êstes casos, deve-se verificar se os dentes, devido ao contôrno anormal, ficam muito pontudos ou afilados.

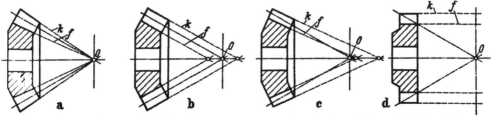

Figura 23.13 — Desenvolvimento das linhas de contorno para a cabeça do dente (k) e o pé do dente (f). a execução comum para as engrenagens cônicas de dentes retos e oblíquos; b paralelo ao cone divisor (de acôrdo com a Fig. 23.8); c inclinado ao cone de rolamento (de acôrdo com a Fig. 23.7); d paralelo ao eixo (de acôrdo com a Fig. 23.14)

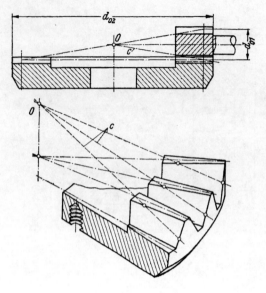

Figura 23.14 — Associação de engrenagens cônicas, composta por uma engrenagem de base e uma engrenagem cilíndrica como pinhão. Segundo Dudley [21/2]; C linha de contôrno do cone de rolamento

9. DESLOCAMENTO DE PERFIL

Também nas engrenagens cônicas é possível executar engrenamentos com deslocamentos de perfil no engrenamento de base, porém devem-se fixar certas condições que dependem das seguintes observações.

A. *Conservando-se o cone divisor como cone útil de rolamento*, pode-se executar qualquer modificação no respectivo engrenamento de base, porém é necessário que o engrenamento do pinhão seja feito pelo macho e o da coroa pela matriz do engrenamento de base ou ao que corresponde esta execução. Sob esta condição é possível, no engrenamento básico:

1. modificar a espessura do dente, isto é, dando por exemplo dentes mais grossos no pinhão e dentes mais finos na coroa. Esta modificação é definida, segundo DIN 3 971, como "deslocamento lateral do perfil";
2. modificar a altura da cabeça do dente;
3. levantar o perfil de referência (trapézio) do cilindro divisor externo da engrenagem de base de uma grandeza $x\,m$ e os dentes da coroa um $x\,m$ negativo (engrenamento zero em V);
4. modificar a inclinação do flanco do dente do perfil de referência e, daí, o ângulo de ataque.

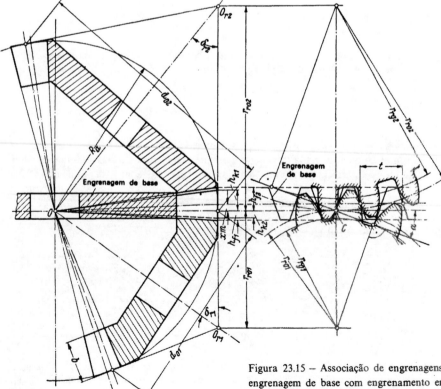

Figura 23.15 — Associação de engrenagens cônicas com uma engrenagem de base com engrenamento em V de 20° e o desenvolvimento do engrenamento no cone posterior

B. *Um engrenamento em V*, no qual o cone útil de rolamento difere do cone de rolamento de fabricação (cone do círculo divisor), para engrenagens cônicas, só é cinemàticamente perfeito quando os planos úteis de ataque par do engrenamento do pinhão e da coroa são os mesmos. As dimensões de fabricação, ângulo parcial do cone e a sua diferença para o ângulo útil do cone de rolamento podem ser determinadas, uma vez que se têm os desenvolvimentos do engrenamento do cone posterior, do pinhão, da engrenagem de base e da coroa.

10. SENSIBILIDADE AO ÊRRO NAS ENGRENAGENS CÔNICAS

Além das influências dos erros de fabricação dos dentes, um pequeno deslocamento axial nas engrenagens cônicas (erros de montagem ou deformações elásticas) e, principalmente, todo flexionamento do eixo (influenciado pela carga) provocam um deslocamento do vértice dos cones, do ponto de concorrência dos eixos. Conseqüências devidas a isso: suporte unilateral dos flancos dos dentes (sôbre carga localizada), movimento desuniforme (ruído e vibração) e, eventualmente, um engripamento dos dentes. Êstes efeitos de erros podem ser diminuídos consideràvelmente com a limitação da largura do dente b (ver Tab. 23.1) e principalmente com o "apoio abaulado" sôbre a largura dos flancos dos dentes. A Fig. 23.16 mostra a correspondente superfície de apoio alongada e elíptica de um flanco de dente que, para as engrenagens cônicas com engrenamento em arco (Figs. 23.6 a 23.8), já se forma durante o processo de fabricação. Um correspondente pequeno abaulamento na largura dos flancos de dente também deve ser visado nos engrenamentos retos e oblíquos das engrenagens cônicas.

Nas grandes multiplicações, o conseqüente êrro de alinhamento do pinhão na direção do eixo, segundo a Fig. 23.14, pode ser totalmente evitado, pela formação do pinhão, como engrenagem cilíndrica de engrenamento reto ou oblíquo. Tomando-se para isso ainda uma construção com pequeno abaulamento de largura para os flancos do pinhão e da coroa, tem-se uma associação de engrenagens cônicas com uma sensibilidade mínima para os erros de posição.

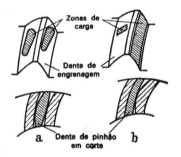

Figura 23.16 — Figura de carga, dos flancos do engrenamento em arco das engrenagens cônicas. Segundo Lindner [23/38]. a figura de carga pretendida; b para um abaulado lateral muito grande

23.3. DIMENSIONAMENTO E RESISTÊNCIA DAS ENGRENAGENS CÔNICAS

1. FIXAÇÃO DAS MEDIDAS

Na Tab. 23.2 estão resumidas as abreviações e as dimensões das engrenagens cônicas, além das engrenagens cilíndricas equivalentes e suas relações. Além disso, na Tab. 23.1 estão registradas as grandezas recomendadas para a escolha do número de dentes, para a largura do dente e assim por diante.

TABELA 23.1 — *Valores recomendados para as engrenagens cônicas*

$$f_b = \frac{b}{2R_b} = \frac{b}{d_{b1}} \operatorname{sen} \delta_1 \ ; \ f_d = \frac{1-f_b}{f_b} \cos \delta_1 \cdot \operatorname{sen} \delta_1$$

Para as engrenagens cônicas temperadas com engrenamento em arco, o z_1 está mais perto do limite inferior, e para as engrenagens cônicas não-temperadas, com engrenamento reto, mais para o superior.

	$i =$	1	2	3	4	5	6,5
	$z_1 =$	18···40	15···30	12···18	10···18	8···14	6···10
Para $\delta_A = 90°$	$b/d_{b1} =$	0,212	0,336	0,474	0,615	0,75	0,75
e $b \leq 0,3 R_b$	$f_b =$	0,15	0,15	0,15	0,15	0,147	0,114
$\leq 0,75 d_{b1}$	$f_d =$	2,83	2,27	1,70	1,34	1,12	1,17
Valores-limite	$z_1 \geq z_{min} \cos \delta_1 \cos^3 \beta_m$; z_{min} ver z_n na Tab. 22.16 $b \leq 10 d_{m1} \cos \beta_m/z_1$ corresponde $b \leq 10 m_{en}$; normais para m ou m_n, ver Tab. 22.15 $b/R_b \leq 0,3$, $d/d_{b1} \leq 0,75$						
Valores recomendados	Ângulo de ataque $\alpha_{0n} = 20°$ Altura da cabeça $h_{k1} = h_{k2} = m_n$ para o engrenamento zero Altura do pé $h_{f1} = h_{f2} = 1,1 m_n$ até $1,3 m_n$ para o engrenamento zero Folga entre os flancos na torção $S_d = 0,025 m_n$ até $0,04 m_n$						

Elementos de Máquinas

TABELA 23.2 — *Relações geométricas e dimensões para as engrenagens cônicas* (Fig. 23.12).
Índice 1 para o pinhão, índice 2 para a coroa, índice n para as grandezas no corte normal, índice m para as do meio do dente, índice e para as engrenagens cilíndricas equivalentes, índice 0 relativo às do círculo divisor, índice b relativo do círculo de rolamento útil.
Observação: Normalmente o cone de rolamento coincide com o cone divisor, de tal forma que $\delta_1 = \delta_{01}$, $d_{b1} = d_{01}$ e assim por diante.

Expressão N.°	Dimensão	Unidades	Relações
	DIMENSÕES ASSOCIATIVAS (referidas sôbre o cone de rolamento):		
1	Ângulo entre os eixos	graus	$\delta_A = \delta_1 + \delta_2$
2	Ângulo do cone de rolamento	graus	δ_1 de $\operatorname{tg}\delta_1 = \dfrac{\operatorname{sen}\delta_A}{i + \cos\delta_A}$; $\delta_2 = \delta_A - \delta_1$;
3	Comprimento do cone de rolamento	mm	$R_b = 0.5\, d_{b1}/\operatorname{sen}\delta_1 = 0.5\, d_{b2}/\operatorname{sen}\delta_2$; geralmente com $R_b = R_a$
4	Diâmetro do círculo de rolamento (sôbre o cone posterior)	mm	$d_{b1} = 2R_b \operatorname{sen}\delta_1$; $d_{b2} = 2R_b \operatorname{sen}\delta_2$; geralmente com $d_b = d_0$
5	Multiplicação	—	$i = z_2/z_1 = d_{b2}/d_{b1} = \operatorname{sen}\delta_2/\operatorname{sen}\delta_1$
6	PARA $\delta_A = 90°$		$\operatorname{tg}\delta_2 = 1/\operatorname{tg}\delta_1 = i$; $1/\cos\delta_2 = 1/\operatorname{sen}\delta_1 = \sqrt{i^2 + 1}$
	DIMENSÕES DE FABRICAÇÃO (referidas ao círculo divisor sôbre o cone posterior):		
7	Ângulo do cone divisor	graus	δ_{01} ; δ_{02}
	Ângulo de ataque	graus	α_0 , α_{0n} ; $\operatorname{tg}\alpha_0 = \operatorname{tg}\alpha_{0n}/\cos\beta_0$
	Ângulo de inclinação	graus	β_0
	Número de dentes	—	z_1, z_2
8	Diâmetro do círculo divisor	mm	$d_{01} = mz_1$; $d_{02} = mz_2 = id_{01}$
9	Módulo no corte aparente	mm	$m = d_{01}/z_1 = d_{02}/z_2 = m_n/\cos\beta_0$
10	Módulo no corte normal	mm	$m_n = m\cos\beta_0$
11	Comprimento do cone divisor	mm	$R_a = 0.5\, d_0/\operatorname{sen}\delta_0$
	Largura do dente	mm	b
12	Ângulo do cone de cabeça	graus	$\delta_{k1} = \delta_{01} + \varkappa_{k1}$; $\delta_{k2} = \delta_{02} + \varkappa_{k2}$
13	Ângulo da cabeça	graus	$\varkappa_{k1}$, $\varkappa_{k2}$; na Fig. 23.12a é $\operatorname{tg}\varkappa_{k1} = h_{k1}/R_a$ e $\operatorname{tg}\varkappa_{k2} = h_{k2}/R_a$
	Altura da cabeça do dente	mm	h_{k1} ; h_{k2}
	Altura do pé do dente	mm	h_{f1} ; h_{f2}
14	Diâmetro do círculo de cabeça	mm	$d_{k1} = d_{01} + 2h_{k1}\cos\delta_{01}$; $d_{k2} = d_{02} + 2h_{k2}\cos\delta_{02}$
15	Comprimento do cone posterior	mm	$r_{r01} = R_a \operatorname{tg}\delta_{01}$; $r_{r02} = R_a \operatorname{tg}\delta_{02}$
	DIMENSÕES MÉDIAS (referidas ao meio do dente e ao cone de rolamento):		
	Ângulo de inclinação	graus	β_m
16	Diâmetro	mm	$d_{m1} = d_{b1}(1 - f_b)$; $d_{m2} = (i \cdot d_{m1})$ PARA $\delta_A = 90°$:
17	Relação de largura (Tab. 23.1)	—	$f_b = \dfrac{b}{2R_b} = \dfrac{b}{d_{b1}}\operatorname{sen}\delta_1 = \dfrac{b}{d_{b2}}\operatorname{sen}\delta_2$ $f_b = \dfrac{b}{d_{b1}\sqrt{i^2+1}}$
	Altura da cabeça	mm	h_{km1} ; h_{km2}
	Deslocamento do perfil	mm	$x_{m1} \cdot m_{en} = -x_{m2} \cdot m_{en}$
	ENGRENAGENS CILÍNDRICAS EQUIVALENTES:		
18	Ângulo de ataque (corte normal)	graus	α_{en} geralmente $= \alpha_{0n}$
19	Ângulo de inclinação	graus	$\beta_e = \beta_m$
20	Multiplicação	—	$i_e = z_{e2}/z_{e1} = i\dfrac{\cos\delta_1}{\cos\delta_2} = \operatorname{tg}\delta_2/\operatorname{tg}\delta_1$ $i_e = i^2$
21	Número de dentes (números ímpares)	—	$z_{e1} = z_1/\cos\delta_1$; $z_{e2} = z_2/\cos\delta_2$ $z_{e1} = z_1\sqrt{(i^2+1)/i^2}$ $z_{e2} = z_2\sqrt{i^2+1}$
22	Diâmetro do círculo de rolamento	mm mm	$d_{e1} = d_{m1}/\cos\delta_1 = d_{b1}(1-f_b)/\cos\delta_1$ $d_{e2} = d_{m2}/\cos\delta_2 = d_{e1}\cdot i_e$
23	Módulo no corte aparente	mm	$m_e = d_{m1}/z_1 = d_{e1}/z_{e1} = d_{e2}/z_{e2}$ $d_{e1} = d_{m1}\sqrt{(i^2+1)/i^2}$
24	Módulo no corte normal	mm	$m_{en} = m_e \cos\beta_m = d_{e1}\cos\beta_m/z_{e1}$ $d_{e2} = i^2 d_{e1}$
25	Largura do dente	mm	$b_e = b$
26	Número de dentes no corte normal	—	$z_{en1} = z_{e1}\cdot z_n/z$; $z_{en2} = z_{e2}\cdot z_n/z$ com z_n/z segundo a Tab. 22.2?

Com a fixação do ângulo entre eixos δ_A (geralmente 90°) e a relação de multiplicação $i = z_2/z_1$, fixam-se ainda, pela Tab. 23.2, δ_1 e δ_2. A largura do dente b é determinada com a fixação da largura relativa, $b/R_b \leq 0{,}3$. Na escolha do número de dentes z_1, devem-se observar os valores-limite (Tab. 23.1) obtidos pelo número mínimo de dentes (evitando a interferência de corte) e pelo perigo de quebra de um canto do dente. Valores recomendados para z_1 e z_2, ver Tab. 23.1.

O diâmetro médio necessário, d_{m1}, pode ser fixado pela correspondente condição de trabalho e escolha de material do pinhão e da coroa, pelo Cap. 3. Com a escolha adicional, se de engrenamento reto, inclinado ou em arco (fixação do ângulo de inclinação β_m), fixam-se, então, tôdas as dimensões para o cálculo de resistência[3]. Para a escolha das dimensões secundárias, ver Tab. 23.2. Exemplos de cálculos, ver pág. 12.

---

[3] No deslocamento de perfil de engrenamento, deve-se fixar ainda o fator de deslocamento de perfil x. No engrenamento em arco (engrenamento em espiral), devem-se observar os dados especiais do fabricante da respectiva fresadora de engrenagens (Gleason, Klingelnberg, Oerlikon).

2. ENGRENAGENS CILÍNDRICAS EQUIVALENTES

O cálculo de resistência de um par de engrenagens cônicas com engrenamento reto, oblíquo ou em arco pode ser feito num par de engrenagens cilíndricas equivalentes com o correspondente engrenamento reto, oblíquo ou em arco (Fig. 23.17). Ao julgar o engrenamento, o número mínimo de dentes, a relação b/m e os coeficientes de engrenamentos y e q, recorre-se também ao engrenamento de engrenagens cilíndricas equivalentes, o qual, no corte aparente, é igual ao engrenamento plano desenvolvido dos cones equivalentes das engrenagens cônicas no meio da largura do dente[4]. Em correspondência, podem-se exprimir as dimensões das engrenagens cilíndricas equivalentes (índice e) pelas dimensões médias (índice m) das engrenagens cônicas e estas pelas dimensões nominais das engrenagens cônicas. Pode-se considerar, aqui, o mau apoio das engrenagens cônicas em relação às engrenagens cilíndricas, devido a um único apoio de mancal, no coeficiente do êrro de apoio C_T (Fig. 22.38). Para isso fixou-se na Tab. 22.12 o acréscimo $g_k \cdot u \cdot C_s$, no êrro de alinhamento. Na Tab. 23.2 resumiram-se as relações dimensionais para as engrenagens cilíndricas equivalentes.

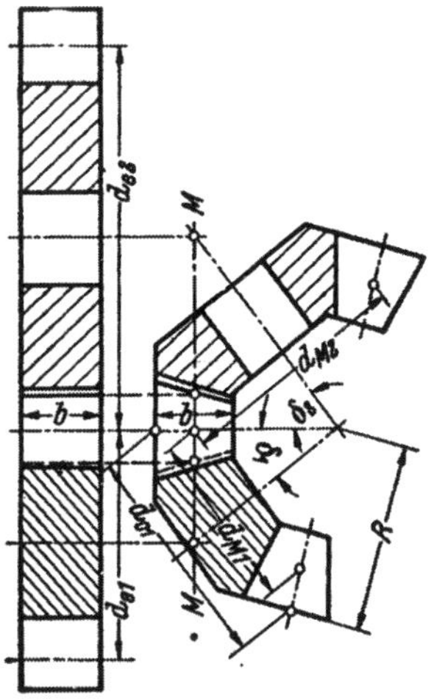

Figura 23.17 — Engrenagens cilíndricas equivalentes no redutor de engrenagens cônicas para o cálculo de resistência

3. RESISTÊNCIA DAS ENGRENAGENS CÔNICAS

É calculada como resistência das engrenagens cilíndricas equivalentes.

Coeficiente de carga. Com a introdução da fôrça tangencial U no diâmetro d_{m1} do pinhão

$$U = 1{,}43 \cdot 10^6 \frac{N_1}{n_1 d_{m1}} \quad [\text{kgf}]$$

com a potência N_1 (CV), a rotação n_1 [1/mim] do pinhão com

$$d_{e1} = d_{m1}/\cos\delta_1, \quad b = b, \quad b_e = f_b d_{b1}/\operatorname{sen}\delta_1 \quad \text{e} \quad d_{b1} = d_{m1}(1 - f_b)$$

tem-se o coeficiente de carga das engrenagens cilíndricas equivalentes

$$\boxed{B_e = \frac{U}{b_e d_{e1}} = 1{,}43 \cdot 10^6 \frac{N_1 f_d}{n_1 d_{m1}^3}} \quad [\text{kgf/mm}^2] \tag{1}$$

com

$$\boxed{f_d = \frac{1 - f_b}{b} \cos\delta_{b1} \operatorname{sen}\delta_{b1}} \quad \text{para } \delta_A = 90° \text{ tem-se}$$

$$\boxed{f_d = \frac{1 - f_b}{f_b} \frac{i}{i^2 + 1}} \tag{2}$$

---

[4] Processo de Tredgold [23/21], onde se admite uma distribuição uniforme de carga sôbre a largura do dente. O nôvo aperfeiçoamento sugerido [23/20] com uma distribuição linear de carga decrescente para o vértice do cone dá um valor de cálculo um pouco maior para d_e. A vantagem, no entanto, é duvidosa devido a uma outra distribuição prejudicial de carga por um único apoio de mancal e assim por diante.

Dimensionamento aproximado. De acôrdo com as expressões acima, tem-se para o pinhão

$$d_{m1} \geqq 113 \sqrt[3]{\frac{N_1 f_d}{n_1 B_{ad}}} \quad [\text{mm}]. \tag{3}$$

com B_{ad}, das engrenagens cilíndricas, pela Tab. 22.11. Para os valores recomendados f_b e f_d, ver Tab. 23.1; a fixação das outras dimensões está nas Tabs. 23.1 e 23.2.

Verificação de resistência ao carregamento. Ela é feita para as engrenagens cilíndricas equivalentes e suas dimensões têm um coeficiente de carga B_e correspondente ao processo de cálculo para engrenagens cilíndricas (ver Cap. 22).

4. FÔRÇAS NOS MANCAIS E DIMENSIONAMENTO

A fôrça resultante P_N no dente de uma engrenagem cônica é decomposta, segundo a Fig. 23.18, nas suas componentes:

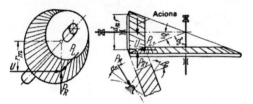

Fôrça tangencial U,
Fôrça radial P_R (P_R positivo, é dirigida para o meio do eixo),
Fôrça longitudinal P_L (P_L positivo, é dirigida fugindo do vértice do cone)

$$P_{R1,2} = U\left(\frac{\text{tg }\alpha_{0n}\cos\delta_{1,2}}{\cos\beta_m} \pm \text{tg }\beta_m \text{sen}\delta_{1,2}\right), \tag{4}$$

Figura 23.18 — Para o cálculo das fôrças componentes no dente: fôrça normal do dente P_N (na figura registrado com P_M); ângulo médio de inclinação β_m (registrado na figura por β_0)

$$P_{L1,2} = U\left(\frac{\text{tg }\alpha_{0n}\text{sen}\delta_{1,2}}{\cos\beta_m} \mp \text{tg }\beta_m \cos\delta_{1,2}\right), \tag{5}$$

aqui o índice 1 refere-se à engrenagem 1 e, assim, 2 para a engrenagem 2.

Para o cálculo dos mancais e dos eixos, deve-se observar ainda o momento de tombamento:

$$M_{k1,2} = P_{L1,2} \frac{d_{m1,2}}{2}. \tag{6}$$

O sentido de inclinação é fixado, observando-se do vértice do cone. (Na Fig. 23.18 o sentido de rotação e de inclinação são opostos.) Portanto vale:

Regra de sinal para as Eqs. (4) e (5)	Sentido de rotação e sentido de inclinação	
	mesmo sentido	sentido oposto
para a engrenagem motriz	sinal inferior	sinal superior
para a engrenagem acionada	sinal superior	sinal inferior

Para $\delta_A = 90°$ temos $P_{R2} = P_{L1}$ e $P_{L2} = P_{R1}$.

Dimensionamento. Para os pinhões cônicos colocados sôbre o eixo, deve-se observar que a espessura restante da coroa da engrenagem entre o pé do dente e o eixo (ou melhor pé do dente e chavêta) tenha no mínimo $2m_n$ (caso contrário a resistência do pé do dente será enfraquecida). Com isso fixa-se o máximo diâmetro de eixo para o pinhão. Além disso, as engrenagens cônicas, apoiadas só de um lado, devem ser fixadas o mais próximo possível dos mancais, para se obter um pequeno flexionamento elástico do eixo (distribuição desigual de carga nos flancos dos dentes) devido ao momento fletor; portanto o comprimento do cubo deve ser curto.

Para os engrenamentos oblíquos e em arco de engrenagens cônicas, o sentido de inclinação deve ser de tal maneira que, com o sentido de rotação prefixado, a componente axial da fôrça do dente comprime o pinhão cônico, afastando-o do vértice do cone para o mancal.

Nas temperadas, portanto engrenagens cônicas altamente resistentes, prefere-se o engrenamento em arco (Figs. 23.6 a 23.8) em lugar do engrenamento oblíquo.

5. EXEMPLOS DE CÁLCULOS

(Denominações, dimensões e relações, segundo a Tab. 23.2.)

1) Redutor de engrenagens cônicas, de resistência temporária, engrenamento reto e não temperado.
Procuram-se: Dimensões necessárias, verificação da limitação de carga e duração de vida.

Dados: de trabalho $N_1 = 8$ CV, $n_1 = 300$, $i \approx 6$, ângulo entre os eixos $\delta_A = 90°$. Engrenamento zero em V de 20°, qualidade 8, vida a plena carga $L \approx 80$ h. Material para o pinhão C 60 beneficiado (n.° 13 da Tab. 22.25), para a coroa GG 26 (n.° 2 da Tab. 22.25).

Fixação das dimensões principais: de acôrdo com a Tab. 23.1

$$z_2/z_1 = 85/14 = 6,07 = i; \quad x_1 = -x_2 = 0,25$$

portanto:

$$\text{tg}\,\delta_1 = 1/i = 0,165, \quad \delta_1 = 9,33°, \quad \delta_2 = 90° - \delta_1 = 80,67°.$$

Calculando pela Eq. (6)

$$d_{m1} \geq 65 \text{ mm com } B_{ad} \approx 0,16 \text{ e } f_d = 1,16$$

segundo a Tab. 23.1. Portanto

$$d_{01} = d_{b1} = d_{m1}/(1 - f_b) = 75 \text{ com } f_b = 0,123.$$

Escolhido
$$m = d_{01}/z_1 = 5,5 \text{ mm};$$

portanto

$$d_{01} = z_1 m = 77 \quad \text{e} \quad d_{02} = z_2 m = 467,5, \quad b = f_b d_{01}/\text{sen}\,\delta_1 = 58$$

com $f_b = 0,123$, segundo a Tab. 23.1 e $d_{m1} = d_{01}(1 - f_b) = 67,5$.

Fixação das dimensões secundárias: pela Tab. 23.2.

Verificação da limitação de carga e a duração de vida (segundo a pág. 184 do Vol. II): As dimensões das engrenagens cilíndricas equivalentes, pelas Tabs. 23.1 e 23.2, são

$$b_e = b = 58, \quad m_e = 4,82, \quad d_{e1} = 68,4, \quad d_{e2} = 2\,520, \quad i_e = z_{e2} \text{ e } z_{e1} = 524/14,2 = 36,9.$$

Com $U = 565$ o coeficiente de carga é $B_e = 0,142$, segundo a Eq. (1) e

$$B_w = B_e \cdot C_S \cdot C_D \cdot C_T = 0,142 \cdot 1,25 \cdot 1,06 \cdot 1,33 = 0,25$$

com $f_e = 2,8\,(3 + 0,3 \cdot 5,5 + 0,2\,\sqrt{467,5} = 25\mu$ e $f_{RW} = 0,75 \cdot 1,6\,\sqrt{58} + 1,2 \cdot 9,7 \cdot 1,25 = 23,7\mu$ correspondendo à qualidade 8 (Tab. 22.12), $g_K = 1,2$, $u = 9,7$, $v = 1,06$, $u_{din} = 0,7$, $\varepsilon_n = 1,58$, $\varepsilon_{1n} = 0,88$, $\varepsilon_w = 1,33$.

Segurança de quebra do dente
$$S_{B1} = \frac{\sigma_{D1}}{B_w z_{e1} q_{w1}} = \frac{25,6}{0,25 \cdot 14,2 \cdot 1,82} = 4,0,$$

$$S_{B2} = \frac{\sigma_{D2}}{B_w z_{e1} q_{w2}} = \frac{6}{0,25 \cdot 14,2 \cdot 1,80} = 0,94, \text{ daí}$$

a duração de vida
$$L_{B2} = \frac{33 \cdot 10^3}{n_2}(S_{B2})^5 = 480 \text{ h para } n_2 = 50.$$

Segurança de cavitação
$$S_{G1} = \frac{k_{D1}}{B_w y_{w1}} \frac{i_e}{i_e + 1} = \frac{1,175 \cdot 0,51}{0,25 \cdot 4,57} \frac{36,9}{37,9} = 0,51, \text{ daí}$$

a duração de vida
$$L_{G1} = \frac{167 \cdot 10^3}{n_1} k_{D1} S_{G1}^2 = 87 \text{ h para } n_1 = 300.$$

$$S_{G2} = \frac{k_{D2}}{B_w y_{w2}} \frac{i_e}{i_e + 1} = \frac{0,78 \cdot 0,33}{0,25 \cdot 3,11} \frac{36,9}{37,9} = 0,32, \text{ daí}$$

a duração de vida
$$L_{G2} = \frac{167 \cdot 10^3}{n_2} k_{D2} \cdot S_{G2}^2 = 88 \text{ h para } n_2 = 50.$$

A segurança ao engripamento SF, para esta pequena velocidade tangencial e lubrificação com óleo mineral para redutores (escolhido para 145 cSt, viscosidade segundo a pág. 201 do Vol. II), é, sem mais, satisfeita.

2) Redutor de engrenagens cônicas de vida ilimitada para um eixo traseiro de um caminhão.
Procura-se: Verificação da limitação de carga.
Dados: de trabalho, momento de torção $M_1 = 27$ mkgf (correspondente ao máximo momento de torção do motor), $n_1 = 1\,600$, ângulo entre os eixos $\delta_A = 90°$.
Material, aço 20 MnCr 5 cementado e temperado (n.° 20 da Tab. 22.25). Engrenamento zero em V de 20° com $x_1 = -x_2 = 0,4$, engrenamento em arco.
Dimensões das engrenagens cônicas $z_1 = 6$, $z_2 = 41$, $i = 6,833$, $b = 50$. Para o círculo de rolamento no meio da largura do dente: $d_{m1} = 44,5$, $d_{m2} = 304$, $m_{en} = 6,0$, $\beta_m = 36°$, $h_{k1} \approx 8,36$, $h_{k2} \approx 3,64$, $\delta_1 = 8,327°$, $\delta_2 = 81,673°$.

Verificação da limitação de carga: Engrenagens cilíndricas equivalentes (dimensões calculadas segundo a Tab. 23.2)

$$z_{e1} = 6,06, \; z_{e2} = 283, \; i_e = 46,6, \; d_{e1} = 45,0, \; d_{e2} = 2\,100, \; m_e = 7,42, \; m_{en} = 6,0,$$
$$h_{k1} \approx 3,64, \; z_{1n} = 10,78, \; z_{2n} = 503, \; b_e = 50.$$

Coeficiente de carga $B_e = 0,537 \text{ kgf/mm}^2$, segundo a Eq. (1) com $U = 2 \cdot 27\,000/44,5 = 1\,210 \text{ kgf}$.

$B_w = B_e C_S C_D C_T C_\beta = 0,537 \cdot 1,5 \cdot 1,035 \cdot 1,18 \cdot 1,40 = 1,38$ com $f_e \leq 14\mu, f_R = 4,9\mu, f_{Rw} = 0,75 \cdot 4,9 +$ $+ 0,6 \cdot 24,2 \cdot 1,5 = 25,5\mu, \; g_k = 0,6, \; u = 24,2, \; u_{din} = 3,5, \; \varepsilon_{sp} = 1,40, \; \varepsilon = 1,05, \; \varepsilon_n = 1,51, \; \varepsilon_{1n} = 0,92, \; \varepsilon_w = 1,43, \; v = 3,7 \text{ m/s}$.

Segurança de quebra de dente $S_{B1} = \dfrac{\sigma_{D1}}{B_w z_{e1} q_{w1}} = \dfrac{0,7 \cdot 47}{1,38 \cdot 6,06 \cdot 1,76} = 2,24$ sendo 0,7 o fator para carregamento alternante $q_{k1} = 2,40$ e $q_{\varepsilon 1} = 0,733$;

$$S_{B2} = \dfrac{\sigma_{D2}}{B_w z_{e1} q_{w2}} = \dfrac{0,7 \cdot 47}{1,38 \cdot 6,06 \cdot 1,72} = 2,29,$$

sendo $q_{k2} = 2,24$ e $q_{\varepsilon 2} = 0,765$.

Segurança de cavitação $S_{G1} = \dfrac{k_{D1}}{B_w y_{w1}} \dfrac{i_e}{i_e + 1} = \dfrac{0,726 \cdot 5,0}{1,38 \cdot 2,33} \dfrac{46,6}{47,6} = 1,10,$

sendo $y_s = 0,9, \; y_v = 0,806, \; y_C = 3,11, \; y_\beta = 0,597$ e $y_\varepsilon = 0,795$.

$$S_{G2} = \dfrac{k_{D2}}{B_w y_{w2}} \dfrac{i_e}{i_e + 1} = \dfrac{0,726 \cdot 5,0}{1,38 \cdot 1,86} \dfrac{46,6}{47,6} = 1,39.$$

Segurança de engripamento $S_F = \dfrac{k_{ens} \cos \beta_0}{B_w y_c y_F} \dfrac{i_e}{i_e + 1} = \dfrac{8,0 \cdot 0,809}{1,38 \cdot 3,11 \cdot 0,89} \dfrac{46,6}{47,6} = 1,66$

para um óleo mineral com adições SAE 90 com uma viscosidade de aproximadamente 68 cSt, $M_{ens} = 30$ e $k_{ens} = 8,0$ para $v = 3,7 \text{ m/s}$.

23.4. ENGRENAGENS CÔNICAS DESCENTRADAS (*REDUTORES CÔNICOS HELICOIDAIS E HIPOIDAIS*)

Propriedades e aplicações das engrenagens cônicas descentradas, ver pág. 1.

1. TIPOS DE CONSTRUÇÃO

Para as engrenagens cônicas descentradas, Figs. 23.19 e 23.20, parte-se geralmente, de uma engrenagem de disco (engrenagem grande 2), dada com um engrenamento reto, oblíquo ou em arco dado, e procura-se associar um pinhão (engrenagem pequena 1) numa distância entre eixos a, de tal maneira, que os cones divisores das duas engrenagens se tocam no meio da largura do dente no plano comum da engrenagem de base (ver Fig. 23.20). O ângulo de inclinação β_{m1} do pinhão deve ser tal que esta coincida com a direção da aresta do flanco do dente no ponto de contato P. Por causa dos atritos de escorregamento adicionais na direção dos flancos, utilizam-se geralmente engrenagens cônicas descentradas temperadas (e geralmente com engrenamento em arco).

No que se refere à direção do descentramento, distinguem-se, segundo a Fig. 23.19, os com deslocamento *positivo* e os com deslocamento *negativo*.

Nos pinhões com deslocamento positivo o ângulo de inclinação β_{m1} do pinhão é deslocado de um ângulo φ_p, maior do que o ângulo de inclinação β_{m2} da coroa: $\beta_{m1} = \beta_{m2} + \varphi_p$ (Fig. 23.20). Pode-se também imaginar que o pinhão, segundo a Fig. 23.19, é deslocado sôbre a coroa de dentro para fora. Nesse

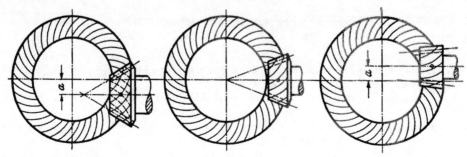

Figura 23.19 – Engrenagem cônica descentrada. À esquerda: deslocamento positivo; à direita: deslocamento negativo no centro: sem deslocamento

Engrenagens Cônicas e Cônicas Descentradas (Hipóides)

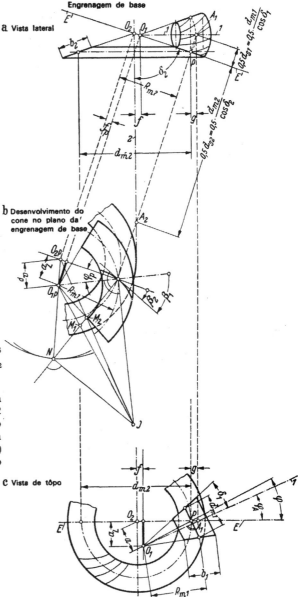

Figura 23.20 – Para a geometria das engrenagens cônicas descentradas*. Inclinação média β_{m1} e β_{m2} (na figura designados por β_1 e β_2)

Explicação da Fig. 23.20. Aqui está representada, na vista de tôpo (figura inferior), a coroa cônica 2 (engrenagem de prato), com seu eixo (vértice do cone O_2) perpendicular ao plano da figura e, na vista lateral (figura superior), com seu eixo ($O_2 - A_2$) no plano da figura. As grandezas dimensionais são mais detalhadas sob os itens a até g

tipo de deslocamento de eixo, o pinhão é maior para a mesma relação de multiplicação no diâmetro, no ângulo de cone δ_{01}, no grau de recobrimento e na fôrça axial, do que para o tipo sem deslocamento de eixo (Fig. 23.19). O maior diâmetro do pinhão permite um eixo para o pinhão mais grosso (mais resistente). Êste desenvolvimento é o preferido para os veículos automotrizes (acionamento pelo eixo traseiro).

Nos pinhões com deslocamento negativo (Fig. 23.19) tem-se o contrário, o ângulo de inclinação β_{m1} é menor do que β_{m2} da coroa: $\beta_{m1} = \beta_{m2} - \varphi_p$. Nesse tipo, o diâmetro do pinhão, o ângulo do cone, o grau de recobrimento e a fôrça axial são menores do que para o do tipo sem deslocamento axial. No caso extremo, o pinhão torna-se cilíndrico. Como casos-limite, podem-se distinguir:

1. ângulo de inclinação $\beta_{m1} = 0$ (pinhão com engrenamento reto),
2. ângulo de inclinação $\beta_{m2} = 0$ (coroa com engrenamento reto),
3. coroa construída como engrenagem de base e pinhão cilíndrico.

2. GEOMETRIA E DIMENSÕES DAS ENGRENAGENS CÔNICAS DESCENTRADAS

Designações, dimensões e dados práticos, ver Tabs. 23.3 e 23.4.

Nas engrenagens cônicas descentradas distinguem-se as dimensões relacionadas ao ponto de contato P dos cones de rolamento das duas engrenagens cônicas (dimensões relativas ao meio da largura do dente).

*Em relação à representação de Schiebel [24/14] foram acrescentados e corrigidos alguns complementos (os pontos P e A_1 e os ângulos φ e φ_A coincidem entre si através de Schiebel).

TABELA 23.3 — *Relações geométricas e dimensões de engrenagens cônicas descentradas com* $\delta_A = 90°$ (Fig. 23.20)
Índice 1 para o pinhão; 2 para a coroa; índice *p* para as grandezas da engrenagem de base; índice *e* para as grandezas das engrenagens cilíndricas equivalentes; índice *s* para as grandezas das engrenagens helicoidais equivalentes; índice *m* para as dimensões médias das engrenagens cônicas; índice *n* para as grandezas no corte normal.

Grandezas	Dimensões	Relações
GRANDEZAS ASSOCIATIVAS (relacionadas ao cone de rolamento):		
Ângulo entre os eixos (ângulo de cruzamento)	Graus	$\delta_A = 90°$
Ângulo do cone de rolamento	Graus	δ_1, δ_2 ; $\sen \delta_1 = \cos \delta_2 \cos \varphi_A$
Distância entre os eixos	mm	a; no plano da engrenagem de base $a_p = R_{m2} \sen \varphi_p$
Relação de multiplicação	—	$i = \dfrac{z_2}{z_1} = \dfrac{d_{m2}}{d_{m1}} \dfrac{\cos \beta_{m2}}{\cos \beta_{m1}}$
Número de dentes	—	z_1 ; z_2
Ângulo de deslocamento	Graus	φ_A ; $\sen \varphi_A = \dfrac{2a}{d_{m2} + 2g}$; $2g = d_{m1} \dfrac{\cos \delta_2}{\cos \delta_1} = \dfrac{d'_1}{\tg \delta_2}$ $\tg \varphi_A = \tg \varphi_p \sen \delta_2 = \tg \varphi \sen^2 \delta_2$
Ângulo de contato	Graus	$\varphi_p = \beta_{m1} - \beta_{m2}$; $\sen \varphi_p = a_p/R_{m2} = \sen \varphi \approx 2a/d_{m2}$
GRANDEZAS MÉDIAS (relacionadas ao ponto de contato *P* do cone de rolamento):		
Ângulo de inclinação no plano da engrenagem de base	Graus	$\beta_{m1} = \beta_{m2} + \varphi_p$; $\tg \beta_{m1} = \dfrac{id_{m1}/d_{m2} - \cos \varphi_p}{\sen \varphi_p}$ no deslocamento negativo do eixo tem-se $\beta_{m1} < \beta_{m2}$, assim como $\varphi_A, \varphi_p, \varphi, a, a_p$ e a_L negativos
Ângulo de ataque (corte normal)	Graus	α_n
Diâmetro do círculo primitivo	mm	d_{m1} ; d_{m2} ; $d_{m1} = \dfrac{d_{m2}}{i} \dfrac{\cos \beta_{m2}}{\cos \beta_{m1}} = d'_1 \dfrac{\cos \delta_1}{\sen \delta_2}$
Módulo (corte normal)	mm	$m_{mn} = \cos \beta_{m1} \dfrac{d_{m1}}{z_1} = \cos \beta_{m2} \dfrac{d_{m2}}{z_2}$
Comprimento do cone divisor	mm	$R_{m1} = 0{,}5\,d_{m1}/\sen \delta_1$; $R_{m2} = 0{,}5\,d_{m2}/\sen \delta_2$
Largura do dente	mm	$b_2 \lesssim 0{,}18\,d_{m2}$; $b_1 \approx b_2/\cos \varphi_p + 3\,m_n\,\tg \varphi_p$
Deslocamento de perfil (Tab. 23.4)	mm	$x_{m1}\,m_{mn} = -x_{m2}\,m_{mn}$
Altura da cabeça do dente	mm	h_{km1}, h_{km2}
GRANDEZAS DE FABRICAÇÃO, ver Tab. 23.2		
ENGRENAGEM HELICOIDAL EQUIVALENTE (índice *s*) (relacionado ao ponto de rolamento):		
Ângulo entre os eixos (ângulo de cruzamento)	Graus	$\delta_s = \varphi_p$
Ângulo de inclinação	Graus	$\beta_{s1} = \beta_{m1}$; $\beta_{s2} = \beta_{m2}$
Ângulo de ataque (corte normal)	Graus	$\alpha_{sn} = \alpha_n$
Relação de multiplicação	—	$i_s = \dfrac{z_{s2}}{z_{s1}} = i\,\dfrac{\cos \delta_1}{\cos \delta_2}$
Número de dentes (número ímpar)	—	$z_{s1} = z_1/\cos \delta_1$; $z_{s2} = z_2/\cos \delta_2$
Diâmetro do círculo primitivo	mm	$d_{s1} = d_{m1}/\cos \delta_1$; $d_{s2} = d_{m2}/\cos \delta_2$
Módulo (corte normal)		$m_{sn} = m_{mn}$
Largura do dente, deslocamento de perfil, altura da cabeça do dente, ver grandezas médias		
ENGRENAGEM CILÍNDRICA EQUIVALENTE (índice *e*, ângulo de cruzamento = 0) (relacionado ao ponto de rolamento):		
Ângulo de ataque (corte normal)	Graus	$\alpha_{en} = \alpha_n$
Ângulo de inclinação	Graus	$\beta_e = \beta_{m1}$
Relação de multiplicação	—	$i_e = \dfrac{z_{e2}}{z_{e1}} = \dfrac{d_{e2}}{d_{e1}}$
Número de dentes (número ímpar)	—	$z_{e1} = \dfrac{z_1}{\cos \delta_1}$; $z_{e2} = z_{e1}\dfrac{d_{e2}}{d_{e1}}$
Diâmetro do círculo primitivo	mm	$d_{e1} = \dfrac{d_{m1}}{\cos \delta_1}$; $d_{e2} = \dfrac{d_{m2}}{\cos \delta_2 \cos^2 \varphi_p}$
Módulo (corte normal)	mm	$m_{en} = m_{mn}$
Largura do dente	mm	$b_e = b_1$
Número de dentes (corte normal)	—	$z_{en1} = z_{e1}\,z_n/z$; $z_{en2} = z_{e2}\,z_n/z$ com z_n/z segundo a Tab. 22.21
Velocidade Tangencial	m/s	$v = v_1 = d_{m1}\,n_1/19100$
Deslocamento de perfil e altura da cabeça do dente, ver grandezas médias		

Representação e localização espacial. A localização das engrenagens cônicas descentradas em diversos planos exige uma certa prática para uma imaginação e representação espacial, com a finalidade de poder observar suas grandezas dimensionais.

Observe-se antes, na Fig. 21.29, a associação de dois Hiperbolóides, cujos detalhes externos podem representar o cone de contato das engrenagens cônicas descentradas. Depois, passa-se para a Fig. 23.20.

Engrenagens Cônicas e Cônicas Descentradas (*Hipóides*)

TABELA 23.4 — *Dados práticos para engrenagens com engrenamento curvo, deslocamento positivo do eixo e* $\delta_A = 90°$.

Medidas preliminares	Depois da escolha de d_{m2}, i e $2a/d_{m2}$, determinam-se φ_A, δ_1, d_{m1}, φ_p, β_{m1} e β_{m2} pela Tab. 23.3. $\dfrac{2a}{d_{m2}} \lessapprox \left.\begin{array}{l} 0{,}9i \\ i+4 \end{array}\right\} \approx 0{,}45$ para veículos automotrizes leves e redutores industriais $\phantom{\dfrac{2a}{d_{m2}} \lessapprox \begin{array}{l} 0{,}9i \\ i+4 \end{array}} \approx 0{,}23$ para veículos automotrizes pesados (caminhões) tg $\delta_2 \approx i$ $d'_1 = (1{,}3 \cdots 1{,}5)\, d_{m2}/i$ (para **deslocamento negativo do eixo** $d'_1 \approx 0{,}75\, d_{m2}/i$)
Ângulo de inclinação médio (Gleason)	$\beta_{m2} \leq 35°$ $\begin{array}{l\|c\|c\|c} \beta_{m1} = & 0° & 45° & 40° \\ \hline \text{para } z_1 = & 6 \cdots 13 & 14 \cdots 15 & 16 \end{array}$
Número mínimo de dentes (Gleason)	$\begin{array}{l\|c\|c\|c\|c\|c\|c} \text{Para } i = & 2{,}4 & 3{,}0 & 4 & 5 & 6 & 10 \\ \hline z_1 = & 15 & 12 & 9 & 7 & 6 & 5 \\ \hline z_{2\min} = & 36 & 36 & 36 & 36 & 36 & 50 \end{array}$ Além disso: $z_1 \geq z_{\min} \cos \delta_1 \cos^3 \beta_{m1}$ $z_{\min}$, ver z_n na Tab. 22.16
Largura dos dentes	$b_2 \leq 0{,}34\, R_{m2}$ e $\leq 0{,}18\, d_{m2}$; além disso: $b_2 \leq 10\, m_{mn}$; b_1, ver Tab. 23.3
Deslocamento de perfil (Wildhaber [23/40])	$\begin{array}{l\|c\|c\|c\|c\|c\|c\|c} z_1 = & 5\cdots 8 & 9 & 10 & 11 & 12 & 13 & 14 \\ \hline x_{m1} = -x_{m2} = & 0{,}70 & 0{,}66 & 0{,}59 & 0{,}52 & 0{,}44 & 0{,}38 & 0{,}30 \end{array}$
Ângulo de ataque no corte normal para engrenamento em arco (Wildhaber [23/40])	$\alpha_n = \alpha_m + \Delta\alpha$ para flancos de engrenagem **côncava e pinhão convexo** $\alpha_n = \alpha_m - \Delta\alpha$ para flancos de engrenagem e pinhão convexos tg $\Delta\alpha = \dfrac{2(R_{m1} \operatorname{sen} \beta_{m1} - R_{m2} \operatorname{sen} \beta_{m2})}{d_{s1} + d_{s2}}\Big\}$ para igualar relações **de ataque de** flancos esquerdos e direitos $\alpha_m \approx 20°$

a) *Ponto de contato, normal de contato e engrenagem helicoidal equivalente*. O ponto de contato P, o cone de contato (cone parcial) da engrenagem 1 e 2 no meio do dente b_2 está representado na Fig. 23.20 de tal maneira que ela aparece tanto na vista de tôpo como na vista lateral (na vista de tôpo, sôbre a reta E–E, na vista lateral, sôbre a reta E'–E'). A normal à superfície cônica da engrenagem 2, levantada em p $(A_2 - A_1)$, é a normal de contato que se encontra no plano da Fig. 23.20 (em cima), na vista lateral e perpendicular à mesma no plano de tôpo (o rastro dêsse plano na vista de tôpo é a reta E–E). As normais de contato interceptam os dois eixos 1 e 2, devido ao fato das mesmas se encontrarem normais aos dois cones de contato; elas interceptam o eixo do cone 1 no ponto A_1 e o eixo do cone 2 no ponto A_2 (ver figura em cima). Os comprimentos $(A_2 - P)$ e $(A_1 - P)$ da figura em cima são, ao mesmo tempo, raios $0{,}5\, d_{s2}$ e $0{,}5\, d_{s1}$, respectivamente, das engrenagens helicoidais equivalentes. Através do rebatimento do ponto A_1 (figura em cima) para a vista de tôpo (figura embaixo), obtém-se o ponto de cruzamento do eixo do cone 1 com a reta E–E.

b) *Cone parcial 1, distância entre eixos* a, *ângulo de deslocamento* φ_A *e ângulo do cone* δ_1. Na figura embaixo, o eixo do cone 1 atravessa o ponto A_1 a uma distância a do eixo do cone 2 (ponto O_2) fixando, assim, a posição do eixo do cone 1 na vista de tôpo. O ângulo entre o eixo do cone 1 e a reta (E–E) é o ângulo de deslocamento φ_A.

Na figura acima, a projeção do eixo do cone 1 está no ângulo direito ao eixo do cone 2, enquanto há um ângulo entre os eixos $\delta_A = 90°$; a posição em altura do eixo do cone 1 é dada através de sua distância $d_{m1}/2$ ao ponto de contato P. Ela intercepta a reta $(E' - E')$ no ponto O_1. Através do rebatimento de O_1 para a vista de tôpo (figura embaixo), obtém-se o vértice do cone O_1 sôbre o eixo do cone 1. Daí, determina-se, ao mesmo tempo, o ângulo do cone δ_1 e o comprimento lateral do cone R_{m1}, quando se tem o diâmetro da engrenagem cônica $d_{m1} \cdot d_{m1}$ encontra-se na vista de tôpo sôbre a reta que passa por P e se dirige perpendicularmente ao eixo do cone 1.

c) *Plano da engrenagem de base e dimensões das engrenagens de base*. Na vista lateral a $(E' - E')$ e o rastro do plano de contato dos dois cones perpendiculares à figura e, assim, o rastro do plano da engrenagem de base. Nesse plano podem ser desenvolvidas as laterais dos cones dos dois cones divisores 1 e 2, conservando-se a posição das linhas de contato $(O_2 - P)$ e $(O_1 - P)$ dos dois cones com o plano da engrenagem de base e o ângulo contido por elas φ_p. No plano rebatido da engrenagem de base (no meio da figura), obtém-se os pontos O_{2P} e O_{1P} a uma distância R_{m2} e R_{m1}, respectivamente, do ponto P, e assim o ângulo φ_p, quando se corta perpendicularmente à reta $(E'–E')$ os pontos O_2, O_1 e P da figura em cima. Com a introdução da tangente na linha dos flancos no ponto P, fixam-se também os ângulos médios de inclinação β_{m2} e β_{m1} das duas engrenagens cônicas.

d) *Verdadeiras grandezas nos diversos planos de figuras*. Na vista de tôpo (figura embaixo) aparecem em verdadeira grandeza: δ_1, φ_A, a, a_L, R_{m1}, d_{m1} e b_1. Na vista lateral (figura em cima) aparecem em verdadeira grandeza: δ_A, δ_2, R_{m2}, b_2, d_{s2} e d_{s1}. No plano da engrenagem de base (figura intermediária) aparecem em verdadeira grandeza: a_L, φ_p, β_{m1}, β_{m2}, R_{m2}, R_{m1}, b_2 e b_1.

e) *Pontos medianos de curvatura das linhas de flanco*. Segundo Schiebel [23/19], podem-se construir ainda os pontos medianos de curvatura M_1 e M_2 das linhas dos flancos das engrenagens 1 e 2 dos respectivos pontos de contato P. Traça-se (figura intermediária) uma reta de O_{2P} passando por O_{1P} e uma normal de P tangenciando os flancos, obtendo-se, assim, o ponto de cruzamento N. Depois é traçada, de P, a normal a $(O_{1P} - P)$ e de N a normal a $(N - P)$, obtendo-se o ponto de cruzamento O. A ligação das linhas $(O - O_{1P})$ e $(O - O_{P2})$ dão sôbre $(N - P)$ os pontos de cruzamento procurados M_1 e M_2. As circunferências em tôrno de O_1 e O_2, através de N, são, respectivamente, os círculos de rolamento para o movimento das linhas dos flancos em P. Correspondente a estas relações pode-se variar o desenvolvimento das linhas dos flancos através da escolha do ponto O_1 em relação a O_2 e de φ_P.

f) *Velocidade de escorregamento* v_F. Pela diferença geométrica das duas velocidades tangenciais v_1 e v_2 no ponto P, tem-se a velocidade de escorregamento v_F entre os flancos dos dentes na direção das linhas dos flancos. Ela compreende:

$$v_F = v_1 \frac{\text{sen } \varphi_p}{\cos \beta_{m2}} = v_2 \frac{\text{sen } \varphi_p}{\cos \beta_{m1}}.$$

g) *Engrenagens helicoidais equivalentes*. Suas dimensões são: diâmetros dos círculos primitivos d_{s2} e d_{s1}, largura dos dentes b_2 e b_1, ângulos de inclinação β_{m2} e β_{m1}. Seus eixos cruzam-se sob um ângulo φ_p a uma distância 0,5 $(d_{s1} + d_{s2})$. São, portanto, engrenagens cilíndricas helicoidais, que podem, ao mesmo tempo, justificar o engrenamento, as relações de escorregamento, a solicitação e a resistência das engrenagens cônicas descentradas, como as engrenagens cilíndricas equivalentes de eixos paralelos o fazem para as engrenagens cônicas sem deslocamento axial.

3. FIXAÇÃO DAS GRANDEZAS

Normalmente, parte-se da grandeza do redutor de engrenagens cônicas centradas com as mesmas características de funcionamento. Desloca-se então o eixo do pinhão da medida desejada a. No deslocamento positivo de eixos, não modificando a relação de multiplicação, obtém-se um maior diâmetro de pinhão d_{m1} quando se conservam as dimensões e o ângulo médio de inclinação da coroa. Ao maior diâmetro do pinhão corresponde, então, uma maior potência de transmissão. Pode-se, assim, diminuir, as dimensões da associação de engrenagens cônicas, por analogia geométrica, de tal forma que o diâmetro do pinhão cônico não deslocado seja igual a d_{m1}. No entanto, pode-se também calcular aproximadamente d_{m1} através da Eq. (3), fixar as demais dimensões segundo dados práticos da Tab. 23.4 e calcular pela Tab. 23.3 com os dados iniciais.

4. COMPROVAÇÃO DE RESISTÊNCIA

Pressão nos flancos. A superfície comprimida que se desenvolve inclinada sôbre o dente entre os flancos dos dentes varia com o tipo de fabricação (ver nota 2, pág. 1) entre uma elipse alongada e uma linha comprimida (superfície retangular estreita). As pressões nos flancos que aqui aparecem podem, no caso da elipse comprimida, ser comprimidas e calculadas como pressão de flancos de engrenagens helicoidais equivalentes, segundo a pág. 61, com as dimensões da Tab. 23.3 e, no caso de linhas comprimidas, retangulares, segundo a orientação de cálculo de Wildhaber [23/40]. Pelos ensaios da FZG, a diferença no cálculo para o dimensionamento normal das engrenagens cônicas descentradas com $2a/d_{m2} = 0,23 \cdots 0,45$ é pràticamente desprezível quando se considera aproximadamente o mesmo limite de carga na superfície comprimida elíptica, segundo as págs. 63 e 114, como na superfície comprimida retangular circunscrita.

Solicitação no pé do dente. Corresponde à das engrenagens cônicas e, assim, das engrenagens cilíndricas equivalentes, com a mesma inclinação da linha de contato sôbre o dente.

Velocidade de escorregamento e limite de engripamento. O cálculo da velocidade de escorregamento resultante v_G nos flancos dos dentes, a partir da velocidade de escorregamento v_F (na direção das linhas dos flancos) e da velocidade de escorregamento na direção da altura dos dentes, é igual ao das engrenagens helicoidais equivalentes (ver pág. 60).

Segundo ensaios da FZG, alcança-se um processo de cálculo perfeito para todos os três limites de solicitação quando se determina uma associação de engrenagens cilíndricas equivalentes que reproduz as verdadeiras relações, no que se refere à solicitação do pé do dente e da pressão dos flancos, o mais exato possível. O dimensionamento para as engrenagens cilíndricas equivalentes está resumido na Tab. 23.3. O exemplo de cálculo a seguir mostra a seqüência de cálculo correspondente às engrenagens cilíndricas da pág. 182 do Vol. II. O percurso de ataque equivalente e_{max} para o cálculo do limite de engripamento com o auxílio do coeficiente y_F, de acôrdo com a pág. 184 do Vol. II, equivale aqui a:

$$e_{max} \approx \sqrt{e_e^2 + e_F^2} = e_e \sqrt{1 + (e_F/e_e)^2} \qquad (7)$$

com o percurso de ataque do perfil

$$\left.\begin{array}{l} e_e = \varepsilon_1 m_e \pi \cos \alpha_e \\ = \varepsilon_2 m_e \pi \cos \alpha_e \end{array}\right\} \text{valendo o maior valor!} \qquad (8)$$

$$e_F \approx \frac{d_{e2} \text{ sen } \varphi_p}{2(i_e + 1) \cos \beta_{m2}}. \qquad (9)$$

5. FÔRÇAS NOS MANCAIS E DIMENSIONAMENTO

Para o cálculo das fôrças nos mancais e o dimensionamento valem os dados já mencionados para as engrenagens cônicas com engrenamento inclinado e curvo, da pág. 12. Através do deslocamento do eixo é, inclusive, possível apoiar dos dois lados as duas engrenagens cônicas, eliminando-se, assim, um inconveniente primordial (maiores erros elásticos de alinhamento no apoio unilateral) em relação às engrenagens cilíndricas.

6. EXEMPLO DE CÁLCULO

Relações, designações e dimensões, ver Tabs. 23.3 e 23.4.

1) *Dados*: redutor de engrenagens cônicas e descentradas para o eixo traseiro de um caminhão.
Procura-se: demonstrar a resistência mecânica.
Dados de funcionamento: momento de torção $M_1 = 28$ m kgf (correspondente ao máximo momento motor); rotação $n_1 = 4600$ rpm.
Material: aço 13 NiCr 18 E, cementado. Segundo as págs. 199 e 200 do Vol. II têm-se $\sigma_0 = 48$, $\sigma_D =$
$= 0,7 \cdot \sigma_0 = 33,6$ para solicitação alternante, $k_0 = 5,0$, $k_D = 4,67$ com $y_s = 0,8$ e $y_v = 1,166$ para $v = 14,9$.
Lubrificante: óleo hipóide SAE 90, com uma viscosidade de aproximadamente 37 cSt na temperatura de funcionamento, $M_{ens} = 75$ e $K_{ens} = 4,0$ para $v = 14,9$ m/s (ver Fig. 22.43).
Engrenamento: qualidade 6 com $f_e = 13\mu$, $f_R = 6,1$ e $f_{Rw} = 26,6$ para $g_K = 0,6$ (de acôrdo com a Tab. 22.12), $a = 25,4$, $\delta_A = 90°$, $\delta_1 = 17,46°$, $\delta_2 = 71,88°$, $\beta_{m1} = 50,25°$, $\beta_{m2} = 34,25°$, $\alpha_n = 20°$, $z_1 = 11$, $z_2 = 40$, $i = 3,64$, $b_1 = 37,0$, $b_2 = 31,1$. Sôbre o meio do dente: $d_{m1} = 61,7$, $d_{m2} = 173,6$, $m_{mn} = 3,58$, $h_{km1} = 5,4$, $h_{km2} = 1,4$, $x_{m1} = -x_{m2} = 0,52$ (comparar com os dados práticos da Tab. 23.4); pinhão engrenado, com ferramenta, à coroa e apoiado de um lado só.

2) *Comprovação da resistência por intermédio das engrenagens cilíndricas equivalentes.*
Engrenagens cilíndricas equivalentes (dimensionamento pela Tab. 23.3): $\beta_e = 50,25°$, $\beta_{eg} = 46,3°$, $\alpha_{en} = 20°$, $z_{e1} = 11,5$, $z_{e2} = 108$, $i_e = 9,4$, $z_{en1} = 37,7$, $z_{en2} = 354$, $x_{e1} = -x_{e2} = 0,52$, $m_{en} = 3,58$, $d_{e1} = 64,7$, $d_{e2} = 607$, $b_e = b_1 = 37$, $v = v_1 = 14,9$.
Coeficiente de carga: $B_e = 0,379$, segundo a Eq. (1).

$$B_w = B_e \cdot C_S \cdot C_D \cdot C_T \cdot C_\beta = 0,379 \cdot 1,5 \cdot 1,11 \cdot 1,16 \cdot 2,0 = 1,46 \text{ com } \varepsilon_{sp} = 2,3,\ \varepsilon = 0,75,$$

de acôrdo com a pág. 197 do Vol. II.

Segurança à quebra do dente (pela pág. 184 do Vol. II):

$$S_{B1} = \frac{\sigma_{D1}}{B_w z_{e1} q_{w1}} = \frac{33,6}{1,46 \cdot 11,5 \cdot 1,50} = 1,33,$$

onde $q_{k1} = 2,12$, $q_{e1} = 0,708$ com $\varepsilon_n = 1,58$;

$$S_{B2} = \frac{\sigma_{D2}}{B_w z_{e1} q_{w2}} = \frac{33,6}{1,46 \cdot 11,5 \cdot 1,506} = 1,33,$$

onde $q_{k2} = 2,28$, $q_{e2} = 0,66$ e $\varepsilon_w = 1,72$.

Segurança à cavitação (pela pág. 184 do Vol. II):

$$S_{G1} = \frac{K_{D1}}{B_w y_{w1}} \frac{i_e}{i_e + 1} = \frac{4,67}{1,46 \cdot 1,10} \frac{9,4}{10,4} = 2,63,$$

onde $y_C = 3,11$, $y_\beta = 0,355$, $y_\varepsilon = 1$ e $\varepsilon_{1n} = 1,21$.

$$S_{G2} = \frac{K_{D2}}{B_w y_{w2}} \frac{i_e}{i_e + 1} = \frac{4,67}{1,46 \cdot 1,10} \frac{9,4}{10,4} = 2,63.$$

Segurança ao engripamento (pela pág. 184 do Vol. II):

$$S_F = \frac{K_{ens} \cos \beta_e}{B_w y_c y_F} \frac{i_e}{i_e + 1} = \frac{4,0 \cdot 0,6394}{1,46 \cdot 3,11 \cdot 0,352} \frac{9,4}{10,4} = 1,45,$$

onde, pela Eq. (7), tem-se $e_{max} = 13,1$, $e_e = 8,75$, $e_F = 9,8$.

23.5. NORMAS E BIBLIOGRAFIA SÔBRE AS ENGRENAGENS CÔNICAS

1. **Normas**: DIN 869, Vol. 2. Richtlinien für die Bestellung von Kegelrädern. DIN 3971 Bestimmungs-grössen und Fehler an Kegelrädern

2. **Manuais**: ver págs 144 e 201 do Vol. II

3. Bibliografia de engrenagens cônicas, generalidades

[23/1] ALTMANN, F.G.: Mechanische Übersetzungsgetriebe und Wellenkupplungen. (Zylindrisches Stirnrad gepaart mit Plan-Kegelrad). Z. VDI Vol. 94 (1952) p. 547.

[23/2] APITZ, G.: Austauschbare Fertigung von Kegelrädern mit geraden und schrägen Zähnen. In: Fachtagung Zahnradforschung 1950, Braunschweig: Vieweg 1951.

[23/3] —: Beiträge zur Prüfung von Kegelrädern. VDI-Forschungsheft 420, Berlin 1943.
—: Messen und Prüfen bei der Fertigung austauschbarer Kegelräder. pp. 99/111 in: VDI-Berichte.

[23/4] Vol. 32, Düsseldorf 1959.

[23/5] ASCHWANDEN, P. F.: Neue Bearbeitungsmethoden in der Erzeugung von Spiralkegelrädern (Oerlikon-Eloidverzahnung). ATZ 55 (1953) p. 42.

[23/6] GOLLIASCH, F.: Die Ermittlung der Kegelrad-Abmessungen. Leipzig 1951 Fachbuchverlag.

[23/7] HOFMANN, F.: Gleason-Spiralkegelräder. Berlin: Springer 1939.

[23/8] KECK, K. FR.: Das Gleason-Unitool-Verfahren. Werkstatt u. Betr. Vol. 89 (1956) pp. 397-401.

[23/9] KLEPPER, G.: Beitrag zur Berechnung der Kegelräder. Konstruktion Vol. 6 (1954) pp. 75-76.

[23/10] KÖNIGER, R.: Kegelräder mit nicht geraden Zähnen. Werkstattstechn. u. Werksleiter (1935) p. 173.

[23/11] KRUMME, W.: Klingelnberg-Palloid-Spiralkegelräder. Berlin: Springer 1950.

[23/12] LINDNER, W.: Kegelräder, in: KLINGENBERG: Techn. Hilfsbuch, 14.ª ed. Berlin: Springer 1960.

[23/13] O'BRIEN, L. J.: Aircraft Bevel Gears. S. A. E. J. Vol. 53 (1945) N.º 9.

[23/14] RAUP, A.: Herstellung von Kegelrädern mit Gerad u. Schrägverzahnung. Werkstattstechn. u. Maschinenbau Vol. 42 (1952) p. 117.

[23/15] RICHTER, E. H.: Bestimmungsgrössen und Fehler an Kegelrädern. Werkstattstechn. u. Maschinenbau Vol. 45, fasc. 1 (1955) pp. 19-25.

[23/16] —: Geometrische Grundlagen der Kegelrad-Kreisbogenverzahnung. Konstruktion Vol. 10 (1958) pp. 93-101.

[23/17] RIECKHOFF, O.: Prüfung von Spiralkegelrädern und Auswertung der Prüfung für die Fertigung. Werkstattstechn. u. Maschinenbau Vol. 43 (1953) pp. 455-458.

[23/18] —: Über wirtschaftliche und zweckmässige Verzahnung durch Pressen. (Kegelräder mit gepresster Verzahnung.) Werkstattstechn. u. Maschinenbau Vol. 44 (1954) p. 371.

[23/19] SCHIEBEL, A.: Zahnräder: Parte I: Stirn- und Kegelräder mit geraden Zähnen. Berlin: Springer 1930; Parte II: Stirn- und Kegelräder mit schrägen Zähnen; Parte III: Schraubengetriebe. Berlin: Springer 1934.
— SCHIEBEL, A., e. W. LINDNER: Neuauflage, Vol. I Berlin: Springer 1954. Vol. II, Springer 1957.

[23/20] SZENICZEI, L.: Beitrag zur zeitgemässen Berechnung der Kegelräder. Acta Technica Tom, XXI Fasc. 1-2, Budapest 1958.

[23/21] TREDGOLD: A Practical Essay on the Strength of Cast Iron. London 1882.

[23/22] VDMA: Kegelräder, Tafeln für die Berechnung der Abmessungen... Braunschweig: Vieweg 1942.

[23/23] VOGEL W. K.: Die Bedeutung der Zahnlängsform bei Spiralkegelrädern,..., ATZ 61 (1959) p. 306 a 310 e p. 346 a 350.

[23/24] Firmenschriften: Gleason-Works, Rochester, New York (USA) (in Deutschland: A. Wenzky & Co., Stuttgart-N); Werkzeugmaschinenfabrik Oerlikon Bührle & Co., Zürich (Schweiz): W. Ferd. Klingelnberg Söhne, Hückeswagen (Rhld.).

4. Bibliografia de engrenagens cônicas deslocadas

[23/30] ALTMANN, F. G.: Bestimmung des Zahnflankeneingriffs bei allg. Schraubgetrieben. Forsch. Ing.-Wes. Vol. 8 (1937) N.º 5.

[23/31] CAPELLE, I.: Theorie et calcul des engrenages hypoids. Paris: Dunod 1949.

[23/32] GRAIN, R.: Schraubenräder mit geradlinigen Eingriffsflächen. Werkstattstechnik Vol. 1 (1907).

[23/33] KECK, K. F.: Die Bestimmung der Verzahnungsabmessungen bei kegeligen Schraubgetrieben mit 90° Achswinkel. ATZ Vol. 55 (1953) pp. 302-308.

[23/34] KOTTHAUS, E.: Eine neue Methode zum Berechnen achsversetzter Kegelräder. Konstruktion Vol. 9 (1957) pp. 147-153.

[23/35] KRUMME, W.: Geometrische Untersuchungen an Schrauben-Kegelrädern. Konstruktion Vol. 6 (1954) pp. 125-129.

[23/36] MATTHIEU, P.: Über die Berechnung der Hypoidgetriebe. Ing.-Arch. Vol. 21 (1953) pp. 55-62, 287-291.

[23/37] LINDEMANN, H. W.: Hypoidräder und ihre Verwandtschaft mit Spiralkegelrädern. ATZ (1933) p. 537.

[23/38] LINDNER, W.: Berechnung, Eigenschaften und Herstellung von Kegelschraubgetrieben mit Palloidverzahnung. Berlin: VDI-Verlag 1943.

[23/39] REBESKI, H.: Spiralkegelräder mit versetzten Achsen und Palloidverzahnung. ATZ Vol. 57 (1955) p. 43, 74 e 78.

[23/40] WILDHABER, E.: Basic Relationship of Hypoid Gears. American Machinist Vol. 90 (1946) N.º 4 a 11.

24. Redutor de parafuso sem-fim

Designações e dimensões, ver pág. 29, bibliografia, ver pág. 52.

24.1. PROPRIEDADES, UTILIZAÇÃO E DADOS DE FUNCIONAMENTO

1. PROPRIEDADES

Importantes são:

1. *a posição do cruzamento* dos eixos em relação à distância a (Fig. 24.1); ela permite o posicionamento transversal do redutor e o prolongamento do eixo de acionamento para vários redutores; ângulo de cruzamento geralmente igual a 90°;

2. *o movimento de escorregamento* dos flancos dos dentes, os quais, por um lado, reproduzem um amortecimento de ruído e de funcionamento (redutor mais silencioso), por outro lado exigem considerações especiais, como uma associação de flancos lisos, propícios ao deslize e ao amaciamento, e condições de lubrificação para conservar diminuta a potência perdida e o desgaste;

3. *a maior distorção devida às forças reativas* (possível até a auto-retenção), pois a fôrça reativa aparece com outro rendimento de engrenamento (coroa aciona em lugar do parafuso sem-fim), η'_z em vez de η_z;

4. *o maior campo de relação de transmissão*, que na redução vai de $i = 1$ até 100 numa operação e na multiplicação de $i = 1$ até aproximadamente 15;

5. *um alto rendimento* (até 98%) só pode ser conseguido por meio de certas condições, pois êle diminui, principalmente para pequenos ângulos de avanço (na relação de multiplicação mais alta), para pequenas velocidades de escorregamento e também para construções menores (até abaixo de 50%); para dados numéricos, ver Tab. 24.13, Figs. 24.19 e 24.20;

6. *a alta solicitação* permissível devida ao contato linear e ao engrenamento simultâneo de vários dentes ao mesmo tempo (geralmente 2 até 4);

7. *em relação às engrenagens cilíndricas e cônicas* são geralmente menores e mais fáceis de serem fabricadas e, para as grandes relações de transmissão, inclusive mais econômicas; em relação às engrenagens cônicas descentradas (pág. 14) possuem maior comprimento total de linha de contato e são mais silenciosas; em relação às engrenagens helicoidais possuem maior resistência mecânica e maior rendimento, devido ao contato linear em vez de puntiforme;

8. *a propriedade associativa* para formar pares, onde cada modificação no parafuso corresponde a uma modificação na ferramenta para fabricar a coroa. Por isso deve-se fixar um certo número de grandezas para o parafuso e, respectivamente, para a coroa, isto é, aproveitar várias distâncias entre eixos (ver pág. 36);

9. *a pressão axial* do parafuso E é proporcional ao momento de torção, de maneira que pode ser aproveitada como elemento de segurança à sobrecarga, nos parafusos cilíndricos, ou como limitador do momento de torção na compressão do redutor por rodas de atrito, associado a seguir [24/98].

2. UTILIZAÇÃO

Grandezas atualmente alcançadas. Rotação do parafuso sem-fim até 40 000 rpm, velocidade tangencial do parafuso até 69 m/s, momento de torção da coroa até 70 000 mkgf, fôrça tangencial da coroa até 80 000 kgf, diâmetro da coroa até acima de 2 m, potência até 1 400 CV.

Novas tendências. Utilização crescente de redutores por parafuso sem-fim, inclusive no campo de $i = 1$ até 5, pois assim se conseguem transmitir grandes potências com alto rendimento e, além disso, associar vários dêstes em série ou acoplar as engrenagens cilíndricas (antes ou depois) para conseguir maiores reduções e rendimentos. Aumento de utilização de redutores por parafuso sem-fim de alta potência, com parafuso temperado e retificado, com refrigeração (aletas de esfriamento na carcaça, ventoinha sôbre o eixo do parafuso ou refrigeração a água), além disso com forma de dente mais resistente (ver pág. 49), para conseguir, pelo mesmo custo por CV, maior rendimento e menor volume construtivo.

Campos de aplicação usuais. Redutores para a transmissão de fôrça de todos os tipos até 1 400 CV, por exemplo: para transportador contínuo, elevadores, sarilho motorizado, guindaste motorizado, além disso para máquinas têxteis, comando de leme de navios, acionamento de tambores rotativos, pórticos deslocáveis e ainda para o acionamento de centrífugas e bombas. Nas máquinas operatrizes para o acionamento principal de tornos de faceamento livre de trepidações de usinagem, para furadeiras verticais, para plainas limadoras e, principalmente, para o deslocamento da mesa de fresas de engrenagem. Nos autoveículos, para o acionamento do eixo traseiro, principalmente de caminhões e eletroônibus, para locomotivas de motor e de minas e, além disso, como transmissão de direção para o comando de autoveículos.

Elementos de Máquinas

3. RESISTÊNCIA MECÂNICA, DIMENSIONAMENTO E CUSTO

Para tanto são apresentados, na pág. 91 do Vol. II, alguns dados numéricos, e, nas págs. 50 e 51 dêste Volume, gráficos especiais para um dimensionamento aproximado das grandezas necessárias. Além disso, tem-se, na Tab. 24.13, um resumo das potências permissíveis para uma série de tamanhos e rotações.

24.2. TIPOS DE ASSOCIAÇÃO, FORMA DE DENTE E COMPORTAMENTO FUNCIONAL

1. FORMA DO DENTE DE PARAFUSOS CILÍNDRICOS

Dos tipos que estão representados na Fig. 24.1 (todos com contato linear nos flancos dos dentes), o mais utilizado será a associação com parafuso cilíndrico, de acôrdo com a respectiva forma de dente e de fabricação como:

1) *Parafuso A ou parafuso N*, onde os parafusos têm, no corte lateral ou normal, um perfil trapezoidal (usinado no tôrno com ferramenta de forma trapezoidal em posição axial ou em corte normal do parafuso; não é um processo de retífica).

2) *Parafuso E*, onde o parafuso representa uma engrenagem cilíndrica de evolvente com dentes inclinados $\beta = 87$ até $45°$ (Fig. 24.2); os flancos dos dentes podem ser retificados com um rebôlo cilíndrico ou de perfil, como nas engrenagens cilíndricas.

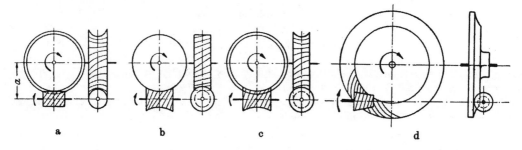

Figura 24.1 — Tipos de associação em redutores por parafuso sem-fim. a redutor por parafuso cilíndrico (parafuso cilíndrico associado a uma coroa globóide); b parafuso globóide associado a uma coroa cilíndrica; c redutor globóide de parafuso (parafuso globóide associado a uma coroa globóide); d redutor cônico de parafuso (parafuso cônico associado a uma coroa globóide cônica, definidos como redutor espiroidal [24/24]

3) *Parafuso K*, onde a ferramenta de rotação (fresa de disco ou rebôlo de retífica), que reproduz o passo do parafuso, apresenta um perfil trapezoidal, isto é, cônico duplo.

4) *Parafuso H* (parafuso de flancos convexos), onde a ferramenta de rotação (fresa de disco ou rebôlo de retífica), que reproduz o passo do parafuso, apresenta um perfil convexo, por exemplo em arco (Fig. 24.2).

2. DESENVOLVIMENTO DAS LINHAS DE CONTATO E COMPORTAMENTO FUNCIONAL

Segundo a Fig. 24.2 têm-se, geralmente, 2 a 3 dentes da coroa ao mesmo tempo em contato, onde a linha de contato (linha B) de um dente se desloca do início de engrenamento até a saída do dente, na seqüência 1, 2, 3... sôbre os flancos dos dentes. Aí, onde (para um ponto da linha B) a resultante v da velocidade tangencial (projeção da velocidade de escorregamento v_F no plano da figura) e a velocidade de rolamento 2_w (w = velocidade negativa de deslocamento da linha B) são perpendiculares à linha B, a formação da pressão de lubrificante (resistência hidrodinâmica) é relativamente grande e a perda de potência relativamente pequena. No entanto, onde a direção da resultante coincide com a linha B não se produz mais a pressão de lubrificante, mas sòmente o trabalho de atrito. Estando as linhas B muito próximas uma da outra, o raio resultante do flanco do dente (no corte a linha B) é pequeno, isto é, a pressão de rolamento é grande. Aí aparecem as primeiras cavitações. Para determinar a linha B, ver parágrafo 24.7.

Comportamento funcional. Os parafusos A, N, E e K, com a posição da reta de rolamento W sôbre o meio do dente (Fig. 24.2), diferem sòmente um pouco, para a mesma qualidade de fabricação, no que se refere à solicitação dos flancos, formação da pressão de lubrificante e perda de potência; portanto os dados de cálculo do parafuso E também podem ser utilizados para os demais parafusos.

No entanto, os parafusos H (Fig. 24.2) alcançam, com a posição das retas de rolamento aproximadamente no diâmetro externo do parafuso e o desenvolvimento da linha B sendo mais vertical, dados mais favoráveis, isto é, crescendo com aumento da velocidade de escorregamento, ângulo de inclinação, distância entre eixos e diminuição da relação de multiplicação. Para dados comparativos, ver Tab. 24.12 e 24.13.

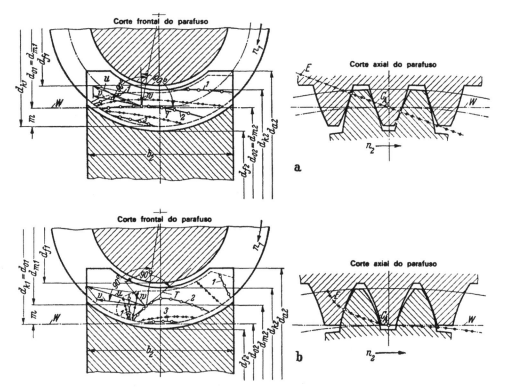

Figura 24.2 — Associação de dentes e linhas de contato dos flancos dos dentes de um redutor por parafuso E, a (em cima) e de um redutor por parafuso H, b (embaixo) para as mesmas dimensões principais. E linha de ataque no corte axial W; retas de rolamento; 1, 2, 3 ... linhas de contato, representadas sôbre os flancos do parafuso

3. OUTROS TIPOS DE ASSOCIAÇÃO

Os parafusos globóides (parafusos G) (ver Fig. 24.1c) alcançam, segundo a Tab. 24.12, aproximadamente o mesmo rendimento que os parafusos E e estão, em relação à solicitação dos flancos, entre os parafusos E e H. Êles exigem uma ajustagem axial muito precisa entre a coroa e o parafuso.

Os parafusos globóides, associados com coroas cilíndricas helicoidais (Fig. 24.1b), são ainda muito pouco utilizados como parafusos de movimento (mais como parafusos de comando para autoveículos). Os redutores por parafuso cônico (Fig. 24.1d) para a forma especial de engrenagens cônicas descentradas foram ainda pouco ensaiados.

24.3. LIMITES DE SOLICITAÇÃO E COMPORTAMENTO FUNCIONAL

Limite de potência para os flancos N_F. De acôrdo com a Fig. 24.3, a perda de potência N_v, para um redutor por parafuso lubrificado com óleo mineral, aumenta no início linearmente com o momento de torção da coroa M_2, isto é, partindo da potência perdida N_0 em vazio até um certo momento, onde a

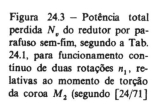

Figura 24.3 — Potência total perdida N_v do redutor por parafuso sem-fim, segundo a Tab. 24.1, para funcionamento contínuo de duas rotações n_1, relativas ao momento de torção da coroa M_2 (segundo [24/71]

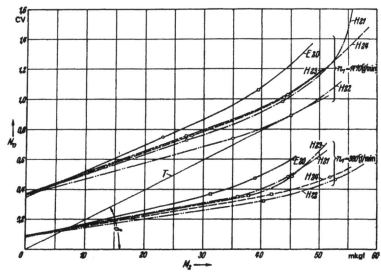

potência perdida cresce com maior destaque. Traçando-se uma tangente T à curva que passa pelo ponto de origem do gráfico pode-se determinar o momento de torção M_{2F}, no ponto de contato da tangente, e daí calcular a respectiva potência-limite dos flancos N_{2F}, que pode definir um dado característico para a solicitação nos flancos dos dentes do correspondente redutor por parafuso, com a respectiva rotação e lubrificação. Acima dêsse limite, além de crescer o atrito, aumentam também o desgaste e o atrito do redutor por parafuso.

Com a utilização de um óleo menos viscoso (Fig. 24.6), a potência em vazio N_0 aumenta consideràvelmente e a potência limite dos flancos N_{2F} apenas um pouco, mas a inclinação das curvas diminui de tal maneira que a tangente T e o maior valor da potência relativa de atrito N_v/N_2 permanecem quase invariáveis.

Limite da potência térmica N_T. Da mesma maneira como as curvas N_v se desenvolvem, de acôrdo com a Fig. 24.4, as curvas de acréscimo de temperatura permanente t_{uw} de um redutor por parafuso são representadas em função do momento de torção da coroa M_2. Os pontos dessa curva foram obtidos medindo-se, para uma rotação e um momento de torção constantes, após o equilíbrio térmico, o respectivo acréscimo da temperatura permanente t_{uw} da parede externa da carcaça em relação à temperatura do ar ambiente. Correspondentemente, pode-se determinar o limite de potência térmica de um redutor para cada rotação, quando se fixa o acréscimo da temperatura permanente admissível t_{uw} da carcaça (ou do receptáculo de óleo t_{us}).

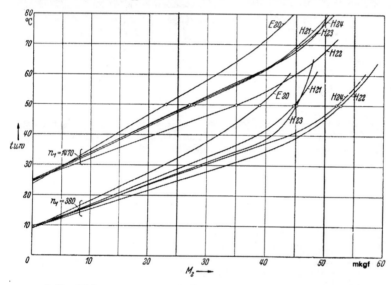

Figura 24.4 – Acréscimo de temperatura t_{uw} da carcaça, de acôrdo com os ensaios da Fig. 24.3; para uma construção de carcaça, ver Fig. 24.7

A Fig. 24.5 mostra, por exemplo, para os redutores E 20 e H 22 (Tab. 24.1) com uma carcaça segundo a Fig. 24.7, os limites das potências térmicas determinadas para um funcionamento com e sem ventilador sôbre o eixo do parafuso. Através de uma serpentina de refrigeração no receptáculo de óleo poder-se-ia aumentar ainda mais o limite da potência.

Como o acréscimo de temperatura t_{uw} e, da mesma forma, o acréscimo de temperatura no receptáculo de óleo, representado em função do tempo, aumenta relativamente pouco, e como o equilíbrio térmico (decremento permanente de temperatura) só é alcançado após várias horas (Fig. 24.15), o limite de potência térmico para o funcionamento a pequenos intervalos e para um funcionamento interrompido por várias vêzes é bem maior do que para o funcionamento contínuo (como nos motores elétricos). Pode ser calculado para cada duração de serviço e rotação quando se tem a curva de aquecimento do redutor por parafuso para qualquer momento de torção em função da respectiva rotação. A curva de aquecimento é caracterizada pela tangente à curva no ponto de origem e pelo decremento permanente de temperatura. A primeira é função da capacidade térmica do redutor por parafuso, isto é, das dimensões construtivas e do volume de óleo, e o último da capacidade de refrigeração (transmissão de calor por unidade de tempo) da carcaça. Além disso, é de interêsse que o acréscimo de temperatura para uma potência dobrada de perda seja duas vêzes maior para qualquer tempo, de tal maneira que se possa determinar o acréscimo de temperatura provável para outras potências quando se tem a curva de aquecimento para a respectiva rotação.

Resistência de rolamento dos flancos da coroa. Da mesma forma que nas engrenagens cilíndricas, aparece também nos redutores por parafuso, na presença da pressão do lubrificante, a cavitação sôbre os flancos mais moles quando se ultrapassa a resistência de rolamento, isto é, para uma pressão de Hertz p muito grande ou pressão de rolamento $k(k = 2,86\ p^2/E$ para contato linear) e, principalmente, quando o desgaste de escorregamento não se destaca. A resistência de rolamento cresce com a dureza, contanto que não apareça aqui uma influência de mudança de estrutura; é favorável uma estrutura fina, homogênea, sem tensões internas, devido à granulação grosseira. Além disso, é importante que a troca de uma coroa, devido à formação de cavitações, sòmente seja necessária quando as cavidades diminuírem a superfície de apoio dos flancos da ordem de 30 a 35%.

Desgaste dos flancos da coroa. As relações de funcionamento, ou a associação dos flancos, a qualidade da superfície de contôrno e a lubrificação devem ser de tal maneira ajustadas com a solicitação e a velocidade tangencial que o desgaste permaneça, de qualquer forma, abaixo do limite máximo de desgaste estipulado. Os dados a seguir mostram as tendências de desgastes e também os meios para diminuí-los:

1) *Influência do tempo de funcionamento.* O maior desgaste provável no período de partida, por hora, diminui com o tempo de funcionamento, para um limite consideràvelmente menor, o qual, por exemplo no bronze meio duro, pode ser alcançado aproximadamente com 5 milhões de solicitações independentes, e no bronze mais duro, num tempo bem maior. Com cada variação de solicitação (variação da deformação elástica) aparecem novos desgastes de partida, porém menores.

2) *Influência da profundidade da rugosidade R_a do flanco mais duro.* Quanto mais liso fôr o flanco mais duro (parafuso), no início (por exemplo $R_a = 0,5\mu$ na direção circunferencial do parafuso), tanto mais liso ficará o flanco oposto no amaciamento, de tal maneira que se consegue um atrito mínimo e um desgaste final bem pequeno. Segundo ensaios estatísticos[1], o desgaste específico é $v_s \sim R_a^3$ [mm³/CVh] (relativo ao trabalho de atrito em CVh).

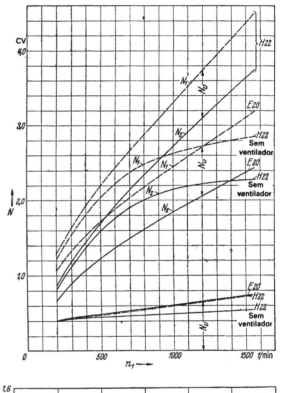

Figura 24.5 – Limite de potência térmica N_1 e N_2 e potência perdida N_v em função da rotação do parafuso n_1 para os parafusos $E\,20$ e $H\,22$ (Tab. 24.1), numa caixa de engrenagens segundo a Fig. 24.7, em funcionamento sem ou com ventilador sôbre o eixo do parafuso segundo [24/71] para $t_{uw} = 50°C$

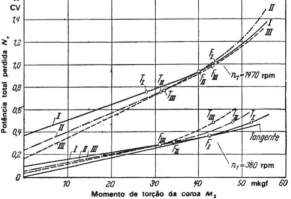

Figura 24.6 – Influência da viscosidade do óleo sôbre o desenvolvimento da potência perdida N_v em função do momento de torção na coroa M_2, segundo os ensaios correspondentes à Fig. 24.3. F designa o ponto-limite de potência dos flancos, T o ponto-limite da potência térmica
  I Óleo mineral pesado Hipóide com viscosidade 230 cSt a 50°C
  II Óleo mineral EPWI com viscosidade 90 cSt
  III Óleo mineral pesado DTE com viscosidade 44 cSt

3) *Influência da dureza Vickers H_v do flanco menos duro.* O desgaste específico cresce consideràvelmente com H_v. Segundo ensaios estatísticos[1], tem-se $v_s \sim C + 1/H_v^4$ [mm³/CVh], sendo C uma constante.

[1] Segundo ensaios da **FZG** no campo do mínimo desgaste (trabalho de formatura de G. Lechner, 1956).

Tem-se, assim, por exemplo, para um bronze fosforoso bem duro com $H_v = 140$, um desgaste específico, relativo ao trabalho de atrito [CVh] de $v_s \approx 20 \, mm^3/CVh$. No entanto, convém notar que um bronze mais duro necessita de um amaciamento dos flancos mais cuidadoso e demorado.

4) *Influência do lubrificante.* Segundo ensaios estatísticos[2], $v_s \sim 1/V^{0,25}$, onde V [cSt] é a viscosidade de trabalho do óleo mineral. Além disso, o atrito pode ser realmente influenciado por aditivos no óleo (Aditivos).

24.4. CONFIGURAÇÃO E APOIOS, LUBRIFICAÇÃO E MONTAGEM

As Figs. 24.7 até 24.11 mostram diversas construções de redutores por parafuso.

1. POSIÇÃO DO PARAFUSO

Na lubrificação forçada, o parafuso pode ser colocado tanto em cima como embaixo ou do lado da coroa; na lubrificação por imersão coloca-se o parafuso, segundo a sua velocidade tangencial v_1, o máximo possível embaixo ou do lado, respectivamente ($v_1 \leqq 10 \, m/s$) e ($v_1 \geqq 5 \, m/s$).

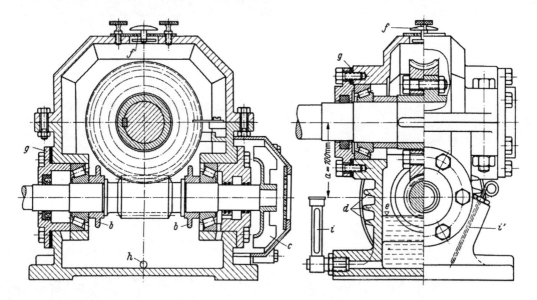

Figura 24.7 – Redutor por parafuso sem-fim para os ensaios das Figs. 24.3 a 24.6

b anéis de lubrificação; *c* ventilador; *d* aletas de refrigeração; *e* nivel de óleo; *f* abertura para respiro e observação; *g* distanciadores para o ajuste do mancal; *h* saída de óleo; *i* vidro do indicador de nível de óleo; *i'* vareta indicadora do nível de óleo; distância entre eixos $a = 100 \, mm$

2. APOIOS DO EIXO DO PARAFUSO

Deve-se visar a um mínimo de distância entre eixos a fim de se obter um mínimo de flecha na solicitação por flexão (área de apoio prejudicada). Nos apoios do parafuso encontram-se os mancais econômicos, de rolamento, nos dois lados, que possuem ao mesmo tempo pistas para solicitações axiais ou transversais, pistas isoladas ou de contato angular, com várias esferas (para solicitações pequenas a médias) ou rolos cônicos (para grandes solicitações). A escolha de um rolamento de contato angular duplo como rolamento fixo, de um lado, e um de contato angular simples, como móvel, de outro lado, garantem a dilatação livre do eixo, sem prever, na montagem, especialmente uma folga axial.

3. APOIOS DO EIXO DA COROA

Utilizam-se, aqui, de preferência, rolamentos de uma carreira de esferas ou rolamentos cônicos. A distância entre os mancais não deve ser muito pequena para conservar pequeno o afastamento lateral (tombamento) da coroa pela fôrça do dente.

[2] Segundo ensaios da FZG no campo do mínimo desgaste (trabalho de formatura de G. Lechner, 1956).

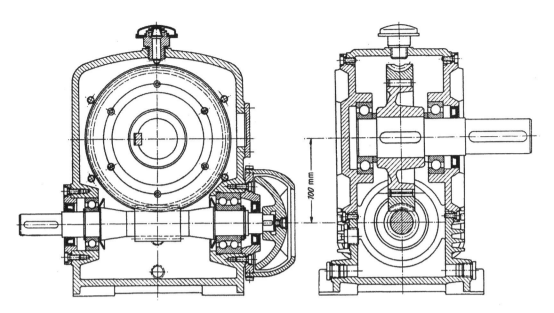

Figura 24.8 – Redutor por parafuso com caixa inteiriça e tampa parafusada (redutor Rhein GmbH, Düsseldorf). potência de placa: $N_1 = 3,1$ CV para $n_1 = 1000$; $i = 20$, $\eta = 81\%$; distância entre eixos $a = 100$ mm

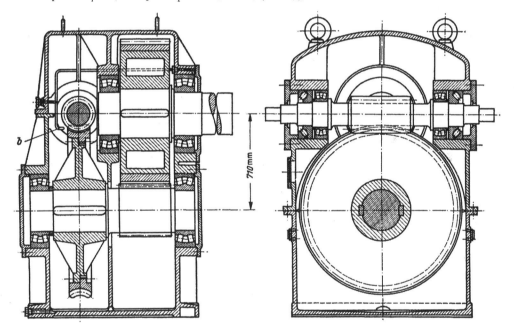

Figura 24.9 – Redutor por parafuso Cavex com engrenagem cilíndrica acoplada em série e lubrificação forçada b (A. Friedr. Flender, Bocholt); potência de placa: $N_1 = 250$ CV para $n_1 = 600$; i total $= 50 \cdot 3 = 150$; momento de saída 36800 mkgf; rendimento total $\eta = 82\%$; distância entre eixos $a = 710$ mm

4. PROTEÇÃO DOS MANCAIS

A construção com lateral aberta, comumente utilizada, favorece a entrada de material desgastado com o óleo. Em parte, isto é solucionado com discos de chapa girantes (atuando, ao mesmo tempo, como anéis de lubrificação) e com maior rendimento por retentores (anéis NILOS), onde, no entanto, deve ser observado se há suficiente entrada de óleo diferente (por exemplo, por peneira fina).

5. PARAFUSO

Para redutores de alta capacidade utilizam-se, de preferência, parafusos beneficiados (por exemplo temperados com banho ou cementados), retificados e polidos com uma dureza Rockwell de 65 a 59; por exemplo de aço (DIN 17 210) C 15, 15 Cr 3 ou 16 Mn Cr 5 cementados ou os aços temperados por banho

(DIN 17 200) C 60, 34 CrMo 4 ou 58 CrV 4. Outros parafusos geralmente são confeccionados em aço beneficiado, por exemplo beneficiado de st 70.11, C 60 ou 34 CrMo 4. Para a influência da forma do dente sôbre a capacidade resistiva e a potência perdida, ver págs. 23 e 49.

O engrenamento sem folga pode ser conseguido, para os parafusos cilíndricos, através de um pouco de variação no passo dos flancos direitos e esquerdos (os conhecidos parafusos Duplex) e a correspondente ajustagem axial do parafuso, veja Heyer [24/94].

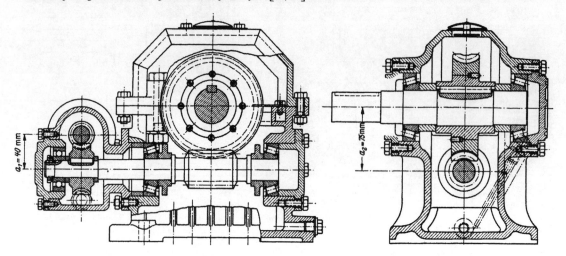

Figura 24.10 — Redutor por parafuso em 2 degraus (redutor Brown GmbH Kassel); potência de saída: $N_1 = 0,15$ CV para $n_1 = 1\,000$; i total $= 500$; $a_1 = 40$ mm; $a_2 = 75$ mm

6. ANÉIS DE COROA

São construídos, de preferência, para redutores de alta capacidade, de bronze fosforoso, por exemplo de bronze fundido GBZ 14, para maior dureza em processo centrifugado, em bronze-alumínio ou em ferro perlítico. Com a dureza crescem a resistência de rolamento e contra o desgaste, assim como a sensibilidade ao engripamento e às exigências de uma ajustagem perfeita e amaciamento. Para redutores por parafuso menos solicitados, por exemplo menores velocidades tangenciais, utilizam-se também, para os anéis das coroas, ligas de alumínio, ferro fundido, ligas de zinco e materiais sintéticos. Deve-se observar, principalmente, a fixação do anel sôbre o corpo da coroa. Êle pode ser fixado com ajuste forçado e, por exemplo, 6 pinos ranhurados na emenda para a transmissão do momento de torção, com ajuste forçado e unido por solda de difusão dura ou flangeando sôbre o corpo da coroa com chavêta de ajustagem e ligação por 6 parafusos na circunferência.

7. CAIXA

Para redutores por parafuso menores, a caixa pode ser inteiriça, onde as vedações laterais são obtidas por grandes tampas para a montagem e desmontagem da coroa (ver Fig. 24.8). Nos redutores maiores a caixa é construída com emenda (para a montagem da coroa) e um furo passante para a montagem do parafuso, segundo a posição horizontal ou vertical da coroa no plano do eixo da coroa ou no plano da coroa. Na produção em série, prefere-se a construção simétrica da caixa com furo passante para o parafuso, cujas buchas intermediárias permitem a escolha livre do tamanho dos mancais e passagem do eixo para a parte anterior ou posterior. Além disso, deve-se prever um marcador de nível de óleo, um ladrão para a troca do óleo embaixo, um respiro em cima, na caixa, e uma abertura de observação, na tampa, para controlar o engrenamento. Em todo caso, devem-se construir caixas suficientemente rígidas para garantir um bom engrenamento; além disso, recomenda-se prever suficientes aletas de resfriamento, principalmente na altura do óleo acumulado, uma boa condução de ar de resfriamento e, ainda mais, um suficiente volume no reservatório de óleo, para a decantação da sujeira e o aumento da vida do óleo em circulação.

8. LUBRIFICAÇÃO E ESCOLHA DO ÓLEO

Para a velocidade tangencial $v_1 \leq 0,8$ m/s prefere-se a lubrificação por graxa (transmissão de calor desfavorável), acima de 10 m/s a lubrificação por imersão (os anéis de lubrificação e os dentes do parafuso submergem, motivo pelo qual deve-se colocar o parafuso embaixo ou do lado) e com óleo de redutor engraxado (nas altas solicitações, também o óleo hipóide). Quando $v_1 \geq 5$ m/s, deve-se preferir a lubrificação por imersão na coroa (isto é, coroa deitada em baixo) ou lubrificação forçada com óleo. Na escolha da viscosidade do óleo, seguir a Tab. 22.28 para $v = v_1$ (uma alta viscosidade de óleo redunda numa alta resistência dos flancos).

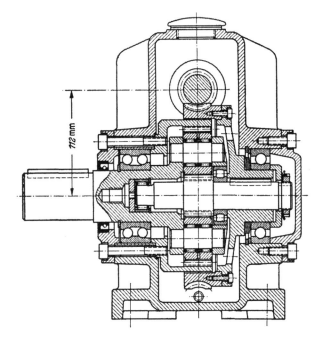

Figura 24.11 — Redutor por parafuso com aplicação de planetários (Friedr. Stolzenberg u. Co., Berlin-Reinickendorf); potência de placa: $N_1 = 2,2$ CV para $n_1 = 1\,000$; i total $= 100$; $a = 112$ mm

9. MONTAGEM E AMACIAMENTO

Aqui a coroa deve ser ajustada axialmente de tal forma que o seu flanco carregue mais na saída do parafuso (Fig. 24.14). Pelo amaciamento dos flancos dos dentes sob carga com óleo hipóide, pode-se aumentar muito o rendimento e a resistência.

24.5. DESIGNAÇÕES E RELAÇÕES GEOMÉTRICAS

1. DESIGNAÇÕES E DIMENSÕES

a	[mm]	distância entre eixos, Fig. 24.14
b	[mm]	largura do dente, Fig. 24.14
$\bar{b}$	[mm]	comprimento do arco do dente, Fig. 24.14
C	[kgf/mm²]	coeficiente C, Eq. (76), Tab. 24.6
d	[mm]	diâmetro
d_{a2}	[mm]	diâmetro externo da coroa
d_w	[mm]	diâmetro do eixo
e	—	expoente, Eq. (69)
f	[mm]	flecha devido à flexão no eixo do parafuso, Eq. (74)
f_h	—	coeficiente de vida, Tab. 24.3
f_m	—	$= \sqrt{10/z_F}$, coeficiente
f_n	—	coeficiente de velocidade, Tab. 24.8
f_w	—	coeficiente, Eq. (48)
f_z	—	coeficiente, Tab. 24.4, Eq. (41)
$f_1, f_2, \ldots$	—	coeficiente, Eq. (48)
S_K	[m²]	superfície útil de resfriamento
h_a	[h]	tempo de referência, Tab. 24.9
h_E	[h]	tempo de funcionamento
h_{k01}	[mm]	altura do dente
H	[mm]	altura do passo, Eq. (9)
i	—	$= z_2/z_1$, relação de multiplicação

$k_{\lim}$, k_0	[kgf/mm²]	resistência ao rolamento, coeficiente básico
k	[kgf/mm²]	pressão de rolamento
l	[mm]	distância entre mancais, Fig. 24.14
P_L	[kgf]	fôrça axial no mancal, Fig. 24.14
L_h	[h]	vida em horas de funcionamento, Tab. 24.3
M	[mmkgf]	momento de torção
M_f	[mmkgf]	momento de flexão
m	[mm]	módulo
n	[rpm]	rotação
N	[CV]	potência
$\left.\begin{array}{l}N_K \\ (N_{KL})\end{array}\right\}$	[CV]	$\left\{\begin{array}{l}\text{potência de refrigeração (através} \\ \text{do ar), Eqs. (53) e (55)}\end{array}\right.$
$\left.\begin{array}{l}N_v \\ N_{vz}\end{array}\right\}$	[CV]	$\left\{\begin{array}{l}\text{potência total perdida, Eq. (62)} \\ \text{potência perdida no dente, Eq. (67)}\end{array}\right.$
N_0	[CV]	potência em vazio, Eq. (81)
N_p	[CV]	potência perdida nos mancais através de P, Eq. (72)
P, P_R, P_L	[kgf]	fôrças no dente
Q	[kgf]	fôrça transversal no mancal
$q_1 \cdots q_4$	—	coeficientes, Eqs. (74) a (91)
R_a	[μ]	profundidade média de rugosidade

Elementos de Máquinas

S_W	—	coeficiente de segurança à flexão para eixos de parafusos, Eq. (74)	z_F	—	$= d_{m1}/m$, coeficiente de forma do dente
S_B	—	coeficiente de segurança à ruptura dos dentes da coroa, Eq. (75)	z_{m2}	—	$= d_{m2}/m$
			α	[°]	ângulo de ataque
S_F	—	coeficiente de segurança dos flancos, Eq. (43)	α_K	[kcal/m² h°C]	coeficiente de transmissão de calor
			β	[°]	ângulo de inclinação
S_T	—	coeficiente de segurança de temperatura, Eq. (50)	γ	[°]	ângulo de avanço, Eq. (10)
			δ	[°]	ângulo de cruzamento
t	[mm]	passo	η	—	rendimento total, Eq. (60)
t_L	[°C]	temperatura externa do ar	η_z	—	rendimento do dente, Eq. (65)
t_S	[°C]	temperatura do óleo no receptáculo	μ_A	—	coeficiente de atrito de partida, Eq. (70)
t_u	[°C]	$= t_w - t_L$	μ_0	—	coeficiente mínimo de atrito, Eq. (70)
t_w	[°C]	temperatura da parede externa da caixa	μ_z	—	$= \text{tg}\,\varrho$, coeficiente de atrito do dente, Eq. (69)
U	[kgf]	fôrça tangencial no diâmetro d_m			
V, V_{50}	[cSt]	viscosidade do óleo a 50°C	ϱ	[°]	ângulo de atrito do dente, ver μ_z
v	[m/s]	velocidade tangencial média, Eq. (11)	σ_f	[kgf/mm²]	tensão a flexão
v_F	[m/s]	velocidade de escorregamento média em direção dos flancos, Eq. (12)	*Índices:*		
			0		para o círculo primitivo
v_L	[m/s]	velocidade do ar	1		para o parafuso
W_f	[mm³]	módulo de resistência à flexão	2		para a coroa
x	—	fator de deslocamento de perfil, Tab. 24.2	f		para o círculo de base
			k		para o círculo de cabeça
y_1	—	coeficiente, Tab. 24.9	m		para valores médios
y_2, y_3	—	coeficiente, Tab. 24.11	n		para o corte normal
y_B, y_K	—	coeficiente, Eq. (54)	s		para o corte frontal
y_w	—	coeficiente, Eq. (70), Tab. 24.11	F		para grandezas com limite de solicitação nos flancos
y_z	—	coeficiente, Eq. (70), Tab. 24.10	T		para grandezas com limite de temperatura
z	—	número de dentes			sem coeficientes para grandezas de cortes axiais

2. RELAÇÕES GEOMÉTRICAS

Para o ângulo de cruzamento $\delta = 90°$! (para outros ângulos de cruzamento, ver pág. 57)
para o ângulo de inclinação $\beta_1 = 90° - \beta_2 = 90° - \gamma$
para o ângulo de avanço $\gamma = \beta_2 = 90° - \beta_1$

relação de multiplicação
$$i = \frac{n_1}{n_2} = \frac{z_2}{z_1} = \frac{d_{02}}{mz_1} = \frac{z_{m2} - 2x_2}{z_1} \tag{1}$$

distância entre eixos
$$\left\{ \begin{array}{l} a = \dfrac{d_{m1} + d_{m2}}{2} = m\dfrac{z_F + z_{m2}}{2} \\ a = \dfrac{d_{01} + d_{02}}{2} = m\dfrac{z_1/\text{tg}\,\gamma_0 + z_2}{2} \end{array} \right\} \tag{2}$$

módulo no corte axial
$$m = \frac{d_{m1}}{z_F} = \frac{H}{\pi z_1} = m_{s2}\frac{d_{02}}{z_2} = \frac{d_{m2}}{z_{m2}} \tag{3}$$

módulo no corte normal
$$m_n = m\cos\gamma_0 = m_{s1}\sin\gamma_0 = m_{s2}\cos\gamma_0 \tag{4}$$

diâmetros
$$\left\{ \begin{array}{l} d_{m1} = 2a - d_{m2} = z_F m \\ d_{m2} = 2a - d_{m1} = z_{m2} m = (z_2 + 2x_2)m \end{array} \right\} \tag{5}$$

$$\left\{ \begin{array}{l} d_{01} = 2a - d_{02} = d_{m1} + 2x_2 m \\ d_{02} = 2a - d_{01} = d_{m2} - 2x_2 m = z_2 m \end{array} \right\} \tag{6}$$

número de dentes
$$\left\{ \begin{array}{l} z_2 = \dfrac{d_{02}}{m} = iz_1 = z_{m2} - 2x_2 \\ z_{m2} = \dfrac{d_{m2}}{m} = z_2 + 2x_2 \end{array} \right\} \tag{7}$$

coeficiente de forma do dente
$$z_F = \frac{d_{m1}}{m} = \frac{z_1}{\text{tg}\,\gamma_m} \tag{8}$$

altura do passo
$$H = \pi m z_1 = \pi d_{m1}\,\text{tg}\,\gamma_m = \pi d_{01}\,\text{tg}\,\gamma_0 \tag{9}$$

ângulo de avanço
$$\left\{ \begin{array}{l} \text{tg}\,\gamma_m = \dfrac{H}{\pi d_{m1}} = \dfrac{m z_1}{d_{m1}} = \dfrac{z_1}{z_F} = \dfrac{z_1 d_{m2}}{z_{m2} d_{m1}} \\ \text{tg}\,\gamma_0 = \dfrac{H}{\pi d_{01}} = \dfrac{m z_1}{d_{01}} = \dfrac{z_1 d_{02}}{z_2 d_{01}} = \text{tg}\,\gamma_m \dfrac{d_{m1}}{d_{01}} \end{array} \right\} \tag{10}$$

velocidade tangencial média $\begin{cases} v_1 = d_{m1} \dfrac{n_1}{19\,100} \\ v_2 = d_{m2} \dfrac{n_2}{19\,100} = v_1 \, \mathrm{tg}\, \gamma_m \dfrac{z_{m2}}{z_2} \end{cases}$ (11)

velocidade média de escorregamento na direção do passo (v_G, ver pág. 58)

$$v_F = \frac{v_1}{\cos \gamma_m} = v_1 \sqrt{1 + \left(\frac{z_1}{z_F}\right)^2} = \frac{v_2}{\mathrm{sen}\, \gamma_m} \frac{z_2}{z_{m2}} \qquad (12)$$

ângulo de ataque $\quad \mathrm{tg}\, \alpha = \mathrm{tg}\, \alpha_{s2} = \dfrac{\mathrm{tg}\, \alpha_n}{\cos \gamma_m} = \mathrm{tg}\, \alpha_{s1}\, \mathrm{tg}\, \gamma_m$ (13)

construir, de preferência, com $\alpha_n = 20°$.

24.6. TRANSFORMAÇÃO DE CÁLCULO NO PERFIL (Fig. 24.12)

Entre o perfil A do parafuso no corte A, o perfil N do parafuso no corte normal N e o perfil W da ferramenta no corte normal N existem relações geométricas. Pode-se, correspondentemente, para um dado perfil (por exemplo perfil W), determinar geomètricamente[3] os outros perfis (por exemplo A e W). Todavia é possível também calcular, para qualquer ponto do flanco do parafuso de cada perfil de flanco acima, o respectivo ângulo α, o raio de curvatura ρ e a posição do centro de curvatura (distância e). Para isto valem as equações seguintes[4], relativamente ao perfil W, na confecção do parafuso com ferramenta de disco girante (fresa de disco ou rebôlo de disco), quando esta estiver no passo do parafuso, segundo a Fig. 24.12, isto é, com ângulo de avanço γ e sendo deslocado pelo passo do parafuso (o passo do parafuso é rosqueado perante a ferramenta)[5].

O eixo do parafuso A e o eixo girante N da ferramenta cruzam-se (Fig. 24.12) num ângulo de cruzamento igual a γ, com uma distância entre os dois eixos igual $a_w = r + R_w$. Para o cálculo dos perfis interessa ainda a distância disponível w do respectivo ponto do perfil no plano da ferramenta E_w, que passa pelo ponto de cruzamento e é perpendicular ao eixo da ferramenta (N). Além disso, deve-se observar que as grandezas do raio de curvatura (ρ_A, ρ_N, ρ_W) e as distâncias (e) são negativas quando o parafuso tem flancos convexos (abaulados), e positivas para o parafuso com flancos côncavos (escavados). Para o perfil A valem as grandezas com índice A, para o perfil N as com índice N e para o perfil W da ferramenta as com índice W.

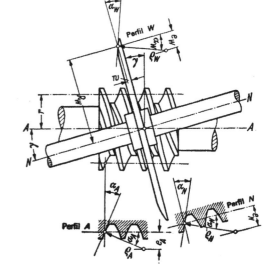

Figura 24.12 – Para as transformações de cálculo do perfil

---

[3] Ver, à pág. 52, bibliografia referente à geometria do parafuso.
[4] Segundo ensaios da FZG, ver C. Weber [24/49].
[5] Para outras fabricações de parafusos com bedame, disposto no corte axial A ou no corte normal N, também valem as relações dadas para o corte axial e normal, onde o perfil da ferramenta é, ao mesmo tempo, o perfil A ou N, respectivamente; para a fabricação com fresa de tôpo, ver C. Weber [24/49] e W. Vogel [24/45]; para o cálculo do perfil de parafusos por evolvente, ver W. Maushake [24/38] e M. Gary [24/28].

1. **PERFIL DE FERRAMENTA W DO PERFIL NO CORTE AXIAL A**

   α_W de: $\operatorname{tg}\alpha_W = \operatorname{tg}\alpha_A \cos\gamma + \dfrac{w}{R_W}\operatorname{tg}^2\gamma(1 + \cos^2\gamma\operatorname{tg}^2\alpha_A);$ \hfill (14)

   para $w = 0$ tem-se $\operatorname{tg}\alpha_W = \operatorname{tg}\alpha_A \cos\gamma;$

   ρ_W de: $\dfrac{1}{\rho_W} = \dfrac{\cos\gamma}{\rho_A}\left(\dfrac{\cos\alpha_W}{\cos\alpha_A}\right)^3 + \dfrac{\operatorname{sen}^2\gamma\cos^3\alpha_W}{r\operatorname{tg}\alpha_W} - \dfrac{\operatorname{tg}^2\gamma}{R_W\operatorname{sen}\alpha_W};$ \hfill (15)

   $e_W = \rho_W \operatorname{sen}\alpha_W.$ \hfill (16)

2. **PERFIL NO CORTE NORMAL N DO PERFIL NO CORTE AXIAL A**

   α_N de: $\operatorname{tg}\alpha_N = \operatorname{tg}\alpha_A \cos\gamma;$ \hfill (17)

   ρ_N de: $\dfrac{1}{\rho_N} = \dfrac{\cos\gamma}{\rho_A}\left(\dfrac{\cos\alpha_N}{\cos\alpha_A}\right)^3 - \dfrac{\operatorname{sen}^2\gamma\operatorname{sen}\alpha_N}{r}(1 + \cos^2\alpha_N);$ \hfill (18)

   $e_N = \rho_N \operatorname{sen}\alpha_N.$ \hfill (19)

3. **PERFIL NO CORTE AXIAL A DO PERFIL DA FERRAMENTA W**

   α_A de: $\operatorname{tg}\alpha_A = \dfrac{\operatorname{tg}\alpha_W}{\cos\gamma}\left[1 - \dfrac{w\operatorname{tg}^2\gamma(1 + \operatorname{tg}^2\alpha_W)}{R_W\operatorname{tg}\alpha_W}\right];$ para $w = 0$ tem-se $\operatorname{tg}\alpha_A = \dfrac{\operatorname{tg}\alpha_W}{\cos\gamma};$ \hfill (20)

   ρ_A de: $\dfrac{1}{\rho_A} = \dfrac{1}{\cos\gamma}\left[\left(\dfrac{\cos\alpha_A}{\cos\alpha_W}\right)^3\left(\dfrac{1}{\rho_W} + \dfrac{\operatorname{tg}^2\gamma}{R_W\operatorname{sen}\alpha_W}\right) - \dfrac{\operatorname{sen}^2\gamma\cos^3\alpha_A}{r\operatorname{tg}\alpha_W}\right];$ \hfill (21)

   $e_A = \rho_A \operatorname{sen}\alpha_A.$ \hfill (22)

4. **PERFIL NO CORTE NORMAL N DO PERFIL DA FERRAMENTA W**

   α_N de: $\operatorname{tg}\alpha_N = \operatorname{tg}\alpha_W - \dfrac{w\operatorname{tg}^2\gamma(1 + \operatorname{tg}^2\alpha_W)}{R_W};$ para $w = 0$ tem-se $\operatorname{tg}\alpha_N = \operatorname{tg}\alpha_W;$ \hfill (23)

   ρ_N de: $\dfrac{1}{\rho_N} \approx \dfrac{1}{\rho_W} + \dfrac{\operatorname{tg}^2\gamma}{R_W\operatorname{sen}\alpha_W} - \dfrac{\operatorname{sen}^2\gamma}{r\operatorname{sen}\alpha_N},$ para $\alpha_N \approx \alpha_W;$ \hfill (24)

   $e_N = \rho_N \operatorname{sen}\alpha_N.$ \hfill (25)

5. **PERFIL NO CORTE AXIAL A DO PERFIL NO CORTE NORMAL N**

   α_A de: $\operatorname{tg}\alpha_A = \dfrac{\operatorname{tg}\alpha_N}{\cos\gamma};$ \hfill (26)

   ρ_A de: $\dfrac{1}{\rho_A} = \dfrac{1}{\cos\gamma}\left(\dfrac{\cos\alpha_A}{\cos\alpha_N}\right)^3\left[\dfrac{1}{\rho_N} + \dfrac{\operatorname{sen}^2\gamma}{r}\operatorname{sen}\alpha_N(1 + \cos^2\alpha_N)\right];$ \hfill (27)

   $e_A = \rho_A \operatorname{sen}\alpha_A.$ \hfill (28)

6. **PERFIL DA FERRAMENTA W DO PERFIL NO CORTE NORMAL N**

   α_W de: $\operatorname{tg}\alpha_W = \operatorname{tg}\alpha_N + \dfrac{w}{R_W}\operatorname{tg}^2\gamma(1 + \operatorname{tg}^2\alpha_W);$ \hfill (29)

   ρ_W de: $\dfrac{1}{\rho_W} \approx \dfrac{1}{\rho_N} + \dfrac{\operatorname{sen}^2\gamma}{r\operatorname{sen}\alpha_N} - \dfrac{\operatorname{tg}^2\gamma}{R_W\operatorname{sen}\alpha_W},$ para $\alpha_N \approx \alpha_W;$ \hfill (30)

   $e_W = \rho_W \operatorname{sen}\alpha_W.$ \hfill (31)

Exemplo 1. Dados: parafuso com $d_{m1} = 70$ mm, $m = 70$ mm, $z_1 = 6$, $\operatorname{tg}\gamma = 0{,}6$, $\gamma = 31{,}0°$, ferramenta (rebôlo de disco ou fresa de disco) com perfil trapezoidal de $\alpha_W = 20°$, $\rho_W = \infty$, $R_W = 175$ mm, $w = 0{,}7$ m $\cdot \cos\gamma = 4{,}2$ mm.

Procura-se: Perfil A do parafuso numa distância $r = 35$ mm do eixo.

Cálculo: Segundo a Eq. (20), tem-se $\operatorname{tg}\alpha_A = 0{,}4134$; segundo a Eq. (21), $\rho_A = -80{,}4$ mm; segundo a Eq. (22), $e_A = -30{,}8$ mm. Como ρ_A e e_A são negativos, o flanco do parafuso é *convexo*.

Exemplo 2. Dados: Dimensões do parafuso e da ferramenta como as do Ex. 1, mas com $\rho_W = 35$ mm para a fabricação de um parafuso de flancos cavados.

Cálculo: Segundo a Eq. (20), tem-se $\operatorname{tg}\alpha_A = 0{,}4134$; segundo a Eq. (21), $\rho_A = +51{,}6$ mm; segundo a Eq. (22), $e_A = +19{,}8$ mm. Como ρ_A e e_A são positivos, o flanco do parafuso é *côncavo*.

Redutor de Parafuso Sem-Fim

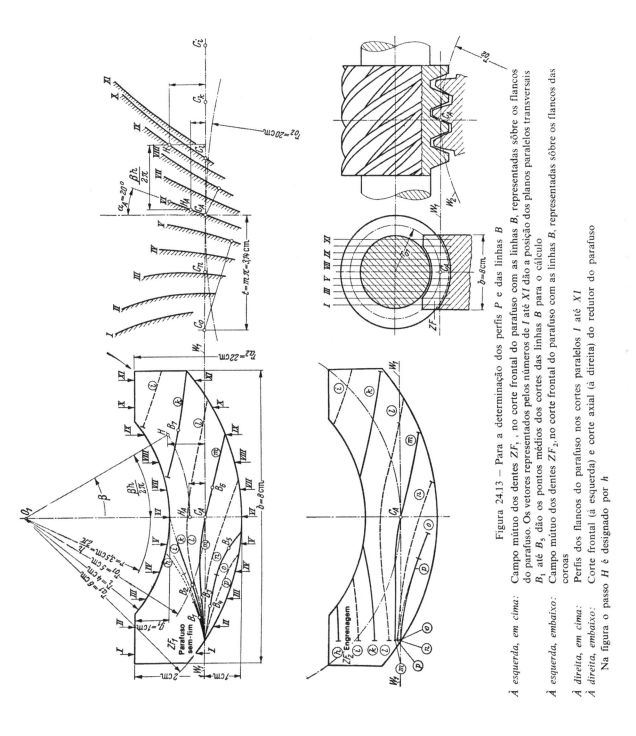

Figura 24.13 — Para a determinação dos perfis P e das linhas B

À esquerda, em cima: Campo mútuo dos dentes ZF_1, no corte frontal do parafuso com as linhas B, representadas sôbre os flancos do parafuso. Os vetores representados pelos números de I até XI dão a posição dos planos paralelos transversais B_1 até B_5 dão os pontos médios dos cortes das linhas B para o cálculo

À esquerda, embaixo: Campo mútuo dos dentes ZF_2, no corte frontal do parafuso com as linhas B, representadas sôbre os flancos das coroas

À direita, em cima: Perfis dos flancos do parafuso nos cortes paralelos I até XI
À direita, embaixo: Corte frontal (à esquerda) e corte axial (à direita) do redutor do parafuso
Na figura o passo H é designado por h

24.7. DETERMINAÇÃO DAS LINHAS DE CONTATO

Uma vez que o engrenamento do parafuso cilíndrico e da coroa mostra (no corte A, Fig. 24.13) a associação dos dentes de uma cremalheira e uma engrenagem cilíndrica, podem-se construir, através do perfil A do parafuso, para um dado círculo de rolamento, o engrenamento da coroa e a linha de pressão, segundo referências da pág. 108, do Vol. II.

Num *corte paralelo P* qualquer em relação ao corte axial A, o engrenamento do parafuso e da coroa também apresenta uma associação de dentes de uma cremalheira com uma engrenagem, mas com um engrenamento diferente daquele do corte axial A. Êle também é determinado pelo perfil P do dente do parafuso no correspondente corte paralelo P.

1) *Perfil do dente no corte paralelo P* (Fig. 24.13)[6]. O perfil do corte axial A do parafuso com rôsca direita (figura em cima) é representado, na figura à direita, por uma reta inferior a 20° em relação à vertical e designada com VI. Por êste perfil determinam-se, por pontos, os perfis P. Procura-se, por exemplo, o ponto H do perfil P-IX, adotando-se H na figura à esquerda do plano P-IX.

Traça-se então o arco $\widehat{HH_A}$ com centro em O_1 até o plano A-VI, e de H_A uma reta horizontal para a direita até o ponto H_A sob o perfil VI na figura à direita. O ponto desejado H do perfil P-IX está sôbre a reta horizontal que passa por H no plano frontal (à esquerda) e a uma distância $\beta h/2\pi$ da reta vertical passando por H_A, à direita. A distância $\beta h/2\pi$ é conhecida como o segmento de arco sôbre um círculo ($r = h/2\pi = 3,5$ cm) entre as radiais passando por H e H_A (à esquerda). Da mesma maneira, determinam-se os demais pontos do perfil P-IX para os outros perfis P de I até XI, representando-os à direita, na figura.

2) *Linhas de contato (linhas B) sôbre a coroa e o parafuso*[6]. A reta de rolamento W_1 da cremalheira (Fig. 24.13, à direita) passa horizontalmente pelo ponto de rolamento C_A. A perpendicular, nesse caso a C_A, passa pelo eixo da coroa. O perfil A é representado de tal maneira que êle passa pelo ponto de rolamento. Para determinar quais são os pontos dos demais perfis, de I até XI, que engrenam ao mesmo tempo, projeta-se C_A perpendicularmente sôbre os perfis, e as intersecções são os pontos desejados. No perfil VIII está representada a intersecção. Transpondo estas intersecções, por meio de linhas horizontais, para os planos P de I até XI no corte frontal, à esquerda, obtém-se a linha B-m.

Virando-se agora o parafuso em sentido horário de um certo ângulo, os perfis deslocam-se correspondentemente na direção do eixo, para a direita. Projetando-se novamente C_A sôbre os perfis, e transpondo as intersecções nos planos P, à esquerda, obtém-se uma outra linha B. Para simplificar êste método, conservaram-se os perfis P na posição desenhada e deslocou-se, em vez dêsses, o ponto de rolamento C_A para a esquerda, por exemplo para C_0, donde foram construídas as projeções sôbre os perfis, como C_0 é representado sôbre o perfil V. As intersecções determinadas sôbre os perfis P, transferidas para os perfis P da esquerda, dão a linha B-o. No deslocamento do ponto de rolamento C_A para C_0 adotou-se o passo t do dente, de tal maneira que a linha B-o se localiza sôbre o próximo dente do parafuso. Os demais pontos de C_i até C_0 têm uma distância $1/2t$ dos anteriores, de tal forma que as outras linhas B, por exemplo ⓗ, ⓚ, ⓜ, ⓞ ou ⓘ, ⓛ, ⓝ, ⓟ, aparecem ao mesmo tempo.

24.8. DETERMINAÇÃO DAS DIMENSÕES

(Designação e dimensões segundo a pág. 29 e Figs. 22.37 e 24.2)

1. QUANDO SÃO DADOS a E i

a) Fixam-se inicialmente z_1, z_2 e z_{m2} e os limites para x_2 segundo a Tab. 24.2.

Observar que uma relação z_2/z_1 fracionária facilita a confecção da coroa com ferramenta de dente e diminui a influência do êrro de divisão sôbre o funcionamento; uma relação não-fracionária de z_2/z_1 permite um amaciamento do parafuso até o total apoio de todos os flancos, mesmo com êrro de divisão. Com o aumento de z_2, cresce a suavidade de movimento e diminui a resistência dos flancos e do pé do dente.

b) Fixar então[7]:

$$d_{f1} \approx 0,6 a^{0,85} \tag{32}$$

---

[6] Segundo determinações de Niemann e Weber [24/68]. Para outros métodos de determinação das linhas B com o auxílio das superfícies de engrenamento, ver Schiebel [24/14], e com o auxílio de superfícies normais, ver Altmann [24/20].

[7] A condição para d_{f1} (segundo Niemann) baseia-se em verificações de redutores por parafuso executadas em série ($a = 100$ até 400 mm, $i = 7$ até 50), para uma máxima potência transmitida no limite de desenvolvimento de calor. Foi considerada, aqui, segundo a pág. 41, a distância entre mancais $l_1 \approx 3,3 \, a^{0,87}$ e verificado se a flecha f do eixo do parafuso não ultrapassou o limite $f \leqq d_{m1}/1\,000$, em funcionamento contínuo. A Eq. (32) também corresponde à formação da DIN 3976 [24/2].

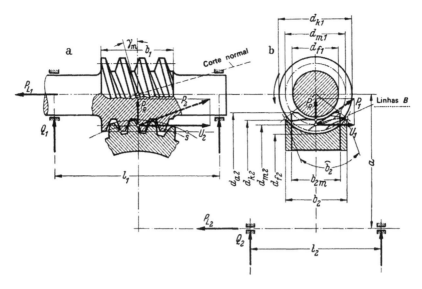

Figura 24.14 — Redutor de parafuso cilíndrico no corte axial (à esquerda) e no corte frontal (à direita) com a representação das dimensões e fôrças nos dentes (sem atrito). As linhas B no corte frontal, à direita, resistem mais à direita (na saída do parafuso) quando a coroa é deslocada um pouco para a esquerda

Observar que para d_{f1}/a maiores (maior d_{m1}) cresce a resistência dos flancos e a segurança ao flexionamento do eixo do parafuso, assim como a potência perdida. Respectivamente, pode ser mais favorável para uma rotação menor n_1 um d_{f1} maior, e para uma rotação maior um d_{f1} menor.

c) Fixar então [8]:

$$m = \frac{d_{m2}}{z_{m2}} \approx \frac{2a - d_{f1}}{z_{m2} + 2{,}4} \tag{33}$$

E daí
$$\boxed{d_{m1} \approx d_{f1} + 2{,}4\,m} \qquad \boxed{d_{k1} = d_{m1} + 2\,m} \tag{34}$$

Verificação: $z_F = d_{m1}/m \geqq 6$ (devido à fabricação), além disso $\operatorname{tg}\gamma_m = z_1/z_F \leqq 1$, em seguida fixa-se $\operatorname{tg}\gamma_m$, H e v_F pelas Eqs. (8) a (18).

d) A seguir:

$$\begin{aligned} d_{m2} &= 2a - d_{m1}; & d_{f2} &\approx d_{m2} - 2{,}4\,m \\ d_{k2} &= d_{m2} + 2\,m; & d_{a2} &\approx d_{m2} + 3\,m \end{aligned} \tag{35}$$

$$d_{02} = z_2 m; \qquad d_{01} = 2a - d_{02} \tag{36}$$

Outras dimensões:

largura do dente do parafuso $\boxed{b_1 \approx 2{,}5\,m\sqrt{z_{m2} + 2}}$ (segundo Tuplin $\geqq 10\,m$) (37)

largura média do dente da coroa $\boxed{b_{m2} \approx 0{,}45\,(d_{m1} + 6m) = 0{,}45\,m\,(z_F + 6)}$ (38)

largura da coroa $b_2 \approx b_{m2}$ (para coroa de bronze)
$b_2 \approx b_{m2} + 1{,}8\,m$ (para ligas de alumínio) (39)
comprimento do arco do dente $\widehat{b}_2 \approx 1{,}1 b_2$ (coroa de bronze),
$\approx 1{,}17 b_2$ (coroa de alumínio). (40)

[8] Em geral não é estritamente necessário fixar m pela série normal dos módulos (DIN 780, ver pág. 194 do Vol. II) ou pelos números normais (DIN 3976), pois cada parafuso exige, de qualquer maneira, uma ferramenta correspondente para a confecção da coroa.

2. QUANDO SÃO DADOS (d_{m1}, z_1, m) E i DO PARAFUSO

Inicialmente adotar z_2, z_{m2} e os limites para x_2 segundo a Tab. 24.2. Daí fixar

$$d_{m2} = z_{m2} m \quad \text{e} \quad a = \frac{d_{m1} + d_{m2}}{2}.$$

Outras dimensões como no parágrafo 1.

3. QUANDO SÃO DADAS SOMENTE AS CONDIÇÕES DE FUNCIONAMENTO

(N_2, n_2, n_1, exigências especiais e vida provável)

Determinar, inicialmente, a pelas Figs. 24.21 a 24.24. Com êste valor adotar as demais dimensões, como no parágrafo 1; em seguida verificar a potência aqui transmitida pelos parágrafos 24.9 a 24.13. Devem-se obedecer todos os limites de carga e coeficientes de segurança S_F, S_T, S_B e S_W.

4. DETERMINAÇÃO DE PARAFUSOS PARA SÉRIES DE REDUTORES

Devem-se adotar, para tanto, inicialmente, as distâncias entre eixos e relações de multiplicação desejadas (por exemplo pelos números normais da série R 10). Em seguida determinar, para as respectivas distâncias entre eixos, o diâmetro d_{f1}, por exemplo pela Eq. (32). Para os demais dados adotados, deve-se observar que um parafuso também deve ser utilizado, ao mesmo tempo, para outras distâncias entre eixos, dando outras relações de multiplicação. Correspondentemente, podem-se adotar, por exemplo, as distâncias entre eixos e relações de multiplicação, com a série dos números normais R 10, para cada distância entre eixos os parafusos de cada 4.ª relação de multiplicação, isto é, $i = 5, 10, 20$ e 40, e acertar, aproximadamente, as relações intermediárias 6, 3 e 8 (entre 5 e 10), 12, 5 e 16 (entre 10 e 20) e assim por diante, com parafusos que foram adotados para a distância entre eixos mais próxima, $i = 5$ e 10 (ou 10 e 20). Dêste modo pode-se, por exemplo, para os parafusos adotados com distância entre eixos $a = 100$ mm da Tab. 24.13, utilizar também as distâncias entre eixos entre 80 e 125 mm, as quais no entanto, fornecem outras relações de multiplicação.

24.9. VERIFICAÇÃO DO COEFICIENTE DE SEGURANÇA DOS FLANCOS S_F

O valor k, e com êle a pressão de rolamento nos flancos dos dentes[9], integrada como valor médio sôbre as linhas B, corresponde, segundo ensaios de Niemann, aproximadamente a:

$$k = \frac{U_2}{f_m f_z b_{m2} d_{m2}} \qquad U_2 = 1{,}43 \cdot 10^6 \frac{N_2}{d_{m2} n_2} \qquad (41 \text{ e } 42)$$

$$S_F = \frac{k_{\lim}}{k} \geqq 1 \qquad k_{\lim} = k_0 f_n f_h f_w \leqq k_0 \qquad (43 \text{ e } 44)$$

A potência admissível até então (potência-limite dos flancos):

$$N_{2Fad} = 0{,}7 \frac{k_{\lim}}{S_F} f_m f_z \frac{b_{m2}}{100} \left(\frac{d_{m2}}{100}\right)^2 n_2 \qquad (45)$$

Nesse caso, tem-se:

$$f_m = \frac{10}{z_F} \qquad (46)$$

f_z coeficiente de engrenamento, segundo Tab. 24.4; $b_{m2} = 0{,}45 (d_{m1} + 6 m)$ ou $= b_2$ (válido é o menor valor); k_0 função da associação dos materiais, segundo a Tab. 24.5; f_n coeficiente de velocidade, segundo a Tab. 24.8

$$f_n = \frac{2}{2 + v_F^{0,85}} \qquad (47)$$

f_h coeficiente de vida, segundo a Tab. 24.3; f_w coeficiente para carregamento alternante, ver a Eq. (48).

[9] Para detalhes do valor de k e o cálculo em pressão de Hertz, ver pág. 167 do Vol. II.

Para carregamento *constante* $f_w = 1$. Para carregamento *alternante*, onde, no tempo h, aparece a fôrça tangencial nominal U_2 e, no tempo h_2, a fôrça tangencial $f_2 U_2$ e assim por diante, tem-se:

$$f_w = \left(\frac{h + h_1 + h_2 + \cdots}{h + f_1^3 h_1 + f_2^3 h_2 + \cdots} \right)^{1/3} \quad (48)$$

Na *rotação alternante*, onde, no tempo h', aparece a rotação nominal n'_2, no tempo h'' a rotação n''_2 e assim por diante, tem-se, com a introdução de f'_n ou f''_n pela Eq. 47, para v'_F ou v''_F:

$$f_n = \frac{f'_n h' + f''_n h'' + f'''_n h''' + \cdots}{h' + h'' + h''' + \cdots} \quad (49)$$

Na *rotação constante* vale f_n, segundo a Eq. (47).

24.10. VERIFICAÇÃO DO COEFICIENTE DE SEGURANÇA DE TEMPERATURA S_T

$$S_T = \frac{t_{S\lim}}{t_S} \approx \frac{t_{u\lim}}{t_u} \geq 1 \quad (50)$$

1. *PARA CARREGAMENTO E ROTAÇÃO CONSTANTES*

No carregamento e rotação constantes, o acréscimo de temperatura na superfície externa da carcaça $t_u = t_w - t_L$ cresce com o tempo, segundo a Fig. 24.15, até o equilíbrio de temperatura (após várias horas), que é alcançado com $t_u = t_{u\infty}$. Assim a potência transmitida em forma de calor iguala a potência de refrigeração N_K com a potência perdida N_v. A potência da coroa (potência-limite de temperatura) corresponde, então, a:

$$N_{2T} = \frac{N_K}{N_v/N_2} = N_K \frac{n}{1-n} \quad (51)$$

e

$$N_{1T} = N_{2T} + N_K \quad (52)$$

N_v/N_2, ver as Eqs. (74 e 75).

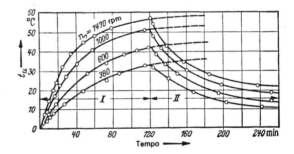

Figura 24.15 — Desenvolvimento do acréscimo de temperatura na parede da carcaça t_u com o tempo de funcionamento para momento de torção constante e rotação variável do parafuso n_1. Na região I, $M_2 = 40$ mkgf; na região II, $M_2 = 0$; distância entre eixos $a = 100$ mm; $i = 20$. Segundo [24/71]

Com *resfriamento a ar* temos:

$$N_K = N_{KL} = t_u F_K \frac{\alpha_K}{632} \quad (53)$$

a) Nos *redutores estacionários*, de acôrdo com a Fig. 24.7, com suficiente superfície de carcaça, aletas de resfriamento e parafuso disposto embaixo[10], tem-se $F_K \approx 0,3 \, (a/100)^{1,85}$. A superfície F_K não cresce proporcionalmente com o tamanho a^2, mas um pouco menos. Segundo ensaios [24/71], tem-se:

$$F_K \alpha_K \approx 5,52 \left(\frac{a}{100} \right)^{1,8} y_K \qquad y_K = 1 + y_B \left(\frac{n_1}{1\,000} \right)^{1,55} \quad (54)$$

[10]Nos parafusos dispostos na parte superior (na ausência da influência de espiras), calcula-se em primeira aproximação com y_K, segundo a Eq. (54), multiplicado por 0,8.

Para y_K, ver Tab. 24.10, $t_u = 50$ até 60°C. Assim, tem-se, para $t_u = 55°C$[11,12]:

$$N_{KL} \approx 0{,}48 \left(\frac{a}{100}\right)^{1{,}8} y_K \tag{55}$$

Aqui $y_B \approx 0{,}355$ para redutores *com* ventilador, segundo a Fig. 24.7,

$y_B \approx 0{,}14$ para redutores *sem* ventilador.

A temperatura no coletor de óleo é, segundo ensaios [24/71], aproximadamente:

$$t_S \approx t_L + (t_u + 1{,}5)\left(1{,}03 + 0{,}1\sqrt{\frac{n_1}{1\,000}}\right) \tag{56}$$

$t_{Sad} \approx 85$ a 95°C.

b) Para *redutores no fluxo de ar de um veículo* (veículo automotor) calcula-se, segundo [24/106], com $\alpha_K \approx 17{,}7(1 + 0{,}1\,v_L)$, $F_K \approx 0{,}20\,(a/100)^{1{,}85}$ e a velocidade do ar v_L [m/s] igual à velocidade do veículo.

c) Quando N_v no funcionamento contínuo é *maior* do que N_{KL}, segundo a Eq. (55), deve-se compensar a diferença com refrigeração adicional (radiador de óleo ou serpentina de água).

2. PARA CARREGAMENTO E ROTAÇÃO VARIÁVEIS

Nos carregamentos e nas rotações variáveis, onde, durante o tempo h_1, aparecem as potências N_{K1} e N_{v1}, durante o tempo h_2 as potências N_{K2} e N_{v2} e assim por diante, os valores médios N_{Km} e N_{vm} são fundamentais para a verificação de S_T e t_u [Eqs. (50) a (55)]:

$$N_{Km} \approx \frac{N_{K1}h_1 + N_{K2}h_2 + \cdots}{h_1 + h_2 + \cdots} \qquad N_{vm} \approx \frac{N_{v1}h_1 + N_{v2}h_2 + \cdots}{h_1 + h_2 + \cdots} \tag{57}$$

3. PARA PEQUENO TEMPO DE FUNCIONAMENTO

Nos pequenos tempos de funcionamento, N_v pode crescer até o valor

$$N_v \leqq y_1 N_{KL} \tag{58}$$

quando a pausa a seguir é maior que $4\,a/100$ horas. Neste caso, deve-se adotar para N_{KL} a Eq. (53), y_1 segundo a Tab. 24.9 e, para o tempo de referência,

$$h_a = h_E \frac{100}{a} \frac{y_k}{y_{k0}} \tag{59}$$

onde y_{k0} é o valor de y_k para $n_1 = 1\,000$ rpm. Na consideração de y_1 (Tab. 24.9), observou-se que a diferença de temperaturas $t_S - t_w$ é maior para os tempos menores de funcionamento.

24.11. RENDIMENTO E POTÊNCIA PERDIDA

1. GRANDEZAS TOTAIS

Rendimento $\quad \boxed{\eta = \frac{N_2}{N_1} = \frac{N_2}{N_2 + N_v} = \frac{1}{1 + N_v/N_2}} \quad$ quando o parafuso aciona, $\tag{60}$

$\boxed{\eta' = \frac{N_1}{N_2} = \frac{N_2 - N_v}{N_2} = 1 - \frac{N_v}{N_2} \approx 2 - \frac{1}{\eta}} \quad$ quando a coroa aciona. $\tag{61}$

---

[11] Ver nota 10, à página anterior.
[12] Para grandes redutores por parafuso faltam ensaios sôbre N_{KL}.

Redutor de Parafuso Sem-Fim

Figura 24.16 – Distribuição das potências perdidas em suas partes isoladas para redutores por parafuso sem-fim E_{30} (linha cheia) e H_{22} (tracejada), para $t_u = 50°C$, segundo ensaios (ver Fig. 24.3)

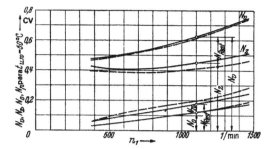

A potência perdida

$$N_v = N_{vz} + N_0 + N_p \qquad (62)$$

na Fig. 24.16 mostra as partes N_{vz}, N_0 e N_p em função da perda de potência total e da rotação n_1. Cálculo rigoroso pode ser visto nos parágrafos 2 a 5. Valores de referência para N_v/N_2 (determinados para $i = 5$ a 40, para $N_2 = N_{2F}$, associação de material 1 segundo a Tab. 24.5):

para *parafusos* E

$$\boxed{\frac{N_v}{N_2} \approx \left(\operatorname{tg} \gamma_m + \frac{1}{\operatorname{tg} \gamma_m} \right) y_2 \left(y_3 + \sqrt{\frac{100}{a}} \right)} \quad y_2 \text{ e } y_3 \text{ de acôrdo com a Tab. 24.11} \qquad (63)$$

para *parafusos* H

$$\boxed{\frac{N_v}{N_2} \approx \left(\frac{1}{\operatorname{tg} \gamma_m} \right)^{0,96} y_2 \left(y_3 + \sqrt{\frac{100}{a}} \right)} \qquad (64)$$

2. GRANDEZAS DA ASSOCIAÇÃO DE DENTES

Rendimento
$$\boxed{\eta_z = \frac{N_2}{N_2 + N_{vz}} = \frac{\operatorname{tg} \gamma_m}{\operatorname{tg}(\gamma_m + \varrho)}} \quad \text{quando o parafuso aciona, (Fig. 24.17)} \qquad (65)$$

$$\boxed{\eta'_z = \frac{N_2 - N_{vz}}{N_2} = \frac{\operatorname{tg}(\gamma_m - \varrho)}{\operatorname{tg} \gamma_m} = 2 - \frac{1}{\eta_z}} \quad \text{quando a coroa aciona.} \qquad (66)$$

Coeficiente de atrito no dente $\mu_z = \operatorname{tg} \varrho$ (para o cálculo, ver parágrafo 3).

$$\operatorname{tg}(\gamma_m + \varrho) = \frac{\operatorname{tg} \gamma_m + \mu_z}{1 - \mu_z \operatorname{tg} \gamma_m}.$$

Para a *auto-retenção* tem-se $\eta_z \leq 0,5$; $\eta'_z = 0$; $\varrho \geq \gamma_m$; $\mu_z \geq \operatorname{tg} \gamma_m$. A Fig. 24.17 mostra a influência de γ_m e μ_z sôbre η_z. Potência perdida:

$$\boxed{N_{vz} = N_v - N_p - N_0 = N_2 \left(\frac{1}{\eta_z} - 1 \right)} \qquad (67)$$

$$\boxed{N_{vz} \approx \frac{U_2 \mu_z v_F}{\cos \gamma_m \; 75} = N_2 \mu_z \frac{1}{\operatorname{tg} \gamma_m} + \operatorname{tg} \gamma_m} \qquad (68)$$

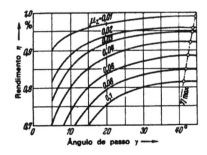

Figura 24.17 – Rendimento η_z do engrenamento do parafuso sem-fim em função do coeficiente de atrito do dente μ_z e do ângulo do passo γ_m

3. COEFICIENTE DE ATRITO DO DENTE μ_z (Fig. 24.18)

Com o aumento da velocidade de escorregamento v_F diminui μ_z, do coeficiente de atrito de partida μ_A com $v_F = 0$ até um valor mínimo de atrito μ_0 com um v_F grande. Acima dêsse valor êle pode crescer novamente para $k/(v_F V)$ muito pequenos.

Segundo novos ensaios [24/69 e 71], μ_0 é principalmente função da geometria dos flancos (raio de curvatura ϱ_B dos flancos no corte normal das linhas B da profundidade de rugosidade R_a dos flancos e do desenvolvimento das linhas B) e só um pouco dependente das propriedades do óleo[13].

TABELA 24.1 – *Dimensões dos parafusos* (para Fig. 24.18).

Parafuso	a [mm]	i	d_{n1} [mm]	m [mm]	γ_m [°]
E 20	100	19	48	4	9°28'
H 22	100	20	42,5	3,75	10°0'
E 10	178	9,75	66	7,62	24°28'
H 10	178	10,7	67	8,38	20°34'

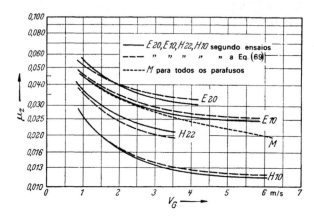

Figura 24.18 – Menor coeficiente de atrito no dente, segundo ensaios [24/71], com redutores por parafuso sem-fim da Tab. 24.1. Associação de material 1 segundo a Tab. 24.5, e lubrificação com óleo mineral de acôrdo com a Fig. 24.6. $M = $ curva de μ_z para parafusos E, segundo Merritt [24/11], (V_G na figura $= v_F$)

Aqui é genérico $\mu_0 \sim \sqrt{R_a/\varrho_B}$, ou com as considerações do desenvolvimento dos flancos, forma do dente, passo e associação de material (profundidade de rugosidade), segundo Niemann: $\mu_0 \approx y_z y_w/\sqrt{a}$, com y_z de acôrdo com a Tab. 24.4 e y_w da Tab. 24.5. Donde se tem, por exemplo, para um tamanho construtivo quatro vêzes maior (quatro vêzes a) um μ_0 aproximadamente pela metade[13]. O coeficiente de atrito de partida μ_A é quase independente da forma do dente e do desenvolvimento das linhas B. Êle é aproximadamente 0,1 para uma associação de material 1 (Tab. 24.5) perfeitamente amaciado. Pode-se, talvez, influenciá-lo favoràvelmente ainda com aditivos de óleo (por exemplo Kollag ou Molicote) (faltam ainda suficientes ensaios). A variação de μ_z em função de v_F pode talvez ser determinada, segundo Niemann, para parafusos E e H com lubrificação a óleo mineral e viscosidade adequadamente escolhida, aproximadamente, pela equação:

$$\mu_z \approx \mu_0 + \frac{\mu_A - \mu_0}{(1 + v_F)e} \tag{69}$$

$$\mu_0 \approx y_z \frac{y_w}{\sqrt{a}}; \quad \mu_A \approx 0,1; \quad e \approx \sqrt{\frac{7,2}{100\mu_0}}; \tag{70}$$

para y_z, ver Tab. 24.4, para y_w ver Tab. 24.5, para variação de μ_z em relação a v_F, ver Fig. 24.18. Supõe-se que seja adotada aqui uma viscosidade de óleo V_{50} no limite superior da Tab. 22.28 para $v = t$[14].

[13] Até hoje calculava-se para os parafusos E segundo os dados de Merritt [24/11], onde μ_z só depende de v_F e não do tamanho construtivo (veja curva M na Fig. 24.18). Com apoio na Eq. (70) pode-se supor que os valores de μ_z de Merritt para redutores por parafuso E correspondem a uma distância entre eixos de aproximadamente 180 mm. Conclusão: O coeficiente de atrito no dente μ_z e, respectivamente, o limite de potência térmica são mais favoráveis para os parafusos maiores do que para os menores, em contraposição ao que se deduzia até hoje pelos valores de Merritt.

[14] Cálculo da viscosidade do óleo V(*Centistokes*) em outras dimensões (por exemplo em graus Engler), ver Vol. II, "Lubrificantes".

4. POTÊNCIA EM VAZIO N_0

Para mancais de rolamento (Fig. 24.7) e dentes do parafuso submersos embaixo, no óleo, tem-se, segundo ensaios [24/71], aproximadamente:

$$N_0 \approx \left(\frac{a}{100}\right)^{2,5} \frac{V+90}{1,8 \cdot 1\,000} \left(\frac{n_1}{1\,000}\right)^{4/3} \tag{71}$$

5. POTÊNCIA PERDIDA N_p DEVIDO A SOLICITAÇÕES NOS MANCAIS

Para mancais de rolamento (Fig. 24.7) tem-se, segundo ensaios [24/71], aproximadamente:

$$N_p \approx 0,228 \, N_2 \left(\frac{a}{100}\right)^{0,44} \frac{i}{d_{m2}} \tag{72}$$

Para o cálculo mais rigoroso de N_p como diferença da verdadeira potência perdida nos mancais e da potência em vazio dos mancais de rolamento, ver o Vol. II, parágrafo 14.3.

24.12. VERIFICAÇÃO DO COEFICIENTE DE SEGURANÇA À FLEXÃO S_W DO EIXO DO PARAFUSO

$$S_W = \frac{f_{\lim}}{f} = 1 \text{ até } 0,5 \qquad f_{\lim} \approx \frac{d_{m1}}{1\,000} \tag{73}$$

Da flecha do eixo do parafuso $f = P_1 \, l_1^3/(48 \, EJ)$, obtém-se, com P_1 e l_1 segundo a Eq. (81) e a Fig. 24.14, $E = 21\,000 \text{ kgf/mm}^2$ para eixo de aço e

$$J = \pi \frac{d_{w1}^4}{64} \quad (d_{w1} = \text{diâmetro do eixo}):$$

$$S_w = \frac{d_{m1}}{1\,000 f} = \frac{50 \, d_{m1} \, d_{w1}^4}{q_1 \, U_2 \, l_1^3} \qquad q_1 = \sqrt{\text{tg}^2 \alpha + \text{tg}^2(\gamma_m + \varrho)} \tag{74}$$

$$\text{tg}^2 \alpha = \frac{\text{tg}^2 \alpha_n}{\cos^2 \gamma_m} = \text{tg}^2 \alpha_n \left[1 + \left(\frac{z_1}{z_F}\right)^2\right]; \quad \text{tg}^2 \alpha_n = 0,132 \text{ para } \alpha_n = 20°.$$

Dados de referência: $l_1 \approx 3,3 \, a^{0,87}$ possível.

24.13. VERIFICAÇÃO DO COEFICIENTE DE SEGURANÇA À RUPTURA DO DENTE S_B

$$S_B = \frac{C_{\lim}}{C_{\max}} \geqq 1 \tag{75}$$

O valor comparativo para a máxima solicitação é:

$$C_{\max} = \frac{U_{2\max}}{m_n \pi \widehat{b}_2} \tag{76}$$

$C_{\lim}$, ver Tab. 24.6, $\widehat{b}_2$ segundo a Eq. (40).

24.14. SOLICITAÇÃO DOS EIXOS E MANCAIS (Fig. 24.14)

Fôrças tangenciais: $\quad U_1 = \dfrac{2M_1}{d_{m1}} = \dfrac{1,43 \cdot 10^6 \, N_1}{d_{m1} \, n_1} \qquad U_2 = \dfrac{2M_2}{d_{m2}} = \dfrac{1,43 \cdot 10^6 \, N_2}{d_{m2} \, n_2} \tag{77}$

$$U_1 = U_2 \, \text{tg}(\gamma_m + \varrho) \qquad N_1 = N_2/\eta \qquad P_R = U_2 \, \text{tg} \, \alpha \tag{78 a 80}$$

Resultados:
$$P_1 = \sqrt{P_R^2 + U_1^2} = U_2 q_1 \qquad P_2 = \sqrt{P_R^2 + U_2^2} = U_2 \sqrt{\operatorname{tg}^2 \alpha + 1} \qquad (81)$$

q_1 pela Eq. (74).

Momento de tombamento:
$$M_{k1} = d_{m1} \frac{U_2}{2} \quad \text{(parafuso)} \qquad (82)$$
$$M_{k2} = d_{m2} \frac{U_1}{2} \quad \text{(coroa)} \qquad (83)$$

Daí para o eixo do parafuso:

Momento de torção:
$$M_1 = U_1 \frac{d_{m1}}{2} = 0{,}716 \cdot 10^6 \frac{N_1}{n_1} \qquad (84)$$

Fôrça máxima de apoio (para igual distância entre eixos):

$$Q_1 = \sqrt{\left(\frac{P_R}{2} + \frac{M_{k1}}{l_1}\right)^2 + \left(\frac{U_1}{2}\right)^2} = q_2 U_2 \qquad (85)$$

$$q_2 = 0{,}5 \sqrt{\left(\operatorname{tg} \alpha + \frac{d_{m1}}{l_1}\right)^2 + \operatorname{tg}^2 (\gamma_m + \varrho)} \qquad (86)$$

Máximo momento de flexão:
$$M_{f1} = l_1 \frac{Q_1}{2} \qquad (87)$$

Momento comparativo:
$$M_{v1} = \sqrt{M_{f1}^2 + (q_3 M_1)^2} \leq W_{f1} \sigma_{fad} \qquad (88)$$

$W_{f1} \approx 0{,}1 d_{w1}^3 \,;\, q_3 = \dfrac{\sigma_{fad}}{2\tau_{ad}} \approx 0{,}5$ para σ_f alternante e τ oscilante. Solicitação para 1 mancal transversal = Q_1, para o mancal longitudinal = $P_{L1} = U_2$.

Para o eixo da coroa:

Momento de torção:
$$M_2 = \frac{d_{m2}}{2} = 0{,}716 \cdot 10^6 \frac{N_2}{n_2} \qquad (89)$$

Fôrça máxima de apoio (para igual distância entre eixos):

$$Q_2 = \sqrt{\left(\frac{P_R}{2} + \frac{M_{k2}}{l_2}\right)^2 + \left(\frac{U_2}{2}\right)^2} = q_4 U_2 \qquad (90)$$

$$q_4 = 0{,}5 \sqrt{\left[\operatorname{tg} \alpha + \operatorname{tg} (\gamma_m + \varrho) \frac{d_{m2}}{l_2}\right]^2 + 1} \qquad (91)$$

Máximo momento de flexão:
$$M_{f2} = l_2 \frac{Q_2}{2} \qquad (92)$$

Momento comparativo:
$$M_{v2} = \sqrt{M_{f2}^2 + (q_3 M_2)^2} \leq W_{f2} \sigma_{fad} \qquad (93)$$

$W_{f2} \approx 0{,}1 d_{w2}^3 \,;\, q_3$, ver acima. Solicitação para 1 mancal transversal = Q_2, para um mancal longitudinal = $P_{L2} = U_1$.

24.15. EXEMPLOS DE CÁLCULO

1. Exemplo. *Determinação das dimensões de um redutor por parafuso E.* Distância entre eixos $a = 200$ mm, relação de multiplicação $i \approx 10$ (para a seqüência de cálculo e as equações, ver págs. 34 a 36).
Adotado: $z_1 = 3$ e $z_{m2} \approx 30$ (segundo a Tab. 24.2). Associação de materiais 1, segundo a Tab. 24.5.
Calculado: $d_{f1} \approx 0{,}6 \, a^{0{,}85} \approx 54$ mm.

$$m \approx \frac{2a - d_{f1}}{z_{m2} + 2{,}4} = \frac{346}{32{,}4} \approx 10{,}7 \text{ mm.}$$

Adotado: $m = 11$ mm:
$$d_{m1} \approx d_{f1} + 2{,}4 \, m = 80{,}4 \text{ mm.}$$

Adotado: $d_{m1} = 80$ mm:
$$d_{k1} = d_{m1} + 2m = 102 \text{ mm.}$$

Verificação: $z_F = \dfrac{d_{m1}}{m} = 7{,}28 > 6$; $\text{tg} \, \gamma_m = \dfrac{z_1}{z_F} = 0{,}412 < 1$.

$d_{m2} = 2a - d_{m1} = 320$ mm; $d_{f2} \approx d_{m2} - 2{,}4 \, m = 293{,}6$ mm;
$d_{k2} = d_{m2} + 2m = 342$ mm; $d_{a2} \approx d_{m2} + 3m = 353$ mm;

$$z_{m2} = \frac{d_{m2}}{m} = 29{,}1 \, ; \quad \text{adotado: } z_2 \approx z_{m2} \, ; \quad z_2 = 29.$$

Na confecção da coroa é necessário um deslocamento de perfil $x_2 m$, para se alcançar a distância entre eixos exigida $a = 200$ mm. $x_2 = \dfrac{z_{m2} - z_2}{2} = 0{,}05$ (segundo a Tab. 24.2 é admissível), $d_{01} = d_{m1} + 2x_2 m = 81{,}1$ mm; $d_{02} = d_{m2} - 2x_2 m = 318{,}9$ mm.

Outras dimensões:

Parafuso: ângulo do passo $\gamma_m = 22{,}4°$; $\gamma_0 = 22{,}15°$.
Módulo no corte normal $m_n = m \cos \gamma_0 = 10{,}20$ mm.
Passo: $H = \pi m z_1 = 103{,}6$ mm.
Largura do dente: $b_1 \approx 2{,}5 \, m \sqrt{z_{m2} + 2} = 153{,}5$ mm $> 10 \, m$.
Adotado: $b_1 = 155$ mm.
Coroa: largura média do dente $b_{m2} \approx 0{,}45 \, m \, (z_F + 6) = 65{,}7$ mm.
Adotado: $b_{m2} = 65$ mm; $b_2 = b_{m2} = 65$ mm.
Comprimento do arco do dente: $b_2' \approx 1{,}1 \, b_2 = 71{,}5$ mm.

2. Exemplo. Cálculo da potência-limite (equações de acôrdo com as págs. 36 até 41). *Dados:* Redutor por parafuso do Ex. 1, construção segundo a Fig. 24.7 com parafuso disposto em baixo e ventilador.

Condições de funcionamento: rotação da entrada $n_1 = 700$ rpm; número de funcionamento por hora, aproximadamente 20; cada funcionamento 1 min a plena carga, 1 min a meia carga e 1 min parado. A vida deve ser de aproximadamente 10 anos, a 300 dias úteis por ano e 8 horas de trabalho por dia.

Procura-se: Potência-limite N_{1F} e N_{1T} para um parafuso E. Como comparação devem também ser determinadas as potências-limite para um respectivo redutor por parafuso H.

Potência-limite dos flancos N_{2F} para um parafuso E: Calcula-se

$$k_{1\lim} = k_0 f_n f_h f_w = 0{,}8 \cdot 0{,}428 \cdot 0{,}91 \cdot 1{,}21 = 0{,}377 \text{ kgf/mm}^2$$

com $k_0 = 0{,}8$, segundo a Tab. 24.5.

com $f_n = \dfrac{2}{2 + v_F 0{,}85} = 0{,}428$, para $v_F = d_{m1} \dfrac{n_1}{19\,100 \cos \gamma_m} = 3{,}13$ m/s,

com $f_h = 0{,}91$, segundo a Tab. 24.3

para $L_h = (8 \cdot 300 \cdot 10) \dfrac{40}{60} = 16\,000$ horas de trabalho (descontando-se as horas paradas)

com $f_w = \left(\dfrac{h + h_1}{h + f_1^3 h_1} \right)^{1/3} = \left(\dfrac{2}{1 + 0{,}5^3 \cdot 1} \right)^{1/3} = 1{,}21$, para $f_1 = 0{,}5$.

A seguir, tem-se para *coeficiente de segurança dos flancos* $S_F = 1{,}25$ (eventualmente adotar um valor maior, pois, com a freqüência das partidas sob carga, passa-se sempre à região do atrito misto), de tal maneira

$$k_{\text{ad}} = \frac{k_{1\lim}}{S_F} = 0{,}301 \text{ kgf/mm}^2.$$

Com êste valor obtém-se:

$$N_{2F} = 0.7\, k_{ad} f_m f_z \left(\frac{b_{m2}}{100}\right)\left(\frac{d_{m2}}{100}\right)^2 n_2$$
$$N_{2F} = 0.7 \cdot 0.301 \cdot 1.17 \cdot 0.367 \cdot 0.650 \cdot 10.25 \cdot 72.5 = 43.6 \text{ CV}$$

com $f_m = 1.17$, segundo a Eq. (46), e $f_z = 0.367$, pela Tab. 24.4 (tg $\gamma_m = 0.412$) para o parafuso E.

Potência-limite dos flancos N_{2F} para o parafuso H: (z_1, z_2, d_{m1} e d_{m2} como no parafuso E).
Para o parafuso H tem-se, segundo a Tab. 24.2, $x_2 \approx 1$, isto é, $z_{m2} = z_2 + 2x_2 \approx 31$.

$$m = \frac{d_{m2}}{z_{m2}} = 10.32 \text{ mm}; \quad z_F = \frac{d_{m1}}{m} = \frac{80}{10.32} = 7.75 > 6; \quad \text{tg } \gamma_m = \frac{z_1}{z_F} = 0.387;$$
$$\cos \gamma_m = 0.931; \quad b_{m2} \approx 0.45\, m\, (z_F + 6) = 63.8 \text{ mm}; \quad \text{adotado } b_{m2} = 65 \text{ mm};$$

$k_{\lim} \approx 0.377$ kgf/mm², como no parafuso E (quando se despreza a pequena variação de v_F), $k_{ad} = 0.301$ kgf/mm². Com êste valor tem-se:

$$N_{2F} = 0.7 \cdot 0.301 \cdot 1.135 \cdot 0.602 \cdot 0.650 \cdot 10.25 \cdot 72.5 = 69.5 \text{ CV} \quad \text{(em vez de 43,6)}$$

com $f_m = 1.135$, segundo a Eq. (46) e $f_z = 0.602$ pela Tab. 24.4 (tg $\gamma_m = 0.387$) para o parafuso H.

Potência-limite dos flancos N_{1F} para o parafuso E: $N_{1Fad} = N_{2Fad} + N_v$. Para tanto, tem-se, aproximadamente, para a potência perdida N_v a das Eqs. (63) e (64).

$$N_v \approx N_{2F}\left(\text{tg } \gamma_m + \frac{1}{\text{tg } \gamma_m}\right) y_2 \left(y_3 + \sqrt{\frac{100}{a}}\right)$$
$$N_v \approx 43.6\,(0.412 + 2.43)\,0.0440\,(0.04 + 0.707) = 4.07 \text{ CV}$$

com $y_2 = 0.044$ e $y_3 = 0.040$ pela Tab. 24.11 para o parafuso E. Assim, tem-se:

$$N_{1F} = 43.6 + 4.07 = 47.7 \text{ CV}$$

Potência-limite dos flancos N_{1F} para o parafuso H:

$$N_v \approx N_{2F}\left(\frac{1}{\text{tg } \gamma_m}\right)^{0.96} y_2 \left(y_3 + \sqrt{\frac{100}{a}}\right)$$
$$N_v \approx 69.5 \cdot 2.48 \cdot 0.0313 \cdot 0.707 = 3.80 \text{ CV}$$

com $y_2 = 0.0313$ e $y_3 = 0$, segundo a Tab. 24.11 para o parafuso H. Assim tem-se:

$$N_{1F} = 69.5 + 3.80 = 73.3 \text{ CV} \quad \text{(em vez de 47,7)}$$

Potência-limite térmica N_{2T} para o parafuso E: Aqui deve-se ter $N_{Km} \geqq N_{vm}$. Segundo a Eq. (57), tem-se:

$$N_{Km} = \frac{N_{K1} h_1 + N_{K2} h_2 + N_{K3} h_3}{h_1 + h_2 + h_3} = \frac{N_{K1} + N_{K2} + N_{K3}}{3},$$

pois $h_1 = h_2 = h_3 = 1$ minuto.

Com N_{K1} e N_{K2} para $n_1 = 700$ rpm e N_{K3} para $n_1 = 0$, de acôrdo com a Eq. (55), têm-se: $S_T = 1$, $t_u = 55°C$)

$$N_{Km} = 0.48 \left(\frac{a}{100}\right)^{1.8} \frac{y_{K1} + y_{K2} + y_{K3}}{3} \approx 0.48 \cdot 2^{1.8} \frac{1.2 + 1.2 + 1}{3}$$
$$N_{Km} = \underline{1.9 \text{ CV}}$$

Segundo a Eq. (57), tem-se:

$$N_{vm} = \frac{N_{v1} h_1 + N_{v2} h_2 + N_{v3} h_3}{h_1 + h_2 + h_3} = \frac{N_{v1} + N_{v2}}{3},$$

pois $h_1 = h_2 = h_3$ e $N_{v3} = 0$ (parado).

Com a introdução de $N_{v1} = N_{vz1} + N_{P1} + N_0$ e $N_{v2} \approx 0,5 \, (N_{vz1} + N_{P1}) + N_0$ (para meia carga e igual rotação), tem-se:

$$N_{vm} = \frac{1,5 \, (N_{vz1} + N_{P1}) + 2N_0}{3}.$$

Segundo a Eq. (68), tem-se:

$$N_{vz1} = N_2 \mu_z \left(\frac{1}{\operatorname{tg} \gamma_m} + \operatorname{tg} \gamma_m \right) = 0,078 \, N_2$$

com a introdução de

$$\mu_z = \mu_0 + \frac{\mu_A - \mu_0}{(1 + v_F) \, e} = 0,0274,$$

onde $\mu_A = 0,1$, $\mu_0 = \dfrac{y_z y_w}{\sqrt{a}} = 0,0216$,

$$y_z = 0,305 \text{ (Tab. 24.4)}, \quad y_w = 1, \quad v_F = 3,17 \text{ m/s}, \quad e = \sqrt{\frac{7,2}{100 \, \mu_0}} = 1,825.$$

Segundo a Eq. (72), tem-se:

$$N_{P1} \approx 0,228 \, N_2 \left(\frac{a}{100} \right)^{0,44} \frac{i}{d_{m2}} = 0,0094 \, N_2.$$

Segundo a Eq. (71), tem-se:

$$N_0 \approx \left(\frac{a}{100} \right)^{2,5} \frac{V + 90}{1,8 \cdot 1\,000} \left(\frac{n_1}{1\,000} \right)^{4/3} = 0,30 \text{ CV},$$

com a introdução da viscosidade de óleo desejada $V_{50} \approx 126$ cSt da Tab. 22.28 e $v_1 = 2,94$ m/s. Assim:

$$N_{vm} = \frac{1,5 \, (N_{vz1} + N_{P1}) + 2N_0}{3} = \frac{1,5 \, (0,078 \, N_2 + 0,0094 \, N_2) + 2 \cdot 0,30}{3}$$

$$N_{vm} = 0,0437 \, N_2 + 0,2 \text{ CV} \leqq N_{Km} = 1,9 \text{ CV}.$$

Com a introdução de $N_2 = N_{2T}$ na igualdade acima, tem-se:

$$\boxed{N_{2T} = \frac{1,9 - 0,2}{0,0437} = 38,9 \text{ CV}}$$

Para N_{2T} tem-se $N_v = N_{vz1} + N_{P1} + N_0 = 0,078 \, N_{2T} + 0,0094 \, N_{2T} + 0,30 \text{ CV} = 3,7 \text{ CV}$, assim: a potência-limite térmica N_{1T} para o parafuso E é:

$$\boxed{N_{1T} = N_{2T} + N_v = 38,9 + 3,7 = 42,6 \text{ CV}}$$

Potência-limite térmica N_{2T} para o parafuso H: Tem-se aqui, como no parafuso E, $N_K = 1,9$ CV, $N_0 \approx 0,30$ CV e $N_{P1} = 0,0094 \, N_2$. Só $\mu_z = 0,0128$, pois $y_z = 0,150$ (Tab. 24.4) e $\mu_0 = 0,0106$; além disso, $\operatorname{tg} \gamma_m = 0,387$, pois, segundo a Eq. (68): $N_{vz1} = 0,0382 \, N_2$. Assim, tem-se:

$$N_{vm} = \frac{1,5 \, (N_{vz1} + N_{P1}) + 2N_0}{3} = \frac{1,5 \, (0,0382 \, N_2 + 0,0094 \, N_2) + 2 \cdot 0,30}{3}$$

$N_{vm} = 0,0238 \, N_2 + 0,2 \text{ CV} \leqq N_{Km} = 1,9 \text{ CV}$; com a introdução de $N_2 = N_{2T}$, tem-se:

$$\boxed{N_{2T} = \frac{1,9 - 0,2}{0,0238} = 71,5 \text{ CV}} \quad \text{(em vez de 38,9)}$$

Para N_{2T} tem-se $N_v = N_{vz1} + N_{P1} + N_0 = 0,0382 \, N_{2T} + 0,0094 \, N_{2T} + 0,30 = 3,7 \text{ CV}$, assim *a potência-limite térmica N_{1T} para o parafuso H é:*

$$\boxed{N_{1T} = N_{2T} + N_v = 75,2 \text{ CV}} \quad \text{(em vez de 42,6)}$$

Resumo dos resultados do Ex. 2:

	N_{1F} [CV]	$\eta = \dfrac{N_{2F}}{N_{1F}}$	N_{1T} [CV]	$\eta = \dfrac{N_{2T}}{N_{1T}}$
Parafuso E	47,7	91,5%	42,6	91,3%
Parafuso H	73,3	94,8%	75,2	95,1%

Para a potência do parafuso E limita aqui a segurança térmica ($N_{1T} = 42,6$ CV).

e para o parafuso H a segurança dos flancos ($N_{1F} = 73,3$ CV).

As demais seguranças não foram comprovadas.

24.16. TABELAS E GRÁFICOS

TABELA 24.2 – *Referências para* z_1, z_2, d_{m1}/a, $z_{m2} = z_2 + 2x_2$ *e* S_{d2}

Parafuso E: normal $2x_2 = 0$ (constr. $= -1$ até $+1$). Parafuso H: normal $2x_2 = 2$ (constr. $= 1$ até 3).
Verificação de interferência no meio da coroa (para o parafuso A como limite): $z_2 \geqq 2h_{k01}/(m \operatorname{sen}^2 \alpha)$.
O valor calculado z_{m2} pode ser fracionário. Folga dos flancos na coroa, segundo [24/3]: $S_{d2}\,[\mu] \geqq m(0,3z_2 + 11) + 25$.

$i = z_2/z_1$	1···2	2···3	3···4	4···6	6···10	10···22	22···40	> 40
z_1	20···12	16···10	11···7	8···5	6···3	4···2	2···1	1
z_2	12···28	20···34		21···60, recomendado 28···40				i
d_{m1}/a	1···0,66	0,7···0,5		0,55···0,30				

TABELA 24.3 – *Coeficiente de vida* $f_h = \sqrt[3]{12000/L_h}$ *para* k_{lim} *com a vida* L_h *em horas de trabalho.*

$L_h/1000$	0,75	1,5	3	6	12	24	48	96	190
f_h	2,5	2,0	1,6	1,26	1,0	0,8	0,63	0,50	0,40

TABELA 24.4 – *Coeficiente de forma de dente* f_z *e* y_z, *para* k *e* μ_0.

	tg $\gamma_m =$	0	0,1	0,2	0,3	0,4	0,5	0,6	0,7	0,8	0,9	1,0
Parafuso E	$f_z =$	0,550	0,490	0,440	0,400	0,370	0,345	0,324	0,310	0,300	0,296	0,295
	$y_z =$	0,260	0,266	0,277	0,292	0,304	0,310	0,314	0,314	0,314	0,314	0,314
Parafuso H	$f_z =$	0,695	0,666	0,638	0,618	0,600	0,590	0,583	0,580	0,576	0,575	0,575
	$y_z =$	0,157	0,159	0,158	0,155	0,149	0,143	0,135	0,127	0,117	0,108	0,097

TABELA 24.5 – *Referências de dados de materiais* k_0 *e* y_w.**

Associação	Parafuso de	Coroa de	k_0 kgf/mm²	y_m
1	Aço temperado e retificado	Bronze Cu-Sn	0,8	1
2		Liga de Al fundido	0,425	1
3		perlítico	1,2	1,10
4	Aço beneficiado não-retificado	Bronze Cu-Sn	0,47	1,5
5		Liga de Al	0,25	1,5
6		Liga de Zn	0,17	1,5
7		fofo 12 (GG)	0,4	1,8
8	Ferro fundido cinzento GG 18	Bronze Cu-Sn	0,4	1,2
9		Liga de Al	0,2	1,16
10		fofo 12 (GG)	0,35	1,30

TABELA 24.6 – *Referências para* C_{lim} *com* $\alpha_n = 20°$
(*para* $\alpha_n = 25°$ *multiplicar os dados por* 1,2).

Coroa de	C_{lim} [kgf/mm²] para o parafuso		
	A	N, E, K	H
Bronze Cu-Sn	2,4	3,0	4,0
Liga de Al	1,15	1,43	1,9
Fofo (GG) 18	1,2	1,5	2,0

*A igualdade para f_h foi considerada como primeira aproximação, segundo dados de vida de Tuplin [24/106] (faltam suficientes ensaios).

**A referência para k_0 deve considerar, ao mesmo tempo, a resistência ao rolamento e ao desgaste; para a referência de k_{lim}, ver a Eq. (44).

TABELA 24.7 – Dados de material para alguns bronzes (N.º 1...6) e ligas de alumínio (N.º 7 e 8) como materiais de coroa (segundo Dies [24/88]).

N.º de materiais	Designação pela DIN	Estado	Sn %	Al %	Si %	Ni %	Cu %	σ_S	σ_r	δ_5	H_B	Observações
1	SnBz 8 DIN 17 662	Duro e livre de tensões	8	–	–	P 0,3	Restante	50	60	5	150	Para pequenas engrenagens e coroas de parafusos
2	G-SnBz 12 DIN 1705 GZ-SnBz 12	Fundido em areia Fundição centrifugada	12	–	–	–	88	16 17	28 32	20 15	95 110	Material normal para coroas de parafusos com solicitação média, independente de choques.
3	G-SnBz 14 DIN 1705 GZ-SnBz 14	Fundido em areia Fundição centrifugada	14	–	–	–	86	17 20	25 30	5 3	115 115	Solicitação maior em relação ao material N.º 2, mas suscetível a choques.
4	Bronze Cu-Al-Si (não-normalizado)	Fundição centrifugada Forjada	–	8	2	–	Restante	20 32	50 55	15 15	110 135	Sem influência à corrosão de óleo e depósito de atritos
5	G-FeAlBz F 48 DIN 1714 AlMBz	Fundição centrifugada Forjada	Fe 3	10	Mn 3	–	Restante	22 25	55 60	25 20	135 140	Materiais de coroas de parafusos altamente solicitados quando o parafuso é cementado e retificado
6	G-NiAlBz F 60 DIN 1714 AlMBz	Fundição centrifugada Forjada	Fe 4	10	–	4,5	Restante	35 45	70 75	20 12	180 185	
7	G-AlSiMg DIN 1725	Fundido em areia e beneficiado Fundido em coquilha e beneficiado	Mg 0,3	Rest.	12	–	< 0,05	17 18	20 22	1 1	75 80	Materiais de coroas de parafuso para construções leves, independentes da corrosão de óleo
8	AlSiCuNi DIN 1749	Forjado Beneficiado	Mg 1,2	Rest.	12,5	1,5	1,0	24	32	3	90	

Elementos de Máquinas

TABELA 24.8 — *Coeficientes de velocidade** $f_n = 2/(2 + v_F^{0,85})$ *para* k_{lim}.

v_F [m/s]	0,1	0,4	1,0	2,0	4,0	8,0	12	16	24	32	46	64
f_n	0,935	0,815	0,666	0,526	0,380	0,268	0,194	0,159	0,108	0,095	0,071	0,055

TABELA 24.9 — *Coeficiente* y_1 *para* N_{vad} *relativo ao tempo* $h_a = h_E (100/a) (y_k/y_{k0})$ *em horas*.

h_a	0,1	0,14	0,2	0,3	0,4	0,7	1,0	1,4	2	3
y_1	7,0	5,1	3,5	2,4	2,1	1,5	1,28	1,14	1,04	1,0

TABELA 24.10 — *Coeficiente* y_k, *para* N_{KL}.

Ventilador	n_1	0	200	400	600	800	1000	1200	1400	1600	2000	2500	3000	3500	4000
Sem	y_k	1	1,01	1,03	1,06	1,09	1,14	1,19	1,24	1,29	1,42	1,58	1,77	1,98	2,20
Com		1	1,03	1,08	1,16	1,25	1,35	1,47	1,61	1,74	2,04	2,45	2,95	3,48	4,05

TABELA 24.11 — *Coeficientes* y_2 *e* y_3 *para* N_v/N_2.

Parafuso	$\frac{d_{m1} n_1}{1000}$	5	6	7	8	10	14	20	30	40	60	80	120	160	220	300
E	100 y_2	2,47	2,75	3,00	3,20	3,48	3,87	4,17	4,35	4,42	4,35	4,22	4,17	4,17	4,25	4,46
	y_3	2,90	2,20	1,78	1,48	1,13	0,69	0,37	0,17	0,085	0,032	0,020	0,010	0	0	0
H	100 y_2	4,00	4,30	4,42	4,50	4,55	4,42	4,14	3,75	3,46	3,05	2,91	2,80	2,90	3,10	3,30
	y_3	1,58	1,16	0,91	0,72	0,48	0,25	0,11	0,025	0	0	0	0	0	0	0

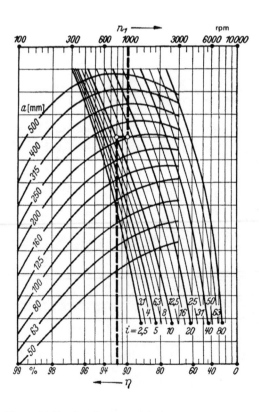

Figura 24.19 — Rendimento total η para um redutor por parafuso E, segundo a Tab. 24.13

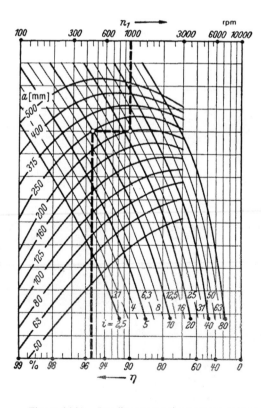

Figura 24.20 — Rendimento total η para um redutor por parafuso H, segundo a Tab. 24.13

*Coeficiente de acôrdo com a AGMA [24/4] para construções maiores, possìvelmente é inadequado (faltam suficientes ensaios).

TABELA 24.12 — *Resultados de ensaios comparativos com redutores por parafusos E, G, e H, sob iguais condições de funcionamento, na melhor apresentação; distância entre eixos 178 mm.*
Segundo [24/72] E = parafuso por evolvente, G = parafuso globóide (coneworm), H = parafuso com flancos côncavos (Cavex).

Parafuso	$z_1/z_2 = i$	Dimensão m [mm]	d_{m1} [mm]	Limite de temperatura n_1 [rpm]	N_{2T} [CV]	η [%]	Limite do flanco n_1 [rpm]	N_{2F} [CV]	η [%]	Condições
E	$\frac{39}{4}=9{,}75$	7,62	66	534	15,1	90,2	534	19,8	90,0	Sem
								24,4	91,0	1.ª Cavidade
G	$\frac{32}{3}=10{,}7$	9,0	66,6	534	14,9	89,0	534	24,9	91,5	Sem
								29,7	91,3	Leves ranhuras
H	$\frac{32}{3}=10{,}7$	8,38	67	534	19,2	93,6	500	35,5	96,0	Sem
								40,5	95,5	Cavidades, flancos lisos

TABELA 24.13 — *Exemplos de redutores construídos por parafuso na melhor apresentação: $z_2 = 40$, associação de material 1 (Tab. 24.5). Foram calculados: o atrito total η para a potência-limite dos flancos N_{1F} e $f_h = 1$; a potência-limite térmica N_{1T} para uma construção com ventilador, e η foi adotado. Para os gráficos correspondentes de N_{1F}, N_{1T} e η, ver as Figs. 24.19 a 24.24.*

	$i = \frac{n_1}{n_2}$	n_1 rpm	$a=50$ mm $d_{m1}=23$ mm η [%]	N_{1F} [CV]	N_{1T} [CV]	100 / 42 η [%]	N_{1F} [CV]	N_{1T} [CV]	200 / 78 η [%]	N_{1F} [CV]	N_{1T} [CV]	400 / 140 η [%]	N_{1F} [CV]	N_{1T} [CV]
Parafuso E	5	250	82,2	0,769	0,809	87,0	5,28	3,80	91,5	33,4	20,3	94,8	211	116
		500	84,3	1,31	0,991	89,4	8,42	5,10	93,1	50,5	27,1	95,7	295	151
		1000	86,5	2,09	1,39	90,8	12,5	7,15	94,1	69,5	38,5	95,9	386	191
		2000	87,5	3,14	2,28	91,5	17,4	11,8	94,2	90,4	59,4	95,7	473	277
	10	250	75,0	0,53	0,577	81,8	3,51	2,74	88,4	22,4	15,1	93,4	140	90,0
		500	77,8	0,91	0,701	85,2	5,71	3,62	90,7	34,2	20,1	94,5	200	113
		1000	80,5	1,46	0,963	87,2	8,66	5,09	92,0	47,8	28,7	94,7	266	149
		2000	82,3	2,19	1,59	88,3	12,2	8,45	92,2	60,7	43,7	94,5	333	216
	20	250	62,0	0,378	0,380	71,2	2,42	1,74	81,0	15,3	9,20	89,0	92,0	55,2
		500	65,7	0,636	0,452	76,1	3,86	2,26	84,5	22,5	12,2	90,9	132	71,5
		1000	69,2	1,01	0,630	79,0	5,78	3,13	86,5	31,9	16,8	91,2	176	89,8
		2000	71,6	1,51	0,99	80,7	8,03	5,13	86,8	41,9	25,9	90,9	224	130
	40	250	45,6	0,281	0,264	56,0	1,73	1,14	68,8	9,85	5,60	80,8	57,3	31,6
		500	49,5	0,463	0,310	62,1	2,65	1,42	73,7	14,4	7,12	83,8	83,1	40,2
		1000	53,6	0,711	0,403	66,0	3,86	1,91	76,7	20,0	9,76	84,5	108	50,3
		2000	56,4	1,04	0,646	68,4	5,31	3,11	77,3	25,7	15,0	83,8	137	73,3
Parafuso H	5	250	86,0	1,19	1,10	91,8	8,53	6,05	95,9	57,9	42,4	98,3	385	340
		500	89,1	2,13	1,42	94,2	13,7	9,26	97,0	87,7	62,3	98,5	544	420
		1000	91,5	3,30	2,16	95,5	20,4	14,4	97,5	123	94,0	98,4	725	484
		2000	93,2	4,78	4,15	96,0	28,8	24,5	97,5	165	138	98,2	900	642
	10	250	77,0	0,751	0,63	85,1	5,20	3,35	92,3	34,0	22,6	96,5	220	171
		500	81,3	1,27	0,829	89,3	8,35	5,03	94,3	51	32,8	97,1	317	220
		1000	85,1	2,02	1,25	91,6	12,6	8,00	95,4	73,7	49,1	97,0	424	262
		2000	87,7	2,99	2,29	92,8	17,7	13,6	95,3	99,5	72,3	96,7	532	360
	20	250	64,0	0,470	0,392	75,1	3,00	2,00	85,8	19,8	12,2	93,3	124	90,0
		500	69,4	0,793	0,505	80,9	4,92	2,82	89,5	29,7	17,8	94,4	178	117
		1000	74,6	1,23	0,722	85,0	7,34	4,33	91,3	42,0	26,0	94,4	235	142
		2000	78,7	1,80	1,32	86,8	10,2	7,42	91,2	55,8	38,6	94,0	300	196
	40	250	47,7	0,307	0,274	60,2	1,90	1,26	75,5	11,7	7,1	87,5	70,0	48,7
		500	53,0	0,50	0,330	68,5	3,04	1,71	81,3	17,0	10,0	89,6	100	62,8
		1000	59,5	0,780	0,462	74,2	4,36	2,52	84,2	23,8	14,3	89,8	132	76,0
		2000	64,8	1,10	0,800	76,8	6,02	4,22	84,2	31,6	21,5	89,0	170	106

Elementos de Máquinas

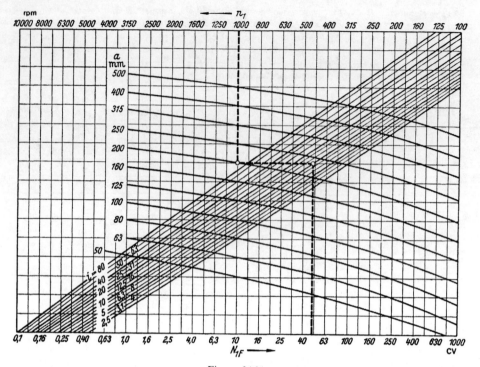

Figura 24.21

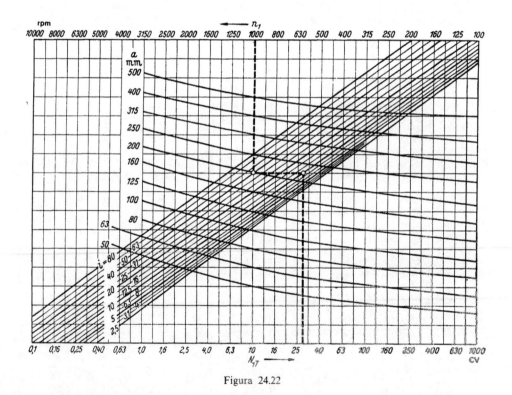

Figura 24.22

Figuras 24.21 e 22 — Potências-limite N_{1F} e N_{1T} para redutores por parafuso E, segundo a Tab. 24.13. Linha tracejada = exemplo apresentado para $n_1 = 1\,000$, $a = 200$ e $i = 10$

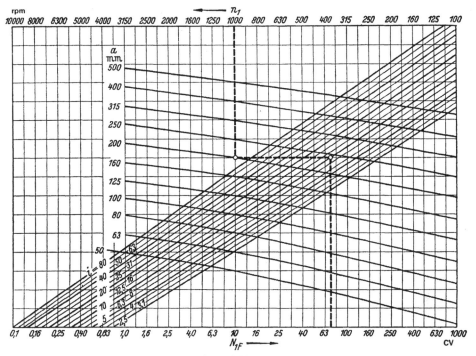

Figura 24.23

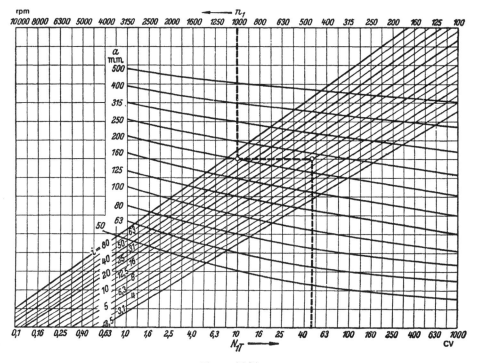

Figura 24.24

Figuras 24.23 e 24 — Potências-limite N_{1f} e N_{1t} para redutores por parafuso H, segundo a Tab. 24.13. Linha tracejada = exemplo apresentado para $n_1 = 1\,000$, $a = 200$ e $i = 10$

24.17. NORMAS E BIBLIOGRAFIA[15]

1. Normas

[24/1] DIN 3975 (Desenvolvida em 1955) Bestimmungsgrössen und Fehler an Schneckengetrieben, Grundbegriffe. Erläuterung, ver DIN-Mitt. Vol. 34 (1955) p. 282.
[24/2] DIN 3976 (desenvolvida em 1956) Zylinderschnecken, Abmessungen, Achsabstände, Übersetzungen.
[24/3] British Standard 721 (1937) worm gearing e 3027 (1958) Dimensions for worm gear units.
[24/4] AGMA Standards (USA):

        213.01 e 02 Surface Durability of cylindr. worm gearing
        440.01 e 02 Cylindr. worm gear speed reducers
        344.02   Design for fine pitch worm gearing

2. Manuais (ver também a pág. 144 do Vol. II)

[24/8] *BUCKINGHAM, E.*: Analytical Mechanics of gears. New York 1949.
[24/9] *DUDLEY, B. W.*: Gears Design. New York 1954.
[24/10] *HOUGHTON, P. S.*: Gears. London 1952.
[24/11] *MERRITT, H. E.*: Gears, 3.ª ed. London 1954.
[24/12] *NIEMANN, G. e H. WINTER*: Schneckentriebe. pp. 579-584 in: Betriebshütte. Vol. 1, 5.ª ed. Berlin 1957.
[24/13] *TUPLIN, W. A.*: Machinery's Gear Design Handbook. London 1944.
[24/14] *SCHIEBEL, A.*: Zahnräder. III Parte: Schraubgetriebe. Berlin: Springer 1934.
[24/15] *SCHIEBEL, A. e W. Lindner*: Zahnräder, Vol. 2. Berlin: Springer 1957

3. Geometria dos parafusos, ferramentas e fabricação

[24/20] *ALTMANN, F. G.*: Bestimmung des Zahnflankeneingriffs bei allgemeinen Schraubgetrieben. Forsch. Ing.-Wes. Vol. 8 (1937) N.º 50.
[24/21] —: Zeichnerische Bestimmung der Eingriffsfläche eines Schraubgetriebes mit Evolventenschraube. Reuleaux-Mitt. Arch. Getriebetechn. Vol. 5 (1937) pp. 633-637.
[24/22] *BAUERSFELD, W.*: Ein Beitrag zur Theorie der Schneckengetriebe und zur Normung der Schnecken. VDI-Forsch.-Caderno 427. Düsseldorf
[24/23] *BAIER, O.*: Konstruktion eines Fräsers, der eine gegebene Schraubenfläche erzeugt. Z. angew. Math. Mech. Vol. 14 (1934) pp. 248-250.
[24/24] *BOHLE, Fr.*: Spiroid gears. Machinery. Vol. 62 (outubro de 1955) pp. 155-161.
[24/25] *DUHNSEN, W.*: Ermittlung der Berührungsverhältnisse von Globoid-Schneckengetrieben. München e Berlin 1931.
[26/26] *DUMA, R. K.*: Kaltwalzen mehrgängiger Schrauben und Schnecken. Stanki i instrument 28 (1957), N.º 10, pp. 22-23.
[24/27] *GARY, M.*: Geometrische Probleme bei der Vermessung von zylindrischen Evolventen-Schnecken und Evolventen-Schrägstirnrädern. Konstruktion Vol. 8 (1956) pp. 412-418.
[24/28] —: Profilberechnung für Scheibenfräser und Evolventen-Schnecken und -Schrägstirnräder. Werkstattstechn. u. Maschinenbau Vol. 48 (1958) pp. 153-156.
[24/30] *HIERSIG*: Prüfen und Tolerieren bei der Festigung von Getribeschnecken. Werkstatt u. Betrieb Vol. 81 (1948) pp. 242-247.
[24/31] —: Geometrie und Kinematik der Evolventenschnecke. Forsch. Ing.-Wes. 20 (1955) pp. 178-190.
[24/32] *JAKOBI, R.*: Die Eingriffsfläche beim Zylinderschneckentrieb und ihre Konstruktion. Braunschweig: Vieweg 1956.
[24/33] *KOLČIN, N. I.*: Eingriffsverhältnisse an Schnecken mit beliebigen Kreuzungswinkeln der Achsen. ZZ. Trudy Seminara po Theorii Masin i Mechanizmov Vol. 3, Caderno 9 (1947) pp. 18-51 (Russisch).
[24/34] *KÖNIGER, R.*: Das Werkzeug zum Schneiden beliebiger Schraubenregelflächen. Werkstattstechn. 1938, p. 485.
[24/35] *KRUMME, W.*: Der gegenwärtige Stand des Schleifens von Schnecken auf dem Wege der Vergleichsmessung. Werkstattstechnik Vol. 36 (1942).
[24/36] *LECHLEITNER, K.*: Beiträge zur Messung von zylindrischen Getribeschnecken. Diss. TH. Hannover 1957.
[24/37] *MARTIN, L. D.*: Over-pin measurement of Worms. Tool Engr. 41 (1958) N.º 1, pp. 50-54.
[24/38] *MAUSHAKE, W.*: Berechnung des Profils von Schneckenfräsern für Evolventenschnecken. Werkstattstechn. u. Maschinenbau Vol. 44 (1954) p. 152.
[24/39] *PASCHKE, F.*: Zahnradrohlinge für schwere Getriebe aus Bronze. Giessereipraxis (1958) N.º 7, p. 122 a 128.
[24/40] *SAARI*: How to calculate exact wheel profiles for form grinding helical gear teeth. Amer. Mach. N. Y. Setembro, 13, 1954.
[24/41] *SAARI*: Nomograph aids Solution of worm-thread profiles. Amer. Mach. N. Y. Julho, 5, 1954.
[24/42] *STÜBLER*: Geometrische Probleme bei der Verwendung von Schraubenflächen in der Technik. Z. Math. Phys. Vol. 60 (1912) p. 244.
[24/43] *TUPLIN*: Form grinding of worm threads. Machinery, London, dez. 1952.
[24/44] *VOGEL, W.*: Eingriffsgesetze und analytische Berechnungsgrundlagen des zylindrischen Schneckengetriebes mit feradflankigem Achsenschnitt. Berlin. VDI-Verlag 1933 — Z. VDI 1933, p. 1139.
[24/45] —: Analytische Berechnung des Fingerfräserprofils für Schrauben und Schnecken. Z. VDI Vol. 78 (1934) p. 156.

---

[15] Com * designam-se os trabalhos da FZG.

[24/46]   — : Gesetze und Berechung der Mutterdrehstähle und Schlagmesser für steilgängige Schrauben und Schnecken mit geradem Achsschnitt. Werkstattstechnik 1935. p. 399.
[24/47]   *VOLKOW e LUTSCHIN:* Berechnung und Konstruktion des Zahnprofils von angenäherten Spiralschnecken. Stanki i instrument 28 (1957) N.º 10, pp. 23-25.
[24/48]   *WATT-SILVERSIDES:* Design of worm Gear Hobs. Machinery, London (1950), nov., dez., jan. de 1951.
[24/49]   *WEBER, C.:* Profilbeziehungen bei der Herstellung von zylindrischen Schnecken, Schneckenfräsern und Gewinden. Braunschweig: Vieweg 1954.
[24/50]   *WILDHABER, E.:* A new look on worm gear hobbing. Amer. Mach. Vol. 98 (1954) pp. 149-156.
[24/51]   *WILDHABER:* Cutter Shapes for Milled and Ground Threads. Amer. Mach. N. Y. Maio, 1, 1924.

4. Resistência mecânica, atrito de escorregamento e rendimento (verificações teóricas e ensaios)

[24/60]   *BACH, C. e E. ROSER:* Untersuchung eines dreigängigen Schneckengetriebes. Mitt. Forsch.-Arb. Caderno 6 (1902) p. 2 — Z. VDI 1903, p. 221.
[24/61]   *EVANS e TOURRET:* The wear and Pitting of Bronze-Disks operated under simulated Worm-Gear Conditions. J. Inst. Petroleum. Vol. 38 (1952).
[24/62]   *FLEISCHER, G.:* Die Entwicklung der Schneckengetriebe zur hohen Raumleistung als ain Problem der hydrodynamischen Schmierung. Maschinenbautechn. Vol. 3 (1954) pp. 470-474, 521-530, 565 a 571.
[24/63]   *HEYER, E.:* Versuche an Zylinderschneckentrieben. Braunschweig: Vieweg 1953.
[24/64]   *— : Versuche and Schneckentrieben mit Steigung null. Braunschweig: Vieweg 1957.
[24/65]   *HIERSIG, H. M.:* Bemessung von Evolventen-Schneckengetrieben. Technik Vol. 2 (1947) pp. 403 a 409.
[24/66]   *MAUSHAKE, W.:* Schneckentrieb mit Globoidschnecke und Stirnrad; theoretische Vergleichsuntersuchung. Diss. T. H. Braunschweig 1950.
[24/67]   *MASCHMEIER, G.:* Untersuchungen an Zylinder- und Globoidschneckentrieben. München u. Berlin: Oldenbourg 1930 — Auszug in Z. VDI Vol. 75 (1931) p. 148.
[24/68]   *NIEMANN, G. e C. WEBER:* Schneckentriebe mit flüssiger Reibung. VDI-Forsch.-Caderno 412. Berlin 1942.
[24/69]   *NIEMANN, G. e K. BANASCHEK:* Der Reibwert bei geschmierten Gleitflächen. Z. VDI Vol. 95 (1953) pp. 167-173.
[24/70]   *NIEMANN, G.:* Getriebevergleiche, in: Zahnräder, Zahnradgetriebe, pp. 140-150. Braunschweig: Vieweg 1955.
[24/71]   *NIEMANN, G. e E. HEYER:* Untersuchungen an Schneckengetrieben (Versuchsergebnisse). Z. VDI Vol. 95 (1953) pp. 147-157.
[24/72]   *NIEMANN, G.:* Grenzleistungen für gekühlte Schneckentriebe. Z. VDI Vol. 97 (1955) p. 308.
[24/73]   *NIEMANN, G. e F. JARCHOW:* Vergleichsversuche mit synthetischen und Mineralöl im Schneckengetriebe pp. 97/99 in: VDJ-Berichte Vol. 20. Düsseldorf 1957.
[24/74]   *WALKER, H.:* The Thermal Rating of Worm Gearboxes. Engineers Vol. 151 (1944) p. 326.
[24/75]   *WEBER, C. e W. MAUSHAKE:* Zylinderschneckentriebe: theoretische Vergleichsuntersuchung. Braunschweig: Vieweg 1957.
[24/76]   *WESTBERG, N.:* Schneckengetriebe mit hohem Wirkungsgrad. Z. VDI Vol. 43 (1902) pp. 915-920.

5. Projeção e Construção

[24/81]   *ALTMANN, F. G.:* Ausgewählte Raumgetriebe, ihre Vorzüge für Konstruktion und Fertigung. Getriebetechnik (VDI-Tagung Bingen) VDI-Berichte Vol. 12, Düsseldorf.
[24/82]   — : Fortschritte auf dem Gebiet der Schneckengetriebe. VDI-Z. 83 (1939) pp. 1245-1249 e 1271-1273.
[24/83]   — : Parallelschaltung von Schneckengetrieben. Z. VDI Vol. 72 (1928) p. 606.
[24/84]   — : Zahnradumformer für aussergewöhnlich grosse Übersetzungen, in: Getriebe. Berlin: VDI-Verlag 1928.
[24/85]   *BUCKINGHAM, E.:* Gear drive design for extrem conditions of speed and load. Machine Design 29 (1957) N.º 15, pp. 110, 112, 114.
[24/86]   *CANDEE:* Discussion on worm gearing. J. appl. Mechan. Dez. 1944, p. 248.
[24/87]   *COSTELLO, O.:* Disconnectable worm gearing. Design News 12 (1957) N.º 10, p. 63.
[24/88]   *DIES, K.:* Gleitwerkstoffe für Getriebe. Das Industrieblatt (1954) p. 517-521.
[24/89]   *EAST, F. G.:* Worm Drives. Machine Design Vol. 25 (1953) pp. 248-253.
[24/90]   *GUTZWILLER, I. E.:* Specifying worm gearing (Angaben zu British Standard 3027). Machine Design 30 (1958) N.º 1, pp. 129-132.
[24/91]   *HARTMANN:* Duplex-Schneckentriebe. Maschinenbautechn. Vol. 6 (1957) pp. 277-280.
[24/92]   *HAMILTON e R. WATT:* Worm Gears. Power Transmission Vol. 17 (1948) pp. 352, 437 e 589.
[24/93]   *HEYER, E.:* Anforderungen bei der Auslegung von Hochleistungsschneckengetrieben. Das Industrieblatt Vol. 53 (1953) pp. 409-412.
[24/94]   — : Spielfreie Verzahnungen besonders bei Schneckengetrieben. Das Industrieblatt Vol. 54 (1954) pp. 509-512.
[24/95]   *HIERSIG, H. M.:* Genormte Schneckentriebe, Ziel und Weg, in: Zahnräder, Zahnradgetriebe. pp. 216-226. Braunschweig: Vieweg 1955.
[24/96]   — : Getriebe mit Zylinderschnecken. Maschbautechn. Vol. 7 (1958) pp. 160-171.
[24/97]   — : Jahresbericht Schneckengetriebe. VDI-Z. 100 (1958) p. 258.
[24/98]   Motorgetriebe mit selbsttätiger Drehmomentbegrenzung. Design News 13 (1958) N.º 8, pp. 30-31.
[24/99]   *MEYER, M. L.:* Entwurfsregeln für Schneckengetriebe. Schweiz. Bau-Ztg. 76 (1958) pp. 141-145.
[24/100] *ROBBINS, A. D.:* Side worm gearing. (Schneckentrieb mit seitlichem Schneckenrad.) Machine Design Vol. 25 (1953) pp. 163-166.
[24/101] *ROSS, J. W.:* Worm gear slip clutch. Design News 12 (1957) N.º 12, p. 72.
[24/102] *SCHÖPEKE:* Schneckentriebe in Theorie und Praxis. Industrie-Anzeiger N.º 86, pp. 17-20 (1956).

[24/103] *THOMAS, W.:* Bauformen und Anwendungsmöglichkeiten von Hochleistungs-Schneckengetrieben. Industriekurier 9 (1956) pp. 489-492.
[24/104] –: Das Cavex-Hochleistungs-Schneckengetriebe mit Hohlflankenschnecke. Konstruktion Vol. 6 (1954) pp. 162-63.
[24/105] *TOURRET, R.:* Worm gear Lubrication. Engineering (Dez. 1955) pp. 888-891.
[24/106] *TUPLIN, W. A.:* Routine design of Worm gears. Machinery 91 (1957) pp. 1338-1344.
[24/107] *UTESCH, F.:* Die Ruderanlage der Cap Blanco. (Schneckengetriebe mit Leistungsverzweigung.) Hansa Vol. 92 (1955) pp. 699-700.
[24/108] *WALKER, H.:* Worm Gear Design. Engineer Vol. 194 (Julho 1952) pp. 110-114.
[24/109] –: Schneckentriebe, in: Zahnräder, Zahnradgetribe, pp. 226-233. Braunschweig: Vieweg 1955.

6. Literatura Comercial

[24/120] Firmenschriften: Deutsche Brown-Getriebe GmbH, Kassel; Flender GmbH, Bocholt; Zahnräderfabrik Augsburg, Augsburg; Zahnräderfabrik Zuffenhausen, Stuttgart-Zuffenhausen; Friedr. Stolzenberg u. Co. Zahnräderfabrik, Berlin-Reinickendorf.

25. Engrenagens cilíndricas helicoidais

25.1. PROPRIEDADES E APLICAÇÕES

Engrenagens cilíndricas helicoidais são engrenagens cilíndricas com engrenamento inclinado, cujos eixos não são paralelos mas se cruzam com um ângulo δ. A Fig. 20.3a mostra um jôgo de engrenagens helicoidais numa representação em perspectiva. O ângulo de cruzamento dos eixos $\delta = \beta_1 + \beta_2$ é dado pela Fig. 25.1 através dos ângulos de inclinação β_1 e β_2 das engrenagens 1 e 2. Só no caso-limite $\delta = 0$, isto é $\beta_2 = -\beta_1$, tem-se engrenagens cilíndricas com eixos paralelos, onde os flancos dos dentes se encostam em linhas. Em todos os demais casos, isto é, nas verdadeiras engrenagens helicoidais, os flancos dos dentes se encostam como cilindros em cruzamento num ponto[1]. Do ângulo de cruzamento dos eixos dá-se, como diferença geométrica das duas velocidades tangenciais das engrenagens v_1 e v_2, uma velocidade de escorregamento v_F na direção das linhas dos flancos.

Em relação aos redutores por parafuso e às engrenagens cônicas deslocadas, as engrenagens helicoidais são menos resistentes, apresentam maior perda e desgastam mais, mas possuem, por isso, vantagens cinemáticas: elas podem, quando têm suficiente largura, ser adicionalmente deslocadas nas direções de seus eixos (ou aparafusadas) sem influenciar o engrenamento dos dentes (montagem facilitada). Pode-se, além do movimento rotacional da associação das engrenagens, superpor mais dois movimentos rotacionais independentes (deslocamento rotacional) quando se deslocam axialmente, em adição, as engrenagens helicoidais (utilizado para regular por torção eixos de comando, para sobrepor dados funcionais em máquinas de calcular e assim por diante). Além disso, tem-se, para eixo da engrenagem, a possibilidade de executar deslocamentos paralelos axiais. Inclusive através de pequenos erros no ângulo dos eixos e de pequenos aumentos na distância entre eixos, o engrenamento dos dentes sòmente será deslocado para um outro lugar, mas não impedido.

Para a teoria da associação dos dentes é ainda importante que tôdas as associações de engrenagens (engrenagens cilíndricas, cônicas, cônicas deslocadas e redutores por parafuso), no que se refere ao cálculo das fôrças aqui aparentes, movimentos e potências perdidas, possam ser relacionadas às engrenagens helicoidais.

25.2. GEOMETRIA DAS ENGRENAGENS HELICOIDAIS

1. DESIGNAÇÕES E DIMENSÕES

Para a engrenagem helicoidal isolada valem as mesmas designações, relações dimensionais e número mínimo de dentes como das engrenagens de dentes inclinados (ver págs. 173 e 192 do Vol. II). com índice 1 para a engrenagem 1, índice 2 para a engrenagem 2, índice n para as grandezas no corte normal e sem índice para as grandezas no corte frontal. Na associação de engrenagens helicoidais valem ainda as designações segundo as págs. 55 a 62 e as Figs. 25.1 a 25.6.

2. CONTATO DOS FLANCOS E DESENVOLVIMENTO DO ENGRENAMENTO

O engrenamento básico indicado na Fig. 25.1, imaginado como engrenamento superdelgado de uma cremalheira, engrena, ao mesmo tempo, com ambas as engrenagens 1 e 2. Correspondentemente, pode-se rolar perfeitamente ambas as engrenagens helicoidais sôbre o engrenamento básico, e ainda cada uma na sua direção circunferencial.

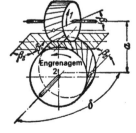

Figura 25.1 — Associação das engrenagens helicoidais 1 e 2 com a engrenagem básica; distância entre eixos a; ângulo de cruzamento δ; ângulos de inclinação β_1 e β_2

Pode-se alcançar, inclusive nas engrenagens helicoidais, a associação mais favorável dos flancos de um redutor por parafuso com contato de linhas, quando se usina uma das engrenagens helicoidais com a outra como ferramenta, no processo de rolamento, no qual o avanço da engrenagem-ferramenta é feito na direção de seu eixo. A associação das engrenagens helicoidais se transforma, com isso, em engrenamento por parafuso.

Elementos de Máquinas

O contato entre cada engrenagem helicoidal e a engrenagem de base é, segundo a Fig. 25.2, uma linha B reta (como no engrenamento inclinado da engrenagem cilíndrica). Ela está sôbre o flanco plano do engrenamento básico, num ângulo β_B em relação à linha dos flancos F e, ao mesmo tempo, sôbre a superfície de engrenamento num ângulo β_g em relação ao eixo da engrenagem. Segundo a pág. 58, tem-se

para a engrenagem 1: $\quad \tg \beta_{B1} = \tg \beta_1 \sen \alpha_n, \quad \sen \beta_{g1} = \sen \beta_1 \cos \alpha_n,$
para a engrenagem 2: $\quad \tg \beta_{B2} = \tg \beta_2 \sen \alpha_n, \quad \sen \beta_{g2} = \sen \beta_2 \cos \alpha_n.$

As linhas de contato B_1 e B_2 das duas engrenagens helicoidais (ver Fig. 25.2) cruzam sôbre as superfícies dos flancos do engrenamento básico sob um ângulo $\varphi = \beta_{B1} + \beta_{B2}$. Os flancos dos dentes das engrenagens helicoidais podem sòmente encostar-se num ponto, o ponto de cruzamento E das linhas B[2].

No movimento de rotação das engrenagens helicoidais, o ponto de contato E desloca-se sôbre a linha de engrenamento do corte normal (Fig. 25.3).

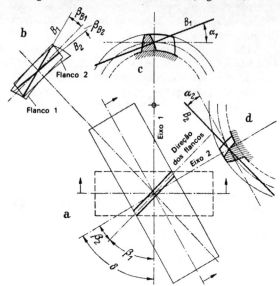

Figura 25.2 — Posições das linhas B, B_1 e B_2 sôbre os flancos dos dentes das engrenagens helicoidais 1 e 2. a (embaixo): associação de engrenagens helicoidais na sua projeção de tôpo (engrenagem 1 disposta embaixo): b (à esquerda): vista sôbre os flancos dos dentes 1 e 2; c (em cima): corte frontal da engrenagem 1; d (à direita): vista frontal da engrenagem 2

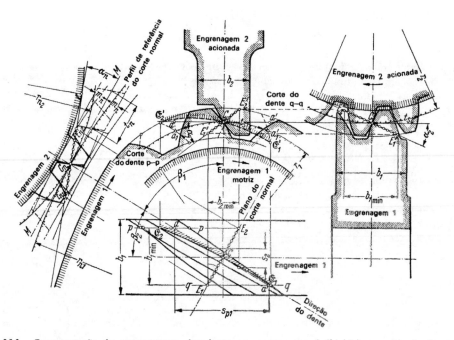

Figura 25.3 — Representação do engrenamento dos dentes em engrenagens helicoidais com ângulo de cruzamento $\delta = 90°$ (segundo Trier [25/9]). Embaixo: engrenagem 1 na projeção de tôpo; à esquerda: engrenamento no corte normal; em cima, no centro: engrenamento no corte frontal da engrenagem 1; à direita: engrenamento no corte frontal da engrenagem 2; percurso de engrenamento da cabeça $e_{n1} = C_n E_{n1}$, $e_{n2} = C_n E_{n2}$ no corte normal à esquerda

[2] Só para $\delta = 0$, portanto para engrenagens cilíndricas com engrenamento inclinado de eixos paralelos, coincidindo as linhas B, B_1 e B_2 de tal maneira que se obtém contato por linhas nos flancos dos dentes.

A parte aproveitada da linha de engrenamento, o percurso de engrenamento $E_{n1}E_{n2}$, é limitada, para engrenagens não-rebaixadas, pelo cilindro do círculo de cabeça das engrenagens. A projeção do percurso de engrenamento sôbre o eixo das engrenagens 1 e 2 é, para o contato com dentes, a largura útil do dente $b_{1\min}$ e $b_{2\min}$, respectivamente, das engrenagens 1 e 2. Segundo a Fig. 24.3, tem-se

$$b_{1\min} = \overline{E_1 E_2} \operatorname{sen} \beta_1 = \overline{E_{n1} E_{n2}} \cos \alpha_n \operatorname{sen} \beta_1 = \overline{E_1'' E_2''} \cos \alpha_2 \leq \frac{h_{k1} + h_{k2}}{\operatorname{tg} \alpha_n} \operatorname{sen} \beta_1,$$

$$b_{2\min} = \overline{E_1 E_2} \operatorname{sen} \beta_2 = \overline{E_{n1} E_{n2}} \cos \alpha_n \operatorname{sen} \beta_2 = \overline{E_1' E_2'} \cos \alpha_1 \leq \frac{h_{k1} + h_{k2}}{\operatorname{tg} \alpha_n} \operatorname{sen} \beta_2.$$

Tomando-se a altura da cabeça $h_{k1} + h_{k2} = 2m_n$, tem-se

$$b_{1\min} \leq \operatorname{sen} \beta_1 \, 2m_n/\operatorname{tg} \alpha_n \quad \text{e} \quad b_{2\min} = \operatorname{sen} \beta_2 \, 2m_n/\operatorname{tg} \alpha_n;$$

para $\alpha_n = 20°$ fica

$$b_{1\min} \leq 5{,}5 \, m_n \operatorname{sen} \beta_1 \quad \text{e} \quad b_{2\min} \leq 5{,}5 \, m_n \operatorname{sen} \beta_2.$$

A totalidade do grau de superposição $\varepsilon_{\text{tot}} = \varepsilon_1 + \varepsilon_{1\,\text{sp}} = \varepsilon_2 + \varepsilon_{2\,\text{sp}}$ é obtida da interferência de perfil no corte frontal ε_1 e ε_2 e da interferência brusca

$$\varepsilon_{1\,\text{sp}} = \frac{s_{p1}}{\pi m_1} = \frac{b_{1\min} \cdot \operatorname{tg} \beta_1}{\pi m_1} \quad \text{e} \quad \varepsilon_{2\,\text{sp}} = \frac{s_{p2}}{\pi m_2} = \frac{b_{2\min} \cdot \operatorname{tg} \beta_2}{\pi m_2}.$$

Na Fig. 25.3 (embaixo) está representada a interferência brusca.

3. VELOCIDADES DE ESCORREGAMENTO v_F

Segundo a Fig. 25.4, a velocidade de escorregamento v_F dos flancos dos dentes na direção das linhas dos flancos é a diferença geométrica das velocidades tangenciais v_1 e v_2. Do triângulo de velocidade e dos ângulos inscritos obtêm-se, sôbre a projeção de v_2, $v_F \cos \beta_2 = v_1 \operatorname{sen} \delta$, sôbre a projeção v_1, $v_F \cos \beta_1 = v_2 \operatorname{sen} \delta$ e, assim,

$$v_F = \frac{v_1 \operatorname{sen} \delta}{\cos \beta_2} = \frac{v_2 \operatorname{sen} \delta}{\cos \beta_1}.$$

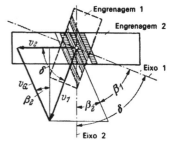

Figura 25.4 – Para a determinação da velocidade de escorregamento v_F (na figura, v_G) no plano do corte do engrenamento básico

4. RESUMO DAS RELAÇÕES GEOMÉTRICAS[3,4]

Para ângulos de eixos genéricos $\delta = \beta_1 + \beta_2$ dos eixos das engrenagens valem:

Dimensões:

Relação de multiplicação

$$i = \frac{n_1}{n_2} = \frac{z_2}{z_1} = \frac{d_2}{d_1} \frac{\cos \beta_2}{\cos \beta_1} = \left(\frac{2a}{d_1} - 1\right) \frac{\cos \beta_2}{\cos \beta_1}; \qquad (1)$$

Distância entre eixos

$$a = d_1 \frac{a}{d_1} = 0{,}5 \, (d_1 + d_2) = 0{,}5 \, m_n \left(\frac{z_1}{\cos \beta_1} + \frac{z_2}{\cos \beta_2}\right) [\text{mm}]; \qquad (2)$$

Diâmetro

$$d_1 = z_1 m_1 = z_1 \frac{m_n}{\cos \beta_1} = a \frac{d_1}{a}; \quad d_2 = z_2 m_2 = z_2 \frac{m_n}{\cos \beta_2} = 2_a - d_1 \, [\text{mm}]; \qquad (3)$$

[3] Elas valem também para redutores por parafuso com um ângulo δ qualquer entre eixos.
[4] As dimensões adotadas d, m, β, α, com o índice 1 e 2, valem para o círculo de rolamento 1 e 2; para o engrenamento nulo, o círculo de rolamento é igual ao círculo primitivo. As dimensões com índice n valem para o corte normal, e as sem índice n, para o corte frontal da respectiva engrenagem.

Módulo no corte normal

$$m_n = \frac{d_1}{z_1}\cos\beta_1 = \frac{d_2}{z_2}\cos\beta_2 \; [\text{mm}]. \tag{4}$$

Número equivalente de dentes no corte normal

$$z_{1n} = \frac{z_1}{\cos^2\beta_{g1}\cos\beta_1}; \quad z_{2n} = \frac{z_2}{\cos^2\beta_{g2}\cos\beta_2}. \tag{5}$$

Velocidades (máximo percurso de engrenamento da cabeça $e_{n\,max} \leq h_{k\,max}/\text{sen}\,\alpha_n$, ver Fig. 25.3):

Velocidade tangencial $v_1 = \dfrac{n_1 d_1}{19\,100} = v_2 \dfrac{\cos\beta_2}{\cos\beta_1}; \quad v_2 = \dfrac{n_2 d_2}{19\,100} = v_1 \dfrac{\cos\beta_1}{\cos\beta_2}\,[\text{m/s}]. \tag{6}$

Velocidade de escorregamento na direção das linhas dos flancos

$$v_F = v_1 \frac{\text{sen}\,\delta}{\cos\beta_2} = v_2 \frac{\text{sen}\,\delta}{\cos\beta_1}. \tag{7}$$

Máxima velocidade de escorregamento no corte normal (na altura dos dentes)

$$v_{n\,max} = v_n C_{n\,max} \frac{2}{m_n}\left(\frac{1}{z_{1n}} + \frac{1}{z_{2n}}\right) \tag{8}$$

Velocidade de escorregamento resultante na cabeça do dente $v_{G\,max} = \sqrt{v_F^2 + v_{n\,max}^2}. \tag{9}$

Ângulos:

Ângulo de engrenamento no corte frontal $\text{tg}\,\alpha_1 = \dfrac{\text{tg}\,\alpha_n}{\cos\beta_1}; \quad \text{tg}\,\alpha_2 = \dfrac{\text{tg}\,\alpha_n}{\cos\beta_2}; \tag{10}$

Ângulo entre os eixos $\qquad\qquad \delta = \beta_1 + \beta_2; \tag{11}$

Ângulo de inclinação

$$\text{tg}\,\beta_2 = \frac{d_2/d_1}{i\,\text{sen}\,\delta} - \frac{1}{\text{tg}\,\delta}; \quad \beta_1 = \delta - \beta_2; \quad \frac{\cos\beta_1}{\cos\beta_2} = \frac{d_2}{i d_1} = \cos\delta + \text{sen}\,\delta\,\text{tg}\,\beta_2; \tag{12}$$

$$\text{tg}\,\beta_{B1} = \text{tg}\,\beta_1\,\text{sen}\,\alpha_n; \quad \text{tg}\,\beta_{B2} = \text{tg}\,\beta_2\,\text{sen}\,\alpha_n; \tag{13}$$

$$\text{sen}\,\beta_{g1} = \text{sen}\,\beta_1\cos\alpha_n; \quad \text{sen}\,\beta_{g2} = \text{sen}\,\beta_2\cos\alpha_n. \tag{14}$$

Para $\delta = 90°$ *tem-se:*

$$\text{sen}\,\beta_1 = \cos\beta_2, \quad \cos\beta_1 = \text{sen}\,\beta_2, \quad \text{tg}\,\beta_1 = \frac{1}{\text{tg}\,\beta_2}. \tag{15}$$

25.3. FÔRÇAS, POTÊNCIA PERDIDA E RENDIMENTO DO ENGRENAMENTO

1. *FÔRÇAS NOS DENTES NO PONTO DE ROLAMENTO*

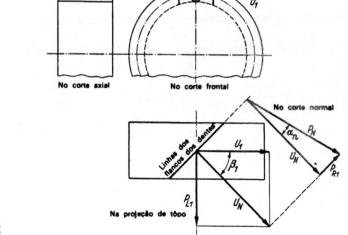

Figura 25.5 — Componentes da fôrça normal P_N do dente, representado na engrenagem helicoidal 1

As *fôrças tangenciais* compreendem o momento de torção M [mmkgf] e a potência N [CV]

na engrenagem 1: $\quad U_1 = \dfrac{2M_1}{d_1} = \dfrac{1{,}43 \cdot 10^6 N_1}{d_1 n_1}$ [kgf],

na engrenagem 2: $\quad U_2 = \dfrac{2M_2}{d_2} = \dfrac{1{,}43 \cdot 10^6 N_2}{d_2 n_2}$ [kgf].

As *componentes de fôrça* U constituem as representadas pela fôrça normal P_N e pela fôrça tangencial U_1, segundo as Figs. 25.5 e 25.6:

a) sem atrito	Eq.	b) com atrito (*engrenagem 1 motriz*): $\mu = \text{tg}\varrho, \quad \cos\varrho \approx 1$
$U_1 = P_N \cos\alpha_n \cos\beta_1$	1	$U_1 = P_N \dfrac{\cos\alpha_n}{\cos\varrho} \cos(\beta_1 - \varrho)$
$P_R = P_N \operatorname{sen} \alpha_n = U_1 \text{tg}\alpha_1 = U_1 \dfrac{\text{tg}\alpha_n}{\cos\beta_1}$	2	$P_R = P_N \operatorname{sen} \alpha_n = U_1 \text{tg}\alpha_n \dfrac{\cos\varrho}{\cos(\beta_1 - \varrho)}$
$P_{L1} = P_N \cos\alpha_n \operatorname{sen}\beta_1 = U_1 \text{tg}\beta_1$	3	$P_{L1} = P_N \dfrac{\cos\alpha_n}{\cos\varrho} \operatorname{sen}(\beta_1 - \varrho) = U_1 \text{tg}(\beta_1 - \varrho)$
$P_1 = \sqrt{P_R^2 + U_1^2} = P_N \dfrac{\cos\alpha_n}{\cos\alpha_1}\cos\beta_1 = \dfrac{U_1}{\cos\alpha_1}$	4	$P_1 = \sqrt{P_R^2 + U_1^2}$
$U_N = P_N \cos\alpha_n = \dfrac{U_1}{\cos\beta_1}$	5	$U_N = P_N \cos\alpha_n = U_1 \dfrac{\cos\varrho}{\cos(\beta_1 - \varrho)}$
$P_N = \dfrac{U_1}{\cos\alpha_n \cos\beta_1} = \dfrac{U_N}{\cos\alpha_n}$	6	$P_N = \dfrac{U_1 \cos\varrho}{\cos\alpha_n \cos(\beta_1 - \varrho)} = \dfrac{U_N}{\cos\alpha_n}$
$U_2 = P_N \cos\alpha_n \cos\beta_2 = U_1 \dfrac{\cos\beta_2}{\cos\beta_1}$	7	$U_2 = P_N \dfrac{\cos\alpha_n}{\cos\varrho} \cos(\beta_2 + \varrho) = U_1 \dfrac{\cos(\beta_2 + \varrho)}{\cos(\beta_1 - \varrho)}$
$P_R = P_N \operatorname{sen} \alpha_n = U_1 \dfrac{\text{tg}\alpha_n}{\cos\beta_1} = U_2 \dfrac{\text{tg}\alpha_n}{\cos\beta_2}$	8	$P_R = P_N \operatorname{sen} \alpha_n = U_1 \text{tg}\alpha_n \dfrac{\cos\varrho}{\cos(\beta_1 - \varrho)}$
$P_{L2} = P_N \cos\alpha_n \operatorname{sen}\beta_2 = U_1 \dfrac{\operatorname{sen}\beta_2}{\cos\beta_1} = U_2 \text{tg}\beta_2$	9	$P_{L2} = P_N \dfrac{\cos\alpha_n}{\cos\varrho} \operatorname{sen}(\beta_2 + \varrho)$
$P_2 = \sqrt{P_R^2 + U_2^2} = P_N \dfrac{\cos\alpha_n}{\cos\alpha_2}\cos\beta_2 = \dfrac{U_2}{\cos\alpha_2}$	10	$P_2 = \sqrt{P_R^2 + U_2^2}$
$U_N = P_N \cos\alpha_n = \dfrac{U_1}{\cos\beta_1} = \dfrac{U_2}{\cos\beta_2}$	11	$U_N = P_N \cos\alpha_n = U_1 \dfrac{\cos\varrho}{\cos(\beta_1 - \varrho)}$
$P_N = \dfrac{U_1}{\cos\alpha_n \cos\beta_1} = \dfrac{U_2}{\cos\alpha_n \cos\beta_2}$	12	$P_N = \dfrac{U_1 \cos\varrho}{\cos\alpha_n \cos(\beta_1 - \varrho)} = \dfrac{U_2 \cos\varrho}{\cos\alpha_n \cos(\beta_2 + \varrho)}$

(Na engrenagem 1: Eq. 1–6; Na engrenagem 2: Eq. 7–12)

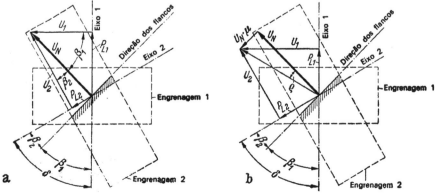

Figura 25.6 – Componentes das fôrças nos dentes no plano de base. a (à esquerda): sem atrito; b (à direita): com atrito

2. POTÊNCIA PERDIDA E RENDIMENTO

A potência total perdida $N_v = N_{vz} + N_0 + N_p$ [CV] compõe-se da potência perdida N_{vz} de engrenamento, da potência perdida em vazio N_0 e da potência perdida adicional N_p devido ao aumento da carga nos mancais.

Para dados de referência de N_0 e N_p, ver os redutores por parafuso, na pág. 41. O rendimento total do redutor é, então,

$$\eta = \frac{N_2}{N_1} = \frac{N_2}{N_2 + N_v} = \frac{N_1 - N_v}{N_1} \quad (16)$$

quando a engrenagem 1 aciona[5].

A potência perdida N_{vz} compõe-se, principalmente, como nos redutores por parafuso, da potência perdida N_{vF} devido ao movimento de deslizamento na direção das linhas dos flancos dos dentes:

$$N_{vz} \approx N_{vF} = P_N \mu v_F / 75 \quad (17)$$

com v_F segundo a Eq. (7). O respectivo rendimento do engrenamento é

$$\eta_z \approx \eta_{zF} = \frac{U_2 v_2}{U_1 v_1} = \frac{U_2 \cos \beta_1}{U_1 \cos \beta_2} \quad (18)$$

para uma engrenagem 1 acionada.

Com a introdução de

$$\frac{U_2}{U_1} = \frac{\cos(\beta_2 + \varrho)}{\cos(\beta_1 - \varrho)},$$

segundo a Eq. 7 da pág. 59, assim como

$$\cos(\beta \pm \varrho) = \cos \beta \cos \varrho \mp \sin \beta \sin \varrho$$
$$\cos \varrho \approx 1 \quad \text{e} \quad \sin \varrho \approx \mu$$

obtém-se:

$$\eta_{zF} = \frac{\cos(\beta_2 + \varrho)}{\cos(\beta_1 - \varrho)} \frac{\cos \beta_1}{\cos \beta_2} = \frac{1 - \tg \beta_2 \mu}{1 + \tg \beta_1 \mu}$$

para $\delta = 90°$ tem-se

$$\eta_{zF} = \frac{\tg \beta_2}{\tg(\beta_2 + \varrho)}. \quad (19)$$

Além disso, obtém-se, de

$$\eta_{zF} = \frac{N_2}{N_2 + N_{vF}} \quad \text{e} \quad \eta_{zF} = \frac{N_1 - N_{vF}}{N_1},$$

o coeficiente de perda

$$\frac{N_{vF}}{N_2} = \frac{\mu(\tg \beta_1 + \tg \beta_2)}{1 - \tg \beta_2 \mu} \quad \text{e} \quad \frac{N_{vF}}{N_1} = \frac{\mu(\tg \beta_1 + \tg \beta_2)}{1 + \tg \beta_1 \mu}. \quad (20)$$

A Fig. 25.7 mostra a influência de δ e β_2 sôbre η_{zF}.

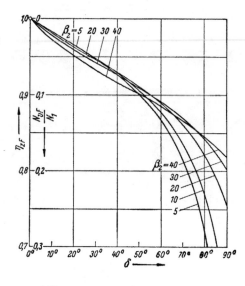

Figura 25.7 — Rendimento η_{zF} e coeficiente de perda $\frac{N_{vF}}{N_1}$ para $\mu = 0,1$, em função do ângulo de cruzamento δ e do ângulo de inclinação β_2

---

[5] Na engrenagem acionada 2 as equações apresentadas valem, igualmente, para os diversos valores η e N_v, mas com a inversão dos índices 1 e 2.

Apenas para pequenos ângulos de cruzamento ($\delta < 50°$) a velocidade de escorregamento v_n se distingue consideràvelmente, na altura dos dentes, em relação a v_F, pois v_F é proporcional a sen δ.

Nesses casos, calcula-se a potência perdida nos dentes N_{vz} pela Eq. (21) como valor médio sôbre o percurso de engrenamento, com v_{Gm} segundo a Eq. (22):

$$N_{vz} = P_N \mu v_{Gm}/75 \tag{21}$$

$$v_{Gm} = \sqrt{v_F^2 + (0,5 v_{n\max})^2} \tag{22}$$

com v_F e $v_{n\max}$ pelas Eqs. (7) e (8) e $\mu \approx 0,08 \cdots 0,1$.

25.4. PRESSÃO NOS FLANCOS

Para julgar a resistência e comparar a solicitação local nos flancos, nas diversas apresentações das engrenagens helicoidais, deve-se, em seguida, determinar a pressão de Hertz nos flancos dos dentes dessas engrenagens. Segundo a Fig. 25.2, e pelos dados da pág. 55, o flanco do dente do engrenamento básico encosta o flanco do dente da engrenagem helicoidal 1 na reta B_1 e o flanco do dente da engrenagem helicoidal 2 na reta B_2. Ambas as retas estão sôbre o plano do flanco do engrenamento básico e formam aí o ângulo $\varphi = \beta_{B1} + \beta_{B2}$. O ponto de cruzamento de B_1 e B_2 é o ponto de contato dos flancos dos dentes das engrenagens 1 e 2. Para o cálculo da pressão de Hertz podem-se substituir os flancos dos dentes das engrenagens 1 e 2 por dois cilindros cujos eixos se cruzam num ângulo φ e cujos raios coincidem com os raios ϱ_{B1} e ϱ_{B2} dos dois flancos de dente no plano de corte normal a B_1 e B_2. Para tanto, pode-se, com base nas igualdades de Hertz[6], determinar as seguintes equações:

Fôrça normal $\qquad P_N = 17,15 \dfrac{p^3}{E^2} \varrho^2 B (\zeta \eta)^3.$

Aqui, têm-se: $\qquad \varrho_B = \dfrac{2 \varrho_{B1} \varrho_{B2}}{\varrho_{B1} + \varrho_{B2}} = \varrho_{B1} \dfrac{2}{1+F}; \qquad (\zeta \eta)^3 = \dfrac{1}{f_H},$

segundo a Fig. 25.8, função de

$$F = \frac{\varrho_{B1}}{\varrho_{B2}} \quad \text{e} \quad \varphi = \beta_{B1} + \beta_{B2},$$

$$E = \frac{2 E_1 E_2}{E_1 + E_2}$$

com os módulos de elasticidade E_1 e E_2 para os materiais dos cilindros 1 e 2.

Para as engrenagens helicoidais no ponto de rolamento:

$$P_N = \frac{U_1}{\cos \alpha_n \cos (\beta_1 - \varrho)} = \frac{U_2}{\cos \alpha_n \cos (\beta_2 + \varrho)}.$$

$$\varrho_{B1} = \frac{0,5 d_1 \operatorname{sen} \alpha_n}{\cos^2 \beta_{g1}}, \qquad \varrho_{B2} = \frac{0,5 d_2 \operatorname{sen} \alpha_n}{\cos^2 \beta_{g2}}, \qquad F = \frac{\varrho_{B1}}{\varrho_{B2}} = \frac{\cos^2 \beta_2 + \operatorname{tg}^2 \alpha_n}{\cos^2 \beta_1 + \operatorname{tg}^2 \alpha_n} \frac{d_1}{d_2}.$$

Através das transformações obtêm-se, para o cálculo prático:

Fôrça tangencial $\qquad \boxed{U_1 = 1,43 d_1^2 f_z K_s} \qquad$ [kgf] $\tag{23}$

Potência $\qquad \boxed{N_{1\,\mathrm{CV}} = \left(\dfrac{d_1}{100}\right)^3 n_1 f_z K_s} \qquad$ [CV] $\tag{24}$

com $\qquad \boxed{K_s = \dfrac{p^3}{E^2} K_{s\,\mathrm{ad}}} \qquad$ [kgf/mm²], $\tag{25}$

e $K_{s\,\mathrm{ad}}$ segundo a Tab. 25.1.

---

[6] Para as igualdades de Hertz e os coeficientes $\zeta \eta$ em função de $\cos \vartheta$, ver as associações de rolamento no volume I.

No nosso caso, $\cos \vartheta = \sqrt{1 - 4 \operatorname{sen}^2 \varphi \dfrac{F}{(1+F)^2}}$. Assim sendo, f_H está representado na Fig. 25.8.

Aqui, têm-se

a) para $\delta = 90°$, $\alpha_n = 20°$, $\varrho = 5°$: f_z de acôrdo com a Fig. 25.9;
b) para qualquer δ, α_n, ϱ:

$$f_z = \frac{12 \cos(\beta_1 - \varrho) \operatorname{sen}^2 \alpha_n}{f_H (\operatorname{tg}^2 \alpha_n + \cos^2 \beta_1)^2 (1 + F)^2 \cos^3 \alpha_n}, \quad (26)$$

$$F = \frac{\varrho_{B1}}{\varrho_{B2}} = \frac{\cos^2 \beta_2 + \operatorname{tg}^2 \alpha_n}{\cos^2 \beta_1 + \operatorname{tg}^2 \alpha_n} \frac{d_1}{d_2}. \quad (27)$$

$$f_H = \frac{1}{(\xi \eta)^3}, \text{ segundo a Fig. 25.8} \quad (28)$$

$$\operatorname{tg} \varphi = \operatorname{tg}(\beta_{B1} + \beta_{B2}) = \frac{\operatorname{sen} \alpha_n (\operatorname{tg} \beta_1 + \operatorname{tg} \beta_2)}{1 - \operatorname{sen}^2 \alpha_n \operatorname{tg} \beta_1 \operatorname{tg} \beta_2}. \quad (29)$$

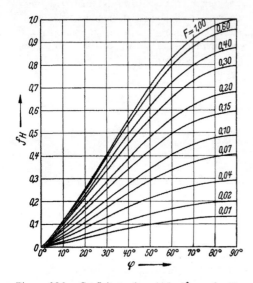

Figura 25.8 — Coeficiente $f_H = 1/(\xi \cdot \eta)^3$, em função de $\varphi = \beta_{B1} + \beta_{B2}$ para $F = \varrho_{B1}/\varrho_{B2}$ e para os mesmos dados numéricos de $1/F$ em vez de F

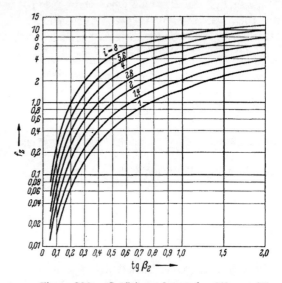

Figura 25.9 — Coeficiente f_z para $\delta = 90°$, $\alpha_n = 20°$ e $\varrho = 5°$ em função de $\operatorname{tg} \beta_2 = d_2/(id_1)$ e da relação de multiplicação $i = z_2/z_1$

25.5. DIMENSIONAMENTO PRÁTICO

1. DETERMINAÇÃO GEOMÉTRICA

Para um dado ângulo de eixo δ e a relação de multiplicação $i = z_2/z_1$, deve-se escolher inicialmente d_1/a e z_1, por exemplo através de dados de referência na Tab. 24.2 de redutores por parafuso. Devem-se observar, aqui, as seguintes tendências: com um $d_1/a \leq 1$ maior, cresce a resistência dos flancos, mas também o coeficiente de perda N_v/N_1, contanto que β_2 se torne menor que $0{,}5\delta - \varrho$; com z_2 maior, cresce o funcionamento macio e desaparece o trabalho de escorregamento na altura dos dentes, mas diminui também a largura útil do dente, conseqüentemente a vida ao desgaste e, mais tarde, a resistência do pé do dente (geralmente suficiente).

Ademais, obtém-se β_2 de

$$\operatorname{tg} \beta_2 = \left(\frac{2a}{d_1} - 1\right) \frac{1}{i \operatorname{sen} \delta} - \frac{1}{\operatorname{tg} \delta}$$

e $\beta_1 = \delta = \beta_2$. Com a determinação de d_1, correspondente à potência que deve ser transmitida (ver pág. 63), tem-se, a seguir,

$$a = \frac{d_1}{d_1/a} \text{ [mm]}, \quad d_2 = 2a - d_1 \text{ [mm]}, \quad m_n = d_1 \frac{\cos \beta_1}{z_1} = d_2 \frac{\cos \beta_2}{z_2} \text{ [mm]}.$$

O ângulo de engrenamento dos flancos α_n no corte normal é geralmente de 20°.

2. DETERMINAÇÃO DE d_1 PELO VALOR C

Pelo processo até hoje usual de cálculo tem-se, como fôrça tangencial $U_1 = C_s \pi m_n b$, com o coeficiente de carga $C \leqq C_{ad}$, segundo a Tab. 25.1. Obtêm-se, com a introdução de $b \approx 10 m_n$, $m_n = d_1 \cos \beta_1 / z_1$ e

$$U_1 = \frac{1,43 \cdot 10^6 N_1}{d_1 n_1} \text{ [kgf]}$$

a potência transmissível

$$\boxed{N_1 \leqq \left(\frac{d_1}{35,7}\right)^3 \left(\frac{\cos \beta_1}{z_1}\right)^2 C_{ad} n_1} \quad \text{[CV]} \tag{30}$$

ou

$$\boxed{d_1 \geqq 35,7 \left[\frac{N_1}{n_1 C_{ad}} \left(\frac{z_1}{\cos \beta_1}\right)^2\right]^{1/3}} \quad \text{[mm]}. \tag{31}$$

3. DETERMINAÇÃO DE d_1 PELA PRESSÃO NOS FLANCOS

Pelo processo de cálculo para a pressão de Hertz nos flancos dos dentes tem-se, pela Eq. 24

$$\boxed{d_1 \geqq 100 \left[\frac{N_1}{f_z K_{sad} n_1}\right]^{1/3}} \quad \text{[mm]} \tag{32}$$

com f_z pela Fig. 25.9, de acôrdo com a Eq. (26), e com K_{sad} da Tab. 25.1.

TABELA 25.1 — *Dados de referência para* $K_{sad} = K_0 \dfrac{2}{2 + v_F}$ [kgf/mm²] *e para* $C_{ad} = C_0 \dfrac{2}{2 + v_F}$ [kgf/mm²] *para engrenagens helicoidais em funcionamento contínuo com velocidade de escorregamento* v_F [m/s]; *para funcionamento instantâneo, valores até 50% maiores.*

N.°	Associação	C_0 kgf/mm²	K_0 kgf/mm²	E kgf/mm²
1	aço temperado/aço temperado	0,6	0,75/100	21 000
2	aço temperado/bronze	0,54	0,67/100	15 000
3	aço temperado/fund. perlítico	0,48	0,6/100	16 000
4	aço beneficiado/bronze	0,40	0,5/100	14 500
5	aço beneficiado/fund. cinzento	0,28	0,35/100	13 500
6	aço beneficiado/fund. cinzento	0,28	0,35/100	11 000

4. LIMITE DE ENGRIPAMENTO E ESCOLHA DE ÓLEO

O coeficiente de segurança ao engripamento S_F e o coeficiente k_{ens} do óleo (pág. 201 do Vol. II) podem ser previstos por cálculo, ajustando-os às equações de engrenagens cilíndricas (pág. 170 do Vol. II):

$$k_{ens} \geqq \frac{S_F y_F k_C}{\cos \beta_1 y_\beta} \tag{33}$$

y_F segundo a Eq. (47) do Cap. 22 com

$$e_{max} = \cos \beta_{g1} \sqrt{e_n^2 + e_F^2}; \quad e_n \leqq \frac{h_{k\,max}}{\sin \alpha_n}; \quad e_F \approx \frac{d_2 \cdot \sin \delta}{2(i_n + 1)\cos \beta_2} \tag{34}$$

$$k_c \approx K_s^{2/3} E^{1/3} \quad i_n = \frac{z_{2n}}{z_{1n}} \tag{35}$$

y_β pela Tab. 22.24 para $\beta_0 = 0,5(\beta_1 + \beta_2)$

A *viscosidade do óleo* pode ser adotada pela Tab. 22.28 (no limite superior) correspondente a v_F.

25.6. EXEMPLO DE CÁLCULO

1) *Dimensões*. Para um redutor com $\delta = 90°$, $a = 102$ mm, $i = 2$, $\beta_2 = \beta_1 = 45°$ tem-se, pela Eq. (1):

$$\frac{2a}{d_1} = \frac{i \cos \beta_1}{\cos \beta_2} + 1 = 3 \text{ ou } d_1 = \frac{2}{3}a = \underline{68 \text{ mm}}, \; d_2 = 2a - d_1 = \underline{136 \text{ mm}};$$

$$m_n = d_1 \frac{\cos \beta_1}{z_1} = \underline{3,0 \text{ mm}} \text{ pela Eq. (4), para } z_1 = 16, \; z_2 = iz_1 = 32;$$

$$b \approx 10 m_n = 30 \text{ mm}; \quad f_z \approx 3,0, \text{ segundo a Fig. 25.9}.$$

2) *Potência transmissível*. Para $n_1 = 1\,000$ e o material aço temperado/aço temperado tem-se: $K_{sad} \approx 0,21/100$, pela Tab. 25.1, para $v_F = 5,03$ segundo a Eq. (7) e, assim, a potência transmissível pela Eq. (30): $N_1 \leq \underline{2,0 \text{ CV}}$.

3) *Escolha do óleo*. Segundo as Eqs. (33) a (35), obtêm-se $e_{max} = 24,7$ com $e_n = 8,77$, $e_F = 32$ e $\cos \beta g = 0,747$, em seguida $y_F = 5,18$, $k_c = 0,572$, $y_\beta = 0,441$ e, assim, o valor exigido de ensaio do óleo: $k_{ens} \geq 9,5 \, S_F$ para $v = v_1 = 3,56$ m/s. De acôrdo com a Tab. 22.28, a viscosidade exigida do óleo tem $V_{50} \approx 100$ cSt para $v_F = 5,0$.

4) *Rendimento do engrenamento*. Com $\varrho = 5°$ tem-se, pela Eq. (19): $\eta_{zF} = 0,84$.

25.7. BIBLIOGRAFIA

[25/1] *ALTMANN, F. G.:* Bestimmung des Zahnflankeneingriffs bei allgemeinen Schraubgetrieben. Forsch. Ing.-Wes. Vol. 8 (1937) N.º 50.
[25/2] *BUCKINGHAM, E.:* Analytical mechanics of Gears. New York e London: McGraw Hill 1949.
[25/3] *CRAIN, R.:* Schraubenräder mit geradlinigen Eingriffsflächen. Werkstattstechnik Vol. 1 (1907) – Diss. TH. Berlin 1907.
[25/4] *DRECHSEL, O.:* Calcul des engrenages helicoidaux a axes non paralleles. Rev. univ. Mines Vol. 4 (Dez. 1948) pp. 689.712.
[25/5] *GRUNDIG, H. e C. WEBER:* Untersuchung von Schraubrädern mit Evolventenverzahnung. Bericht 143 (1951) der Forschungsstelle für Zahnräder und Getriebebau. TH. München.
[25/6] *HOBBS, H. W.:* Berechnung von Schraubenrädern. Engineering Vol. 151 (1941) pp. 183/4.
[25/7] *MERRIT, H. E.:* Worm Gear Performance. Proc. Instn. mech. Engrs., London Vol. 129 (1935).
[25/8] *SCHIEBEL, A.:* Zahnräder, III Parte Schraubgetriebe. Berlin: Springer 1934.
[25/9] *TRIER, H.:* Die Zahnform der Zahnräder. 1949.
[25/10] *ZEISE, G.:* Korrektur von Schraubenradgetrieben. Werkst. e Betr. Vol. 89 (1956) pp. 313.

26. Transmissões por corrente

26.1. GENERALIDADES

Além das transmissões por corrente, serão abordados resumidamente *os transportadores por corrente* e *as correntes de sustentação* (nas págs. 69, 81 e 84). Dados comparativos em relação a outras transmissões, referentes às propriedades, ao pêso do conjunto e ao custo, podem ser vistos nas págs. 87, 90 e 91 do Vol. II.

1. *CAMPO DE APLICAÇÃO*

Segundo as Figs. 26.1 e 26.3, um ou vários eixos podem ser acionados por um eixo, no mesmo sentido de rotação ou em sentido contrário, e por uma corrente. No entanto, é necessário que tôdas as engrenagens de corrente estejam num plano e os eixos estejam paralelos entre si. Além disso a disposição de todos os eixos deve de preferência ser horizontal, para a corrente não necessitar de guias laterais. A velocidade tangencial pode ser até maior que 20 m/s. Um resumo das mais favoráveis ou menos favoráveis disposições de transmissões simples de corrente mostra a Fig. 26.3.

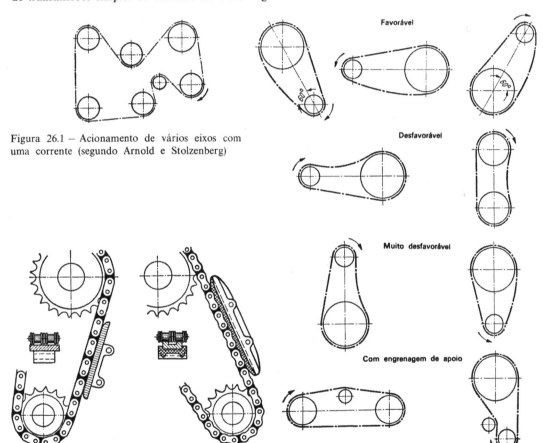

Figura 26.1 – Acionamento de vários eixos com uma corrente (segundo Arnold e Stolzenberg)

Figura 26.2 – Transmissão de corrente com amortecedor de oscilações através de guias de borracha (segundo Bensinger)

Figura 26.3 – Disposições favoráveis e desfavoráveis para transmissões por corrente com duas engrenagens. Os eixos das engrenagens são horizontais (segundo Arnold e Stolzenberg)

O campo de aplicação das transmissões de corrente ainda pode ser aumentado através de dispositivos especiais e da seguinte forma:

para grandes choques periódicos e grandes velocidades tangenciais através de amortecedores especiais de oscilação, segundo a Fig. 26.2, a fim de limitar as oscilações da corrente;

para distâncias muito grandes entre eixos através da introdução de engrenagens de apoio ou de guias, segundo a Fig. 26.4, a fim de diminuir a solicitação da corrente devido ao pêso próprio da mesma;

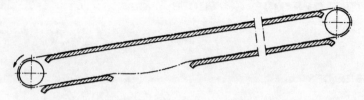

Figura 26.4 – Guias para diminuir a protensão devida ao pêso próprio em grandes distâncias entre eixos

para engrenagens motriz e acionada, dispostas uma sôbre a outra através do esticador de corrente, segundo as Figs. 26.5 e 26.6, a fim de possibilitar a protensão na corrente no movimento em vazio. A potência transmissível da transmissão por corrente é limitada, para uma velocidade média ou maior, através do desgaste das articulações (vida), e para pequenas velocidades, através da resistência à fadiga pelas peças da corrente. Além disso, a enorme protensão na corrente devido à alta velocidade deve ser observada pela fôrça centrífuga; ademais, para várias correntes associadas paralelamente (correntes duplas e triplas), que absorvem cargas desiguais sôbre a sua largura, nas correntes desprotegidas e insuficientemente lubrificadas, tem-se um desgaste bem maior.

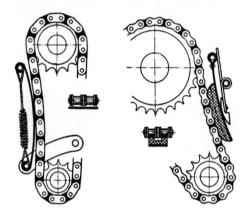

Figura 26.5 – Esticador de corrente elástico para correntes curtas (segundo Bensinger)

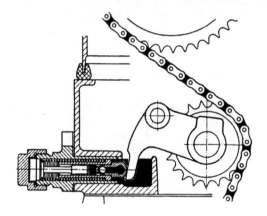

Figura 26.6 – Esticador hidráulico de corrente (segundo Bensinger)

2. FUNCIONAMENTO

A transmissão de fôrça entre a corrente e a engrenagem completa-se através do casamento em forma e de formas entre os dentes das engrenagens e os elos da corrente[1]. A corrente apóia-se como polígono (forma de vários cantos) sôbre a engrenagem de corrente (Fig. 26.23). Devido a isso aparecem pequenas oscilações na alavanca útil da fôrça tangencial e daí também na velocidade da corrente e na fôrça da corrente (efeito poligonar). Além disso, os elos são isoladamente articulados entre si sob um ângulo 2, no enrolar e desenrolar da corrente (Fig. 26.23). Do trabalho de atrito que aqui aparece obtém-se a potência perdida e o desgaste das transmissões de corrente. Como desgaste nas articulações da corrente aumenta o passo útil, portanto a corrente apóia-se sôbre um maior círculo da engrenagem. No caso extremo, ultrapassa-se, enfim, o círculo de cabeça e a corrente escapa da engrenagem. (Fig. 26.29).

3. CORRENTES DE TRANSMISSÃO

1) *Correntes de rolos* (Fig. 26.7). Elas se compõem de elementos internos e externos, onde as talas são permanentemente ligadas através de pinos e buchas; sôbre as buchas são ainda colocados rolos (pedaços tubulares). A Fig. 26.9 mostra a configuração do elo de fechamento. Ao lado das correntes simples de rolos (Fig. 26.7) utilizam-se ainda correntes duplas e triplas de rolos (Fig. 26.8) para maiores potenciais.

Fabricação: As talas são estampadas de fitas de aço; os rolos e buchas são repuxados de chapa de aço ou enrolados de fitas de aço; os pinos são cortados de arames de aço. As peças prontas isoladamente são beneficiadas ou temperadas para aproximadamente 60 Rockwell.

[1] Existem também transmissões de corrente com relações de multiplicação variável (por exemplo a conhecida transmissão *PIV*), onde a fôrça tangencial é transmitida pelo encaixe lateral entre a corrente e os discos duplos cônicos ranhurados radialmente, ou pelo atrito lateral entre a corrente e os discos duplos cônicos e lisos.

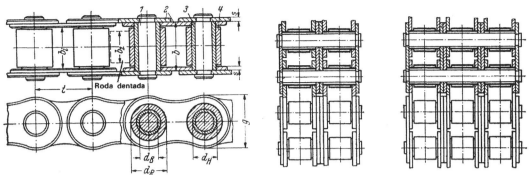

Figura 26.7 – Corrente simples de rolos: 1 pino; 2 tala externa e interna; 3 bucha remachada na tala interna 2; 4 rôlo, com rotação livre sôbre a bucha 3

Figura 26.8 – Corrente dupla e tripla de rolos

2) *Correntes de buchas* (Fig. 26.10). Elas se distinguem das correntes de rolos através da falta dos rolos. Correspondentemente, as buchas e os pinos podem ser executados um pouco mais grossos, de tal forma que a carga de ruptura para o mesmo passo de corrente é maior do que no primeiro caso (1). Mas como nas correntes de buchas o ruído e o desgaste são um pouco maiores, prefere-se, na maioria das vêzes, a corrente de rolos.

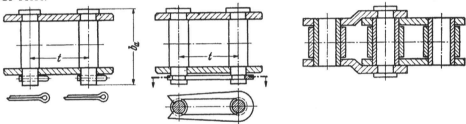

Figura 26.9 – Elos de fechamento para uma corrente de rolos; à esquerda, elo externo com coupilhas; no centro, elo externo com trava elástica; à direita, elo rebaixado para uma corrente com um número ímpar de elos (evitar preferivelmente!)

3) *Corrente de dentes* (Fig. 26.11). Nesta há, sôbre cada pino articulado, várias talas dispostas uma ao lado da outra, onde cada segunda tala pertence ao próximo elo da corrente. Dessa maneira, podem-se construir correntes bem largas e respectivamente resistentes. Além disso, mesmo com o desgaste, o passo fica de elo a elo vizinho igual, pois entre êles não existe diferença[2].

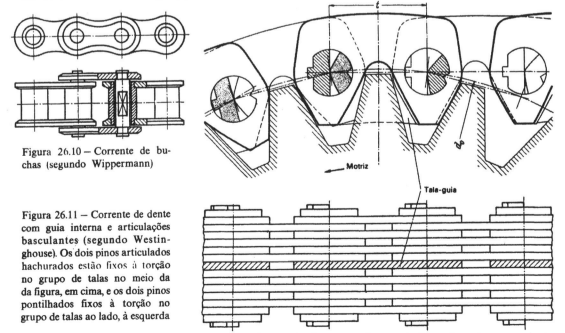

Figura 26.10 – Corrente de buchas (segundo Wippermann)

Figura 26.11 – Corrente de dente com guia interna e articulações basculantes (segundo Westinghouse). Os dois pinos articulados hachurados estão fixos à torção no grupo de talas no meio da figura, em cima, e os dois pinos pontilhados fixos à torção no grupo de talas ao lado, à esquerda

[2] Nas correntes de rolos e buchas alternam-se elos com buchas e com pinos; portanto, no desgaste, o passo de elo a elo vizinho torna-se desigual (ver Fig. 26.9).

Os pinos de articulação da corrente de dente são construídos principalmente em forma basculante (Fig. 26.11) para apresentar um desgaste especialmente pequeno nas articulações. Para a guia lateral da corrente utilizam-se talas especiais de guia (Fig. 26.11). De acôrdo com a sua posição, distinguem-se correntes com guia interna ou externa. Como as articulações basculantes só permitam um ângulo de dobramento de aproximadamente 30°, o número mínimo de dentes da engrenagem de corrente é 12; além disso, a corrente de dentes com articulações basculantes normalmente não pode ser mais desdobrada do que a posição retilínea.

4) *Outras transmissões de corrente.* Para pequenas velocidades tangenciais (até 2 m/s) utilizam-se também, para o funcionamento rude (por exemplo máquinas agrícolas), correntes com elos fundidos em forma de correntes com pinos de aço (Fig. 26.13) ou de correntes de articulação desmontável (Fig. 26.12).

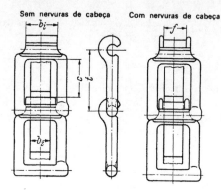

Figura 26.12 – Corrente de articulação desmontável (segundo Stotz)

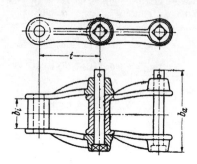

Figura 26.13 – Corrente com pino de aço (segundo Stotz)

4. ENGRENAGENS DE CORRENTE

O círculo divisor das engrenagens de corrente com o diâmetro d_0 (Fig. 26.15) é o círculo que passa pelos pontos médios das articulações da corrente sobreposta, portanto o círculo circunscrito aos vértices do polígono, onde a corrente se apóia sôbre a engrenagem. O passo no círculo primitivo t_b (medido como arco sôbre o círculo primitivo) é, portanto, um pouco maior do que o passo da corrente t (distância entre os pontos médios das articulações). Através de t e d_0 determina-se o ângulo de divisão 2α: $t/d_0 = \text{sen } \alpha$.

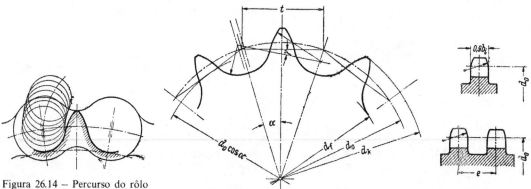

Figura 26.14 – Percurso do rôlo no engrenamento do elo da corrente (segundo Arnold e Stolzenberg)

Figura 26.15 – Engrenagem de corrente para correntes de rolos e de buchas

A *forma do dente* das engrenagens de corrente deve, em primeiro lugar, permitir o livre engrenamento de entrada (Fig. 26.14). A configuração da forma do dente pode continuar segundo as exigências construtivas e o desejado apoio da corrente (ângulo dos flancos γ).

Nas engrenagens de corrente para correntes de rolos e de buchas (Fig. 26.15) o ângulo dos flancos γ pode ser variado num campo maior. Com γ maior, as influências não desejadas diminuem devido ao alongamento desigual dos elos da corrente, mas cresce a protensão no lado em vazio e, provàvelmente, também o ruído de batida do elo de corrente. O perfil dos flancos da engrenagem de corrente compõe-se[3] geralmente durante a construção pelo processo divisor de dois arcos circulares.

[3] O perfil seguinte ao arredondamento do pé do dente pode também apresentar-se com um ângulo constante de flanco γ (forma trapezoidal do dente) ou com um ângulo de pressão constante (ângulo entre os flancos do dente e a radial); para ambas as configurações, podem-se deixar valer vantagens.

As engrenagens para as correntes de dente (Fig. 26.10) têm dentes de flancos retos, onde o ângulo entre os flancos, sôbre o qual se apóia um elo de corrente, compreende 60°. Respectivamente a esta determinação, o ângulo entre o flanco esquerdo e o direito de um dente é menor para um número menor de dentes. Os flancos dos dentes dos elos da corrente devem ser construídos um pouco abaulados, segundo a altura, para evitar um apoio de canto.

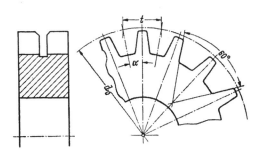

Figura 26.16 – Engrenagem de corrente para corrente de dentes

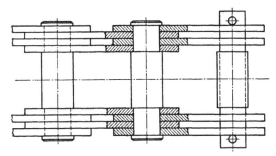

Figura 26.17 – Corrente Gall com $j' = 4$ talas por elo

5. CORRENTES DE TRANSPORTE E DE CARGA

Utilizam-se, para tanto, além das correntes de transmissão apresentadas, ainda as correntes de Gall (Fig. 26.17) e a corrente normal de aço redondo (Fig. 26.18). Para a sua utilização como corrente transportadora elas são armadas com ganchos, canecas ou travessões sobrepostos (nas últimas, duas correntes paralelas são associadas por meio de travessões sobrepostos). As correntes simples e robustas de aço redondo têm ainda a vantagem de poderem ser dobradas em qualquer direção (espacialmente). A velocidade

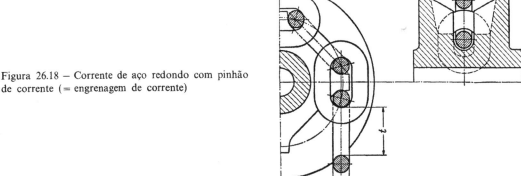

Figura 26.18 – Corrente de aço redondo com pinhão de corrente (= engrenagem de corrente)

admissível compreende para as correntes de Gall aproximadamente 0,3 m/s e para as correntes de aço redondo aproximadamente 1 m/s. Para a capacidade de carga das correntes de transporte e de carga, ver pág. 81. Além disso, existem correntes de transporte e ainda numerosas outras configurações, como correntes Kardan (para movimentos espaciais), correntes de placas, correntes de fita dobradiças, corrente de rôlo de barra e assim por diante.

26.2. TRANSMISSÃO DE FÔRÇA E FÔRÇAS APARENTES

1. DESIGNAÇÕES E DIMENSÕES

a	[mm]	distância entre eixos	d_0	[mm]	diâmetro do círculo primitivo
A	[mkgf]	trabalho	d_B, d_H	[mm]	diâmetro do pino ou bucha
b	[m/s^2]	aceleração	d_K	[mm]	diâmetro do círculo de cabeça
b_a, b_i	[mm]	largura externa e interna da corrente	d_R	[mm]	diâmetro dos rolos
			f	[mm^2]	superfície de articulação = $d_B b_H$
b_H	[mm]	comprimento da bucha	f_0	[1/s]	freqüência da oscilação
b_N	[mm]	comprimento nominal da corrente do dente	g	[m/s^2]	aceleração da gravidade = 9,81
			G	[kgf/m]	pêso da corrente por um m de comprimento
b_z	[mm]	largura do dente			
C_1, C_2, C_3, C_s		coeficientes	H_B	[kgf/mm^2]	dureza Brinell

i	–	relação de multiplicação = z_2/z_1	s	[mm]	espessura da tala
j, j'	–	número de fileiras de corrente, das talas solicitadas	t	[mm]	passo da corrente
			t_b	[mm]	passo sôbre o círculo primitivo em arco
k	[kgf/mm²]	pressão nos flancos (pressão de rolamento)	U, U_m	[kgf]	fôrça tangencial, média
l	[m]	comprimento da extremidade livre da corrente	U_F	[kgf]	fôrça centrífuga na corrente
			U_P, U_v	[kgf]	fôrça poligonal, fôrça de protensão
L_k, L_{kw}	[m]	verdadeiro comprimento da corrente	v	[m/s]	velocidade tangencial
			v_A	[m/s]	velocidade de choque
L_v	[h]	vida a plena carga	W	[mm³]	quantidade de material desgastável
m	[kgfs²/m]	massa			
M	[kgfm]	momento de torção	x	–	número de elos da corrente
N, N_m	[CV]	potência, potência nominal	z_1, z_2	–	número de dentes da engrenagem pequena, da engrenagem grande
N_0	[CV]	potência relativa			
n	[rpm]	rotação	2α	[°]	ângulo de divisão = $360°/z$
n_k	[rpm]	rotação crítica	β	[°]	ângulo de abraçamento
p	[kgf/mm²]	pressão na articulação = P/f	γ	[°]	ângulo dos flancos
p_L	[kgf/mm²]	= U_F/f	δ	[mm]	espessura do aço redondo
p_R	[kgf/mm²]	$p + p_L = (U + 2 U_F)/f$	η_G	–	rendimento devido ao atrito da articulação
P	[kgf]	fôrça de tração na corrente = $U + U_F$			
			μ	–	coeficiente de atrito
P_B	[kgf]	fôrça de ruptura	$\sigma, \sigma_t, \sigma_f$	[kgf/mm²]	tensão normal
P_L, P_Z	[kgf]	fôrça longitudinal, fôrça no dente	τ	[kgf/mm²]	tensão de cisalhamento
P_F	[kgf]	fôrça centrífuga, radial	φ	[°]	ângulo de torção
P_A	[kgf]	fôrça de choque	ω	[1/s]	velocidade angular
q	[mm³/mkgf]	coeficiente de desgaste	Índices 1, 2 para a engrenagem pequena, engrenagem grande		
S_B	–	coeficiente de segurança = $P_B P_{max}$			

2. TRANSMISSÃO DE FÔRÇA

A transmissão de fôrça tangencial U da corrente sôbre a engrenagem verifica-se escalonadamente, segundo a Fig. 26.19, diminuindo a fôrça longitudinal P_L de dente para dente. A distribuição de fôrças representada na Fig. 26.19 dá-se pela condição de que em todo ponto de articulação a soma de fôrças (fôrças longitudinais P_L e fôrça normal P_Z no dente) deve ser nula. Do plano de fôrças vê-se que a fôrça restante no pedaço em vazio (por exemplo P_{L4} na Fig. 26.19) é tanto maior quanto menor o ângulo de abraçamento na engrenagem de corrente e maior o ângulo dos flancos γ.

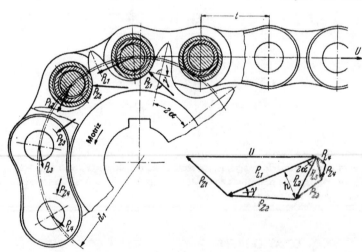

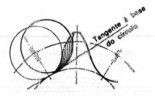

Figura 26.19 — Transmissão de fôrça da engrenagem de corrente para a corrente de rolos com o plano Cremona (à esquerda, embaixo) das fôrças aparentes

Figura 26.20 — Desgaste do dente na engrenagem de corrente para uma corrente de rolos (segundo Arnold e Stolzenberg)

Com a diminuição da fôrça longitudinal P_L tangente à engrenagem varia também o comprimento dos elos. Respectivamente, os elos já engrenados deslocam-se um pouco sôbre os dentes da engrenagem. Com isso aparece um determinado desgaste nos flancos dos dentes (Fig. 26.20).

3. FÔRÇA TANGENCIAL U

Com a potência e rotação constantes na engrenagem motriz oscila, devido ao efeito poligonal (comparar com o parágrafo 6), a velocidade da corrente v em tôrno de um valor médio v e, com esta, a velocidade tangencial em tôrno do valor médio U. Para o cálculo dêste através da potência ou momento a serem transmitidos, têm-se:

$$U = \frac{75 N}{v} = \frac{4,5 \cdot 10^6 N}{ztn} \approx \frac{1,43 \cdot 10^6 N}{d_0 n},$$
$$U = \frac{2\pi \cdot 10^3 M}{zt} \approx \frac{2 \cdot 10^3 M}{d_0}.$$

Aqui se introduziram

$$v = \frac{tzn}{60 \cdot 10^3} \approx \frac{d_0 n}{19,1 \cdot 10^3}; \quad d_0 = \frac{t_b z}{\pi} \approx \frac{tz}{\pi} \text{ [m/s]},$$

devendo os sinais $\approx$ lembrar a diferença desprezada entre os passos da corrente t e do círculo primitivo t_b.

4. FÔRÇA DE PROTENSÃO U_v

A fôrça necessária de protensão no lado em vazio é igual à fôrça restante (por exemplo igual a P_{L4} na Fig. 26.19). Ela pode ser calculada pela diminuição da fôrça tangencial. Segundo o plano de fôrças representado na Fig. 26.19 (à direita), tem-se

$$h = P_{L2} \operatorname{sen}(2\alpha) = P_{z2} \operatorname{sen} \gamma \quad \text{e} \quad P_{L1} = P_{L2} \cos(2\alpha) + P_{z2} \cos \gamma.$$

Daí se obtêm

$$P_{L1} = P_{L2} \left[\cos(2\alpha) + \frac{\operatorname{sen}(2\alpha) \cos \gamma}{\operatorname{sen} \gamma} \right] = P_{L2} \frac{\operatorname{sen}(2\alpha + \gamma)}{\operatorname{sen} \gamma} \quad \text{e:}$$

$$\boxed{P_{L2} = P_{L1} \frac{\operatorname{sen} \gamma}{\operatorname{sen}(2\alpha + \gamma)} = P_{L1} \frac{\operatorname{sen} \gamma}{\operatorname{sen}(360/z + \gamma)}} \quad (1)$$

Com z_b dentes no arco de abraçamento da corrente, a fôrça restante fica

$$\boxed{U_v = U \left[\frac{\operatorname{sen} \gamma}{\operatorname{sen}(360/z + \gamma)} \right]^{z_b}} \quad (2)$$

Introduzindo-se o ângulo de abraçamento β tem-se $z_b = \dfrac{\beta z}{360}$. A fôrça restante pràticamente fica muito pequena. Ela será, por exemplo, para um ângulo de abraçamento $\beta = 120°$, para $z_1 = 19$: $U_v = 2,1\%$ de U, e para $z = 11$: $U_v = 4\%$ de U. A fôrça de protensão disponível no lado em vazio pode ser determinada através da Fig. 26.24 pela flecha h/l. Ela é, muitas vêzes, maior do que o necessário[4]. Êste excesso de S (fôrça de protensão disponível em relação à necessária U_v) provoca um deslocamento contínuo da corrente sôbre os dentes da engrenagem. Enquanto isso crescem os movimentos relativos entre a corrente e a engrenagem com o aumento do alongamento da corrente. Êste aparecimento deve contribuir principalmente para o desgaste das engrenagens de corrente (ver Fig. 26.20).

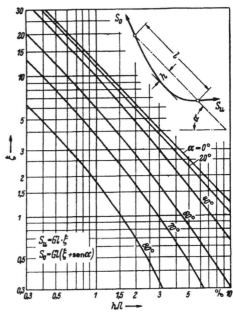

Figura 26.21 — Gráfico para o cálculo das fôrças da corrente S_0 e S_u através da flecha h em relação à corda l para diversas posições inclinadas α (também válido para o lado em carga); G (kgf/m) = pêso da corrente por m de comprimento; l (m) = comprimento de um lado da corrente

---

[4] Adota-se, até hoje, para a flecha, um acréscimo no comprimento da corrente, de acôrdo com a Eq. (14).

5. FÔRÇA CENTRÍFUGA P_F E COMPONENTE U_F

A fôrça centrífuga radial aparente P_F no ponto de articulação da corrente (ver Fig. 26.22) compõe-se de:

$$P_F = \frac{10^3 mv^2}{r_0} = \frac{G}{g}v^2\, 2\,\text{sen}\,\alpha, \quad \text{pois}\quad m = \frac{G}{g}\frac{t}{10^3} \quad \text{e} \quad r_0 = \frac{t}{2\,\text{sen}\,\alpha}.$$

Da decomposição da fôrça centrífuga radial P_F nas duas componentes U_F, segundo as direções dos dois elos da corrente, obtém-se:

$$\frac{0,5\,P_F}{U_F} = \text{sen}\,\alpha$$

e assim

$$\boxed{U_F = \frac{P_F}{2\,\text{sen}\,\alpha} = \frac{G}{g}v^2} \tag{3}$$

Dêsse modo U_F é independente de α e do número de dentes da engrenagem de corrente. Com o aumento da velocidade tangencial v, U_F adquire valores bem grandes. Por exemplo $U_F = 18$ kgf para uma corrente simples de rolos, $t = 12,7$ mm para $v = 16$ m/s em relação à fôrça tangencial admissível de $U = 26$ kgf, segundo a Fig. 26.32 ou $U = 94$ kgf, segundo a Fig. 26.33 ($z_1 = 19$; $n_1 = 4\,000$ rpm).

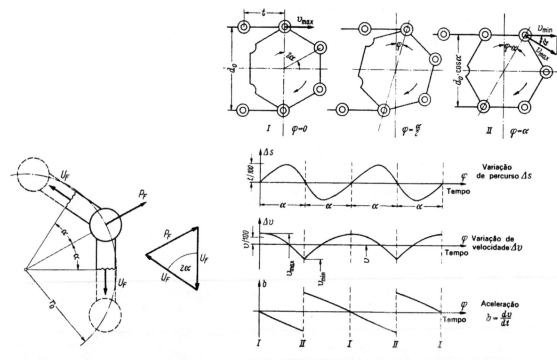

Figura 26.22 – Decomposição da fôrça centrífuga P_F nas componentes tangenciais U_F

Figura 26.23 – Conseqüências devido ao efeito poligonal sôbre a movimentação da corrente com rotação constante na engrenagem de corrente, representado simbòlicamente pela engrenagem de 6 dentes em relação ao ângulo de rotação φ; $\Delta v_{max} = 4,5\, v/100$

6. EFEITO POLIGONAL E FÔRÇA POLIGONAL U_P

Devido à forma do apoio da corrente de vários vértices sôbre a engrenagem, o diâmetro útil da engrenagem varia, segundo a Fig. 26.23, entre d_0 e $d_0 \cos \alpha$ e, respectivamente, a velocidade da corrente, entre $v_{max} = \omega d_0/2\,000$ e $v_{min} = \cos \alpha\, \omega d_0/2\,000$.

Com a introdução das relações geométricas (ver Fig. 26.23), $d_0 = t/\text{sen}\,\alpha$, $2\alpha = 2\pi/z$ medido em arco, $= 360/z$ em graus, e do ângulo de rotação φ obtém-se, geralmente, as igualdades de movimento no campo $\varphi = -\alpha$ até $+\alpha$:

percurso $s + \Delta s = \dfrac{t \, \text{sen} \, \varphi}{2 \, \text{sen} \, \alpha}$ com $\Delta s_{max} \approx \dfrac{t}{3,2 \, z^2}$ para $\cos \varphi = \dfrac{\text{sen} \, \alpha}{\alpha}$;

velocidade $v + \Delta_v = \dfrac{\omega t \cos \varphi}{2 \cdot 10^3 \, \text{sen} \, \alpha}$ com $\Delta v_{max} \approx \dfrac{\omega t}{3,8 \cdot 10^3 \, z}$ para $\varphi = 0$;

$$v = v_{\text{médio}} = \dfrac{\omega t z}{2 \cdot 10^3 \, \pi}, \quad v_{max} = \dfrac{\omega d_0}{2 \cdot 10^3} = \dfrac{\omega t}{2 \cdot 10^3 \, \text{sen} \, \alpha},$$

$$v_{min} = \dfrac{\omega d_0}{2 \cdot 10^3} \cos \alpha = \dfrac{\omega t}{2 \cdot 10^3 \, \text{tg} \, \alpha};$$

aceleração $b = -\dfrac{\omega^2 t \, \text{sen} \, \varphi}{2 \cdot 10^3 \, \text{sen} \, \alpha}$ com $b_{max} = \dfrac{\omega^2 t}{2 \cdot 10^3}$ para $\varphi = \alpha$.

Oscilação longitudinal da corrente e fôrça poligonal U_P. Da oscilação periódica da velocidade v, obtêm-se oscilações e fôrças adicionais U_P na direção longitudinal da corrente. Evitando-se a ressonância, isto é, uma diferença suficiente entre a freqüência própria da corrente e a do dente — a fôrça poligonal conserva-se relativamente pequena, pois a passagem e o alongamento elástico da parte livre da corrente atuam como mola. No campo da ressonância, isto é, quando o número de elos l/t da parte livre da corrente (comprimento l) alcança a grandeza $l/t = 0,5 \cdot 10^3/v$, U_P pode, no entanto, crescer até a grandeza da fôrça de tração $U + U_F$. Como a corrente não admite nenhuma fôrça de compressão, o processo de oscilação interrompe esta grandeza, começa mais uma vez e interrompe novamente. O acionamento funciona, assim, muito desuniformemente.

Oscilação transversal da corrente. Aqui também valem as igualdades de movimento normais acima, com a introdução de $\cos \varphi$ em vez de $\text{sen} \, \varphi$, ou com a introdução de $\text{sen} \, \varphi$ em vez de $\cos \varphi$.

Consideração para U_P. Sob a consideração do alongamento elástico numa parte da corrente, pode-se admitir, como primeira aproximação[5,6]:

$$U_P = P_E \varepsilon_{max}; \quad \varepsilon_{max} = \left(\dfrac{ds}{dx}\right)_{max} \approx \dfrac{2v}{z^2} \sqrt{\dfrac{G}{P_E g}} \left|\dfrac{1}{\text{sen} \, \psi}\right|; \quad \psi = 2\pi v \dfrac{l}{t} \sqrt{\dfrac{G}{P_E g}}$$

e P_E como fôrça ideal para alongar elàsticamente a parte da corrente sem carga num comprimento dobrado. Para as correntes de rolos tem-se $P_E \approx 40 \, P_B$ e $\sqrt{\dfrac{G}{P_E g}} \approx \dfrac{1}{1000}$ s/m, portanto

$$U_P = P_B \dfrac{v}{12,5 \, z^2} \dfrac{1}{\text{sen} \, \psi} \leq U + U_F \quad \text{e} \quad \psi = 2\pi \dfrac{l}{t} \dfrac{v}{10^3}.$$

Como exemplo, calculou-se aqui U_P para uma corrente de rolos em função de v e z, como representado na Fig. 26.24. Em comparação com a Fig. 26.32, U_P é relativamente pequeno para a fôrça admissível da corrente $U + U_F \approx 150$ kgf para $v = 1$, e $U + U_F \approx 100$ kgf para $v = 10$ m/s, contanto que $1/\text{sen} \, \psi$ não passe ao ∞, daí $v \approx 500 \, t/l$ ou para um múltiplo dêle.

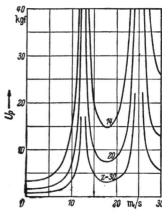

Figura 26.24 — Fôrça poligonal U_P em função da velocidade v e do número de dentes z para uma corrente de rolos com $t = 12,7$ mm, $l/t = 40$ e $P_B = 1\,800$ kgf

[5] Segundo uma pesquisa de W. Richter na FZG de München.

[6] O critério de Worobjew [26/4] não considera o alongamento elástico da corrente e introduz, por isso, tôda a massa da corrente e do acionamento como massa acelerada, obtendo valores muito grandes para U_P.

7. FÔRÇA DE CHOQUE P_A

No engrenamento sôbre a engrenagem, os elos da corrente batem, por meio de choques, nos dentes da engrenagem. Com isso a energia cinética A_m da massa em choque deve ser absorvida como trabalho de deformação (trabalho de choque) A_s sôbre os lugares de apoio.

Consideração para P_A. A energia cinética da massa em choque m é:

$$A_m = \frac{m}{2} v_A^2 = \frac{Gt}{2 \cdot 10^3 g} \left[\frac{\omega t}{10^3} \operatorname{sen}(2\alpha + \gamma)\right]^2 = \frac{Gt}{2 \cdot 10^3 g}\left[\frac{2v\pi}{z_1}\operatorname{sen}(2\alpha+\gamma)\right]^2,$$

como $\dfrac{m}{2} = \dfrac{Gt}{2 \cdot 10^3 g}$ · a velocidade de choque normal ao flanco do dente

é
$$v_A = \frac{\omega t}{10^3}\operatorname{sen}(2\alpha+\gamma) \quad \text{e} \quad \omega = \frac{2 \cdot 10^3 v\pi}{tz_1}.$$

Por outro lado, o trabalho de deformação $A_s \approx \dfrac{P_A f_A}{2 \cdot 10^3} = \dfrac{P^2 A}{2 \cdot 10^3 C} = \dfrac{3P^2 A}{2 \cdot 10^3 b_z E}$, pois o percurso de deformação $f_A = P_A/C$ [mm], e a constante elástica $C \approx b_z E/3$ [kgf/mm], com a largura do dente b_z e o módulo de elasticidade E [kgf/mm²].

Igualando-se $A_m = A_s$ tem-se

$$P_A = \sqrt{\frac{Gtb_z E}{3g}} \frac{2\pi v}{z_1}\operatorname{sen}(2\alpha+\gamma).$$

Com a introdução de $E = 2,1 \cdot 10^4$ kgf/mm² e a aceleração de gravidade $g = 9,81$ m/s² obtém-se

$$\boxed{P_A = 168\sqrt{tb_z G}\,\frac{v}{z_1}\operatorname{sen}(2\alpha+\gamma)} \qquad (4)$$

Grandeza de P_A. Para $\gamma = 15°$ e $2\alpha = 360/z$ dá-se, por exemplo, para uma corrente de rolos com $t = 12,7$ mm, $G = 0,7$ kgf/m e $b_z = 7$ mm:

	$v =$	5	10	20	30 m/s
$z_1 = 10$	$P_A =$ [kgf]	515	1030	2060	3090
20		180	360	720	1085
30		100	200	400	600

Portanto a fôrça de choque P_A é grande e precisa ser absorvida pelo rôlo e o flanco do dente como pressão dos flancos k. Ela exige, para maiores velocidades e principalmente para pequenos z_1, uma resistência dos flancos grande (alta dureza da superfície).

26.3. SOLICITAÇÕES NAS CORRENTES DE TRANSMISSÃO

1. PARA CORRENTES DE ROLOS E DE BUCHAS

Da fôrça resultante de tração P na corrente, obtém-se as seguintes solicitações:

1) pressão de articulação (pressão superficial média nos pinos), segundo a Fig. 26.25: $p = P/f$; com a superfície de articulação $f = b_H d_B$;[7]

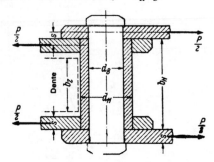

Figura 26.25 — Para o cálculo das solicitações no pino

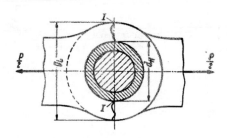

Figura 26.26 — Para o cálculo da máxima tensão na tala interna

[7] A pressão superficial nos limites das talas de tração (Fig. 26.7) é, antes, muito maior do que p, até o desgaste introduzir uma certa compensação. Num amaciamento prematuro da corrente, pode-se descontar o desgaste inicial e, assim, o alongamento de amaciamento da corrente.

2) tensão de flexão do pino (Fig. 26.25): $\sigma_r = \dfrac{P_s}{2W_f}$, com $W_f = \dfrac{\pi d^3 B}{32}$;

3) tensão de cisalhamento do pino (Fig. 26.25): $\tau = \dfrac{P}{2f_B}$, com a secção transversal $f_B = \dfrac{\pi d^3 B}{4}$;

4) máxima tensão de tração na tala interna (Fig. 26.26): $\sigma_z = \dfrac{P}{2f_L}$, com a secção transversal $f_L =$
$= (g_L - d_H)s$. Ela aparece na secção transversal II.

5) pressão nos flancos (pressão de rolamento) k; ela aparece entre rôlo (ou bucha) e dente da engrenagem: $k \approx \dfrac{P_A}{d_R b_z}$, com largura do dente $b_z \approx 0{,}9\, b_i$ e o diâmetro do rôlo (ou bucha) d_R.

Segundo a Eq. (4), pode-se também calcular, com a introdução de $P_A \leqq k_{ad} d_R b_z$, a rotação-limite $n_{1\,ad}$, onde $k = k_{ad}$. Ela é, para as correntes comuns de rolos,

$$n_{1\,ad} \approx \dfrac{2\,500\, k_{ad}}{t\, \text{sen}\,(2\alpha + \gamma)}$$

Com $2\alpha = 360°/z_1$; $\gamma = 12°$ a $19°$ e k_{ad} segundo o parágrafo 3.

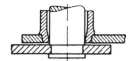

Figura 26.27 — Estreitamento do diâmetro da bucha por meio de remachamento da bucha na tala. Ela apresenta uma elevação da pressão superficial na extremidade da bucha e provoca no amaciamento um alongamento na corrente

2. NAS CORRENTES DE DENTE

A tala dentada (Fig. 26.28) é solicitada pela fôrça de tração por tala P/j', a tração e flexão:

$$\sigma = \sigma_t + \sigma_f, \quad \sigma_t = \dfrac{P}{j' g_z s}, \quad \sigma_f = \dfrac{Ph}{j' W_f} \quad \text{com} \quad W_f = \dfrac{s g_z^2}{6}.$$

3. MATERIAIS E TENSÕES ADMISSÍVEIS NAS CORRENTES DE DENTE

1) *Talas:* geralmente de St 60.11 com $\sigma_t \leqq 8{,}5$; beneficiado com $\sigma_t \leqq 12$.

2) *Pinos, buchas e rolos:* geralmente de aço beneficiado segundo a DIN 17 200, com a dureza Brinell $H_B \approx 450$; mas também com o aço de cementação segundo a DIN 17 210, por exemplo de aço C 15; pressão de articulação p, de acôrdo com a respectiva vida, Eq. (25): $\sigma \leqq 10$, $\tau \leqq 7$, $k_{ad} = 0{,}14\,(H_B/100)^2$, por exemplo $k_{ad} = 2{,}8$ para $H_B = 450$.

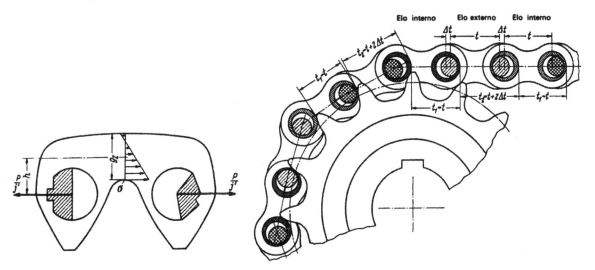

Figura 26.28 — Distribuição de tensões na tala de uma corrente de dentes

Figura 26.29 — Apoio desigual de uma corrente de buchas sôbre uma engrenagem de corrente devido ao desgaste

26.4. ATRITO DE ARTICULAÇÃO, VIDA E RENDIMENTO

1. ALONGAMENTO DA CORRENTE

Devido ao dobramento dos elos da corrente sob carga, na entrada e na saída do engrenamento sôbre as engrenagens, aparece um desgaste nas articulações, de tal maneira que o passo útil cresce em média de Δt e o comprimento da corrente de $\Delta t x$. A corrente então não abraça mais a engrenagem no diâmetro do círculo teórico primitivo d_0, mas num diâmetro maior $d_{0w} = d_0 \dfrac{t + \Delta t}{t} = d_0 \left(1 + \dfrac{\Delta t}{t}\right)$.

Nas correntes com elos internos e externos, portanto de construção desigual de elo para elo vizinho, o acréscimo do passo para o elo interno e externo é de grandeza desigual, dando um apoio desigual, de acôrdo com a Fig. 26.29. Nesses tipos de correntes (correntes comuns de rolos e de buchas) o passo útil t_1 fica quase inalterado para o 1.° elo (elo interno), enquanto que o passo t_2 cresce de $2\Delta t$ para o 2.° elo (elo externo): $t_1 = t$, $t_2 = t + 2\Delta t$ e $\dfrac{t_1 + t_2}{2t} = 1 + \dfrac{\Delta t}{t}$.

Nas correntes de mesma construção de elo para elo vizinho (por exemplo nas correntes de dente) o passo fica, no entanto, com grandeza igual de elo para elo vizinho, mesmo com o desgaste:

$$t_1 = t_2 = t + \Delta t \quad \text{e} \quad \dfrac{t_1 + t_2}{2t} = 1 + \dfrac{\Delta t}{t}.$$

2. LIMITE DO ALONGAMENTO DA CORRENTE E DIÂMETRO DO CÍRCULO DE CABEÇA d_k

O limite para Δt é alcançado quando os apoios dos elos da corrente sôbre os flancos dos dentes ultrapassam o diâmetro do círculo de cabeça. Êste caso aparece quando o diâmetro útil do círculo primitivo $d_{0w} = d_0 \left(1 + \dfrac{\Delta t}{t}\right) \geq d_k + d_R \operatorname{sen} \gamma$. Respectivamente, d_k precisa alcançar, no mínimo,

$$\boxed{d_k \geq 1{,}02\, d_0 - d_R \operatorname{sen} \gamma} \tag{5}$$

para $\Delta t/t = 2/100$, com d_R como diâmetro externo dos rolos ou buchas da corrente e γ como ângulo dos flancos, segundo a Fig. 26.19.

3. CRITÉRIO PARA O DESGASTE NAS ARTICULAÇÕES, VIDA E p_{ad}

Em primeira aproximação, pode-se fixar como quantidade de material desgastado $W_{total} = \Delta t f x$ [mm³], nas articulações, durante um tempo de funcionamento L_v (vida a plena carga em horas) proporcional ao trabalho total de atrito A_{total} [mkgf] nas articulações com $f = d_B b_H$.

Para um dobramento do elo da corrente de um ângulo 2α na entrada e saída da engrenagem, o trabalho de atrito realizado nas articulações sob a fôrça longitudinal P é:

$$A_1 = \mu P 2\alpha \dfrac{d_B}{2 \cdot 10^3} = \mu P \dfrac{\pi d_B}{z\, 10^3} \text{ [mkgf]}$$

com $2\alpha = 2\pi/z$, diâmetro do pino d_B e coeficiente de atrito μ. A fôrça longitudinal P proporcional ao desgaste constitui-se principalmente de $P = U + U_F$ no lado sob carga, ou $P = U_F$ no lado sem carga, pois a fôrça de protensão U_v e a fôrça poligonal U_P (além do campo de ressonância) em relação a P são pequenas (ver págs. 71 e 73). Correspondentemente, tem-se, para os 4 dobramentos ao mesmo tempo (entrada e saída na engrenagem 1 assim como na engrenagem 2), o trabalho de atrito

$$A_4 = \dfrac{\mu \pi d_B}{10^3 z_1}[(U + U_F) + U_F] + \dfrac{\mu \pi d_B}{10^3 z_2}[(U + U_F) + U_F],$$

$$A_4 = \dfrac{\mu \pi d_B}{10^3 z_1}\left(\dfrac{i+1}{i}\right)(U + 2U_F) = \dfrac{\mu \pi d_B}{10^3 z_1}\left(\dfrac{i+1}{i}\right) P_R f \quad \text{com} \quad P_R = \dfrac{U + 2U_F}{f}.$$

O trabalho de atrito por segundo é:

$$A_s = A_4 \dfrac{v}{t} 10^3 = \pi \mu P_R f \dfrac{v}{z_1 t}\left(\dfrac{i+1}{i}\right) \tag{6}$$

e o trabalho total de atrito num tempo L_v [h] fica:

$$A_{total} = A_s\, 3\,600\, L_v = 1{,}13 \cdot 10^4\, \mu P_R f L_v \dfrac{v}{z_1 t} \dfrac{d_B}{}\left(\dfrac{i+1}{i}\right).$$

Igualando-se $A_{total}\, q = W_{total} = \Delta t f x$, onde q [mm³/mkgf] é o desgaste em mm³, por mkgf de trabalho de atrito, obtém-se, para a vida a plena carga, a igualdade:

$$L_v = \frac{0{,}885}{10^4}\frac{\Delta t}{t}\frac{x}{\mu q P_R}\frac{z_1 t}{v}\frac{t}{d_B}\frac{i}{i+1} \qquad (7)$$

e com a introdução de $v = \dfrac{z_1 t n_1}{60 \cdot 10^3}$:

$$L_v = 5{,}3\frac{\Delta t}{t}\frac{x}{\mu q P_R n_1}\frac{t}{d_B}\frac{i}{i+1} \qquad (8)$$

O alongamento específico admissível da corrente pode ser fixado com $\Delta t/t = 2/100$ até $3/100$. O coeficiente de desgaste μq cresce mais ou menos exponencialmente com o aumento da pressão p na articulação, e para um determinado limite as superfícies das articulações começam a engripar. A grandeza de μq e o valor-limite dependem da associação dos materiais, da superfície e do estado de lubrificação das superfícies das articulações.

Na Fig. 26.30 representou-se μq em função de p, sendo para correntes de rolos segundo DIN 8187 com a melhor lubrificação [8]

Correspondente à pressão desigual nas articulações $p = \dfrac{U + U_F}{f}$ no lado sob carga e $p_L = \dfrac{U_F}{f}$ no lado em vazio tem-se, segundo a Eq. (8), a expressão $\mu q p_R$ formada pelos têrmos parciais $\mu q p$ e $\mu q p_L$, que podem ser determinados pela Fig. 26.30 para uma pressão de articulação p ou p_L: $\mu q p_R = \mu q p + \mu q p_L$.

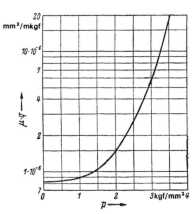

Figura 26.30 – Coeficientes de desgaste μq em função da pressão de articulação p

4. ATRITO DA ARTICULAÇÃO E RENDIMENTO

O trabalho perdido por segundo devido ao atrito na articulação é, segundo a Eq. (6),

$$A_s = \pi \mu p_R f \frac{v}{z_1}\frac{d_B}{t}\frac{i+1}{i}$$

e o trabalho de acionamento por segundo $A = Uv$, donde se obtém o rendimento e, respectivamente, as perdas por atrito nas articulações:

$$\eta_G = \frac{A - A_s}{A} = 1 - \frac{A_s}{A} = 1 - \pi\mu\frac{p_R f}{U z_1}\frac{d_B}{t}\frac{i+1}{i} \qquad (9)$$

onde $\dfrac{p_R f}{U} = \dfrac{U + 2U_F}{U} = 1 + \dfrac{2 G v^2}{9{,}81\, U}$.

Tem-se, assim, para a corrente com $t = 12{,}7$ mm, $\dfrac{d_B}{t} = 0{,}35$, $f = 50$, $i = 3$ para $v = 10$ m/s, $z_1 = 17$, $U = 58$ kgf, $U_F = 7{,}1$ kgf e $\mu = 0{,}15$: $\underline{\eta_G = 0{,}984}$ e para $z_1 = 10$: $\eta_G = 0{,}973$.

Para alcançar um alto rendimento deve-se visar, aqui, a um grande número de dentes z_1 e a um bom comportamento de deslizamento (pequeno μ) nas articulações.

---

[8] Os dados representados foram calculados pela Eq. (8) e com a utilização de dados de carregamento fixados pela norma ASA B.29.1 da USA, fundamentados por ensaios de vida em correntes de rolos. Para o resumo dos dados da ASA, ver Arnold e Stolzenberg [26/18]

Além dessas simples perdas nas articulações, têm-se ainda os pequenos atritos entre as superfícies laterais das talas, o pequeno trabalho de atrito entre a corrente e os dentes da engrenagem, o trabalho de atrito adicional nas articulações com as oscilações dos lados da corrente e, acima de tudo, o atrito nos mancais dos eixos.

26.5. OSCILAÇÕES NAS TRANSMISSÕES POR CORRENTE

A pequena desuniformidade na transmissão por corrente (efeito poligonal) e a elasticidade da corrente podem provocar grandes oscilações nos lados sem carga da mesma quando aparece a ressonância. As conseqüências são funcionamento irregular e ruído, supersolicitações e desgastes nas articulações. Por isso, deve-se observar para que não coincidam as freqüências de impulso e a freqüência própria dos lados da corrente. Deve-se distinguir aqui a oscilação transversal da oscilação longitudinal na corrente.

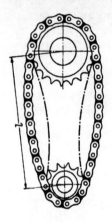
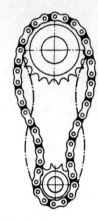

Figura 26.31 — Oscilações transversais numa corrente de rolos (segundo Bensinger). À esquerda, oscilação fundamental com a freqüência f_0; à direita, primeira oscilação complementar com a freqüência f_1

1. OSCILAÇÕES TRANSVERSAIS (Fig. 26.31)

A freqüência da oscilação transversal é: $f_0 = \dfrac{1}{2l}\sqrt{\dfrac{Pg}{G}}$ [1/s] e da oscilação complementar $f_1 = 2f_0$, $f_2 = 3f_0, \ldots$ e assim por diante. Geralmente interessam sòmente f_0 e f_1. As rotações críticas para f_0 e f_1 são:

$$\boxed{n_{k0} = 60 f_0 = \dfrac{94}{l}\sqrt{\dfrac{P}{G}}} \quad \text{e} \quad \boxed{n_{k1} = 2 n_{k0}} \tag{10}$$

com $l\,[\text{m}]$ e $G\,[\text{kgf/m}]$.

Como n_{k0} e n_{k1} dependem da carga P, pode-se quase sempre deslocá-los suficientemente pela variação da protensão. Muito mais influência tem, no entanto, o comprimento l do lado da corrente sem carga, que pode ser variado por meio de guias (Fig. 26.2).

2. OSCILAÇÕES LONGITUDINAIS

A freqüência das oscilações longitudinais é independente da carga e quase sempre 20 vêzes maior do que a freqüência própria das oscilações transversais. Por isso ela é principalmente provocada pelo impulso poligonal com a freqüência $nz/60$ e não pelo impulso de rotação. A freqüência própria da oscilação longitudinal é com P_E segundo a pág. 73:

$$f'_0 = \dfrac{1}{2l}\sqrt{\dfrac{P_E g}{G}}\,[1/\text{s}], \quad f'_1 = 2f'_0,$$

e a respectiva rotação crítica em correntes de rolos com $\sqrt{\dfrac{P_E g}{G}} \approx 1000$:

$$n'_{k0} = \dfrac{f'_0 \, 60}{z_1} \approx \dfrac{30 \cdot 10^3}{z_1 l} \quad \text{e} \quad n'_{k1} = 2 n'_{k0}.$$

Com isso, pode-se deslocar n'_k por meio de variação do número de dentes z_1 ou do comprimento livre l do lado sem carga da corrente.

26.6. CÁLCULO PRÁTICO DAS TRANSMISSÕES POR CORRENTE

1. IGUALDADES GENÉRICAS

Diâmetro do círculo primitivo

$$d_0 = \frac{t}{\operatorname{sen}\alpha} \approx \frac{tz}{\pi} \tag{11}$$

com

$$\alpha = \frac{180°}{z},$$

número de elos da corrente

$$x = \frac{2a}{t} + \frac{z_1 + z_2}{2} + \left(\frac{z_2 - z_1}{2\pi}\right)^2 \frac{t}{a}, \tag{12}$$

distância entre eixos

$$a = \frac{t}{4}\left[x - \frac{z_1 + z_2}{2} + \sqrt{\left(x - \frac{z_1 + z_2}{2}\right)^2 - 2\left(\frac{z_2 - z_1}{\pi}\right)^2}\right] \tag{13}$$

comprimento da corrente [9]

$$L_k = x\frac{t}{10^3}, \quad L_{kw} \approx L_k + L_k/1000, \tag{14}$$

relação de multiplicação

$$i = \frac{z_2}{z_1} = \frac{n_1}{n_2}, \tag{15}$$

velocidade da corrente

$$v = \frac{z_1 t n_1}{10^3 \cdot 60} \approx \frac{d_{01} n_1}{19\,100}, \tag{16}$$

fôrça tangencial

$$U = \frac{75 N}{v} = \frac{4,5 \cdot 10^6 N}{z_1 t n_1} = pf - U_F, \tag{17}$$

fôrça centrífuga

$$U_F = \frac{Gv^2}{9,81}, \tag{18}$$

fôrça de tração na corrente

$$P = U + U_F, \tag{19}$$

pressão na articulação

$$p = \frac{P}{f}. \tag{20}$$

2. RESISTÊNCIA DAS TRANSMISSÕES POR CORRENTE

O dado-limite para a fôrça de tração P na corrente é

$$\boxed{P = U + U_F = fp \leq fp_{ad}} \tag{21}$$

Com a introdução da fôrça tangencial nominal U_m e do coeficiente de choque C_s, segundo a Tab. 26.1, tem-se $U = U_m C_s$ e assim

$$\boxed{U_m = \frac{P - U_F}{C_s} \leq \frac{f}{C_s}\left(p_{ad} - \frac{U_F}{f}\right)} \tag{22}$$

[9] Para o cálculo do adicional de L_k após a protensão, ver pág. 71.

e a potência nominal transmissível

$$N_m = \frac{U_m v}{75} = \frac{vf}{75 C_s}\left(p_{ad} - \frac{Gv^2}{9{,}81 f}\right) \quad (23)$$

Aqui $f = b_H d_B$ é a superfície de articulação (obtém-se da Tab. 26.4). A pressão superficial admissível p_{ad} é função das relações de desgaste e, assim sendo, das condições de funcionamento e da vida a plena carga L_v. Ela diminui com o aumento da rotação e da vida L_v, com a diminuição do comprimento da corrente (número de elos x) e do número de dentes z_1 e, principalmente, com a lubrificação deficiente[10].

Além disso, p_{ad} é limitado acima pela resistência à fadiga dos elementos da corrente. Toma-se

$$P = U_m C_s + U_F \leqq \frac{P_B}{S_B} \quad (24)$$

onde P_B é a carga mínima de ruptura da corrente e $S_B = 8$ até 15.

a) *Para as correntes de rolos e de buchas* tem-se[11]:

$$p_{ad} = p_0 C_1 C_2 \quad (25)$$

$$p_0 \approx 4{,}35 - 1{,}48 \left(\frac{L_v v}{x \cdot 10^3} \frac{t}{\Delta t} \frac{d_B}{t} \frac{14}{z_1 - 5} \frac{i+1}{i}\right)^{\frac{1}{4}} \quad (26)$$

Para $\Delta t/t = 2/100$, $L_v = 10\,000$, $x = 120$, $d_B/t \approx 1/3{,}2$, $i = 3$ tem-se

$$p_0 = 4{,}35 - 1{,}7 \left(v \frac{14}{z_1 - 5}\right)^{\frac{1}{4}} \quad (27)$$

Os coeficientes C_1 e C_2, para considerar as condições de lubrificação e tipo de corrente, encontram-se na Tab. 26.3.

Na utilização da corrente de rolos normalizada, representada nas Figs. 26.32 e 26.33, respectivamente, pela Eq. (26), para $L_v = 10\,000$ ou $L_v = 2000$, através dos dados de potência N_0, obtém-se a potência nominal N_m da referida corrente por

$$N_m \approx j \frac{N_0 z_1}{19 C_s} C_1 C_2 C_3 \quad (28)$$

válido no campo de $z_1 = 15$ até 25, $a = 40\,t$ até $400\,t$; coeficiente C_s pela Tab. 26.1, coeficientes C_1 até C_3 pela Tab. 26.3. Para a construção como corrente dupla ou tripla ($j = 2$ ou 3) a potência transmissível é aproximadamente duas ou três vêzes maior, contanto que a distribuição de carga seja uniforme sôbre a largura.

Exemplo 1. Acionamento de uma plaina rápida com um motor elétrico por meio da transmissão de corrente. Dados: $N_m = 7$ CV, $n_1 = 1450$, $i = 2{,}5$, $L_v = 10\,000$. Adotado: corrente dupla de rolos $2 \times 12{,}7 \times 7{,}75$ DIN 8187, segundo a Tab. 26.4. Para isso, tem-se, pela Fig. 26.32, $N_0 = 6{,}5$. Em seguida, escolhe-se: $z_1 = 17$, $z_2 = 43$, $a = 35\,t$.

Calculado: $x \approx 100$, segundo a Eq. (12) e

$$N_m = j N_0 \frac{z_1}{19 C_s} C_1 C_2 C_3 = 2 \cdot 6{,}5 \frac{17}{19 \cdot 1{,}5} 1 \cdot 1 \cdot 0{,}927 = 7{,}2 \text{ CV (suficiente!)},$$

com $C_s = 1{,}5$ pela Tab. 26.1, C_1 e $C_2 = 1$ segundo a Tab. 26.3, $C_3 = \left(\frac{2{,}5}{3{,}5} \frac{100}{90}\right)^{\frac{1}{3}} = 0{,}927$.

b) *Para correntes de dentes* é dada:

a potência transmissível
$$N_m \approx \frac{N_0 b_N}{C_s} C_3 \quad (29)$$

com N_0 de acôrdo com a Fig. 26.34 para $z_1 = 17$ até 25 e $a \approx 40\,t$ e b_N pela Tab. 26.5.

---

[10] Principalmente desaconselhável para a vida das correntes de transmissão é a introdução de pó mineral nas articulações (prever proteções).

[11] A igualdade de p_0 foi determinada de tal maneira pela vida [Eq. (7)] que os dados de carga para correntes de rolos e buchas, segundo a DIN 8195, satisfazem plenamente.

Exemplo 2. Acionamento pelo Ex. 1, mas projetado para uma corrente de dentes. Adotado pela Tab. 26.5. Corrente de dentes B 12,7 × 40, $b_N = 40$ mm. Segundo a Fig. 26.34, tem-se, para $n_1 z_1/19 = 1450 \times 17/19 = 1300$ a potência $N_0 = 0,33$ CV. Calculado pela Eq. (29)

$$N_m = \frac{0,33 \cdot 40}{1,5} 0,927 = 8,2 \text{ CV (suficiente!)}.$$

3. RESISTÊNCIA DAS CORRENTES TRANSPORTADORAS E DE CARGA

a) *Corrente de pinos de aço* (Fig. 26.13). Parte-se, aqui, da carga de ensaio. Na Tab. 26.6 é dada, para correntes da DIN 654 a fôrça admissível $P_{ad} = 1/5$ da carga de ensaio. O número de dentes $z_1 = 15$ até 25.

b) *Corrente Gall* (Fig. **26.17**). Parte-se, aqui, também da carga de ensaio P_B e fixa-se como fôrça admissível na corrente $P = P_B/5$. **Na Tab.** 26.8 são dadas as dimensões e as cargas de ruptura das correntes Gall, segundo a DIN 8150.

c) *Correntes de aço redondo* (**Fig. 26.18**). Aqui aparece, além da tensão de tração na secção transversal do aço redondo, uma tensão de flexão. Mesmo assim, calcula-se também simplesmente pela tensão de tração e determina-se

$$P \leqq \frac{\pi}{2} \delta^2 \sigma_{ad} = \frac{P_B}{4}.$$

Para as correntes de aço St 35.13 K com uma resistência à ruptura do material de $\sigma_r \approx 35$ kgf/mm² e uma resistência à ruptura do elo da corrente $\sigma_{rK} \approx 24$ kgf/mm² a tensão admissível é

$$\sigma_{ad} = 6 \text{ kgf/mm}^2 \text{ para } \delta \leqq 9,5 \text{ mm,}$$
$$\sigma_{ad} = 4 \text{ até } 6 \quad \text{ para } \delta \geqq 9,5 \text{ mm.}$$

Para correntes *beneficiadas*, σ_{ad} é aproximadamente 30% maior, e para uma construção como correntes de fixação, aproximadamente 12 a 20% maior.

Configuração das correntes: diâmetro do aço redondo δ pela Tab. 26.7. Passo $t \approx 3\delta$ a 6δ, largura externa $b \approx 3\delta$ a $4,5\delta$, pêso por metro linear $G = \frac{1,8\delta^2}{100}$ a $\frac{2,2\delta^2}{100}$ [kgf/m].

Para as correntes de aço redondo com dados de carga útil, ver DIN 766.

26.7. TABELAS E GRÁFICOS

TABELA 26.1 — *Dados para o coeficiente de choque* $C_s = U/U_m$.

	Máquina motriz		
Máquina de trabalho	Transmissão com motor elétrico	Turbina, máquina de êmbolo com vários cilindros	Máquina de êmbolo com um cilindro
Carregamento quase sem choque: geradores, elevadores leves, acionamentos auxiliares para máquinas operatrizes	1	1,25	1,50
Carregamento com choques médios: guindastes, elevadores pesados, acionamento principal das máquinas operatrizes	1,25	1,50	1,75
Carregamento com choques violentos: acionamentos de laminadores, prensas, tesouras, bombas de êmbolo, escavadeira	1,75	2,0	2,25

TABELA 26.2 — *Referência para a lubrificação* (segundo Arnold e Stolzenberg [26/18]).

Lubrificação	v [m/s] até 4	até 7	até 12	acima de 12
I a melhor	Lubrificação por gôtas 4···10 gôtas/min	Lubrificação por imersão banho de óleo	Lubrificação forçada	Lubrificação pulverizada
II suficiente	Lubrificação por graxa	Lubrificação por gôtas 20 gôtas/min	Banho de óleo com discos p/ espirar	Lubrificação forçada
III lubrificação deficiente	de preferência até $v = 7$			
IV funcionamento a sêco	de preferência até $v = 4$			

TABELA 26.3 — *Dados para os coeficientes C_1 a C_3.*

	Relaciona-se	Coeficiente
Funcionamento:	*Lubrificação segundo a* Tab. 26.2	
Livre de poeira	I	$C_1 = 1$
Livre de poeira	II	$C_1 = 0,9$
Não livre de poeira	II	$C_1 = 0,7$
Não livre de poeira	III	$C_1 = 0,5$ até $v = 4$; $C_1 = 0,3$ até $v = 7$
Sujo	III	$C_1 = 0,3$ até $v = 4$; $C_1 = 0,15$ até $v = 7$
Sujo	IV	$C_1 = 0,15$ até $v = 4$
Correntes de rolos pela DIN 8187		$C_2 = 1$
" " " " DIN 8180 e 8188		$C_2 \approx 0,80$
" " " " DIN 8181		$C_2 \approx 0,20$
Número de elos da corrente x e relação de multiplicação $i = \dfrac{z_2}{z_1}$		$C_3 = \left(\dfrac{x}{90} \dfrac{i}{i+1}\right)^{\frac{1}{3}}$

TABELA 26.4 — *Correntes de rolos pela DIN 8187 e 8180 (agôsto de 1956).*
Designação de uma corrente simples de rolos por t e b_i, por exemplo: correntes de rolos $1 \times 12,7 \times 7,75$ DIN 8187

Segundo DIN	Passo t mm	Largura interna b_i mm	Pino d_B mm	Rôlo d_R mm	Superfície de articulação* f mm²	Carga de ruptura P_B em kgf simples	dupla	tripla	Pêso* G kgf/m
8187	9,525	3,2 5,72	2,8 3,31	6 6,35	14 28	650 900	— 1600	— 2300	0,26 0,41
	12,7	6,4 6,4 7,75	3,97 4,45 4,45	7,75 8,51 8,51	38 44 50	1500 1800 1800	— — 3200	— — 4600	0,50 0,65 0,70
	15,875	6,48 9,65	5,08 5,08	10,16 10,16	51 67	2500 2500	— 4500	— 6500	0,80 0,95
	19,05	11,68	5,72	12,07	89	3000	5400	7600	1,25
	25,4	17,02	8,27	15,88	210	6500	12400	18500	2,7
	31,75	19,56	10,17	19,05	295	10000	19000	28600	3,6
	38,1	25,4	14,63	25,4	554	17000	32400	48500	6,7
	44,45	30,99	15,87	27,94	740	20000	38100	57100	8,3
	50,8	30,99	17,8	29,21	837	26000	49500	74300	10,5
	63,5	38,1	22,87	39,37	1275	42000	80000	120000	16,0
	76,2	45,75	29,22	48,26	2061	60000	114000	170000	25,0
8180	6,0	2,8	1,85	4,0	7	300	—	—	0,12
	8,0	3,0	2,3	5,0	10	500	900	—	0,18
	12,7	3,3 4,88	3,65 3,65	7,75 7,75	22 28	800 800	— —	— —	0,40 0,44
	25,4	17,02	8,27	15,88	210	4500	8000	11500	2,7
	31,75	19,56	10,17	19,05	295	5500	10000	14000	3,6
	38,1	25,4	14,63	25,4	554	12000	21500	30000	6,7
	44,45	30,99	15,87	27,94	740	14000	25000	36000	8,3
	50,8	30,99	17,8	29,21	837	18000	32000	45000	10,5
	63,5	38,1	22,87	39,37	1275	27000	48000	68000	16,0
	76,2	45,75	29,22	48,26	2061	40000	70000	100000	25,0

*Os dados para a corrente simples de rolos; para a corrente dupla de rolos, multiplicar por 2; para a corrente tripla de rolos, multiplicar por 3.

Transmissões por Corrente

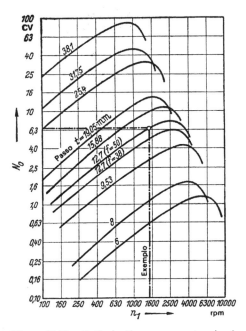

Figura 26.32 – Potência N_0 para correntes simples de rolos (DIN 8 187), válida para uma vida $L_v = 10\,000$ horas (construção normal de máquinas), até um alongamento admissível de 2%. Para outras correntes de rolos, ver os coeficientes C_2 (Tab. 26.3)

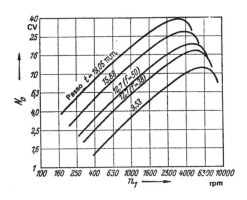

Figura 26.33 – Potência N_0 para correntes simples de rolos (DIN 8 187), válida para uma vida $L_v = 2\,000$ horas (construção de veículos)

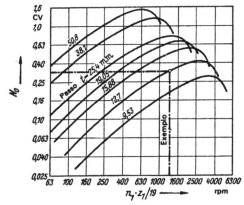

Figura 26.34 – Potência N_0 por mm de largura b_N para correntes de dentes B com guias internas (DIN 8 190), válida para uma vida $L_v = 10\,000$ horas (construção normal de máquinas)

TABELA 26.5 – *Corrente de dentes com guia interna, segundo a DIN 8190 (dezembro de 1954).*

Designação de uma corrente de dentes (A sem beneficiamento, B com beneficiamento) por t e b_N, por exemplo: corrente de dentes B 12,7 × 30 DIN 8190, ver Fig. 26.11.

Passo t mm	Largura nominal b_N mm	Largura útil b mm	Largura externa e mm	Carga de ruptura* kgf A não-beneficiada	Carga de ruptura* kgf B beneficiada	Pêso G kgf/m
12,7 (1/2″)	25	23,5	28,0	1450	2900	1,3
	30	29,5	34,0	1800	3600	1,6
	40	42,0	46,5	2600	5200	2,1
	50	48,5	53,0	3000	6000	2,6
15,875 (5/8″)	25	23,5	28,5	1600	3200	1,9
	30	29,5	34,5	2100	4200	2,4
	40	42,0	47,0	3000	6000	3,2
	50	48,5	53,5	3500	7000	3,9
	65	64,0	69,0	4600	9200	5,1
19,05 (3/4″)	30	29,5	35	2800	5600	3,0
	40	42,0	48,5	4000	8000	3,8
	50	48,5	54,0	4700	9400	4,8
	65	64,0	69,5	6300	12600	6,2
	75	76,5	82,0	7500	15000	7,4
25,4 (1″)	50	52,0	59,0	8700	12500	7,0
	65	64,5	71,5	9800	14000	8,5
	75	76,5	83,5	13100	18700	10,1
	90	89,0	96,0	14000	20000	11,4
	100	101,0	108	17500	25000	13,2
38,1 (1 1/2″)	65	64,5	72,5	13300	19000	13,2
	75	76,5	84,5	17500	25000	15,2
	100	101,0	109	23500	33600	20,2
	125	125	133	29400	42000	25,0
	150	150	158	38500	55000	30,0
50,8 (2″)	75	78,0	88,0	23800	34000	19,5
	100	102	112	31900	45600	25,7
	125	128	138	39900	57000	32,0
	150	152	162	45200	64600	38,2
	175	176	186	55300	79000	44,5

*Para os elos rebaixados só se pode calcular com 0,8 da carga de ruptura.

TABELA 26.6 – *Correntes com pinos de aço, segundo a DIN 654 (julho 1952) ver Fig. 26.13.*

t mm	b_i mm	b_a mm	f mm²	P_{ad} kgf	G kgf/m
38,7	18	48	168	180	2,1
42	24,5	67	297	360	4,5
63	29	75	385	480	4,2
65,5	33	90	528	760	6,8
100	28	89	533	640	5,5
100	40	110	810	900	9,0
134,5	33,5	90	516	640	4,1
136,5	30,5	108	799	1200	9,5

Elementos de Máquinas

TABELA 26.7 — *Diâmetro do aço redondo δ para as correntes de aço redondo, segundo a DIN 766 (julho de 1954)*
δ = 4; 5; 6; 7; 8; (9); 10; (11); 13; 16; 18; 20; 23; 26; 28; 30; 33; 36; 39; 42; 45; 48; 51; 54; 57; 60; 63; 66; 69; 72; 75; 78; 81; 84; 87; 90 mm.
de δ = 63 mm sòmente como corrente de fixação (não-normalizada)

TABELA 26.8 — *Correntes Gall — pesadas segundo a DIN 8150 (janeiro de 1956) ver Fig. 26.17.*

t mm	b_i mm	b_a mm	j' —	f mm²	P_{rupt} kgf	G kgf/m
3,5	2	8	2	1,7	75	0,07
6	4	11	2	4,6	125	0,16
8	6	16	2	5	150	0,25
10	8	19	2	9	250	0,4
15	12	26	2	16	500	0,7
20	15	32	2	24	1250	1,1
25	18	41	2	48	2500	1,75
30	20	57	4	108	4000	3,4
35	22	60	4	120	6000	4,5
40	25	65	4	144	8000	4,7
45	30	69	4	168	10000	6,4
50	35	96	4	324	15000	10,6
55	40	114	4	504	20000	15,5
60	45	119	4	552	25000	18,0
70	50	156	6	1008	37500	33,5
80	60	170	6	1152	50000	38,2
90	70	199	6	1512	75000	53,0
100	80	238	8	2295	100000	76,6
110	90	250	8	2528	125000	90,0
120	100	276	8	3200	150000	112,0

26.8. NORMAS E BIBLIOGRAFIA

1. Normas

DIN 8180, 8181, 8187, 8188 Rollenketten.
    8188, 73232 Hülsenketten.
    8195 Berechnung von Hülsen- und Rollenketten
    8164, 8165, 8171 Buchsenketten.
    8175, 8176 Laschenketten.
    8190 Zahnketten.
    686 Zerlegbare Gelenkketten.
    654 Stahlbolzenketten.

DIN 8150, 8151 GALL-Ketten.
    8152 FLEYER-Ketten.
    8196, 73231, 73233 Kettenräder für Rollenketten.
    8196, 73232, 73233, Kettenräder für Hülsenketten.
    79576 Kettenräder für Zahnketten.
    685, 695, 762 até 766, 22252 Rundstahlketten.
    USA-NORM:
    ASA B 29.1 Belastbarkeit von Rollenketten.

2. Livros

[26/1] Riementriebe, Kettentriebe, Kupplungen (Vorträge Fachtagung 1953). Braunschweig: Vieweg 1954.
[26/2] *KLUGE, W.* e *W. WEIS:* Wirkungsgrade von Zahnrad- und Kettenwechselgetrieben für Motorräder. Dtsch. Kraftfahrtforsch. 1938, Cad. 10. Berlin: VDI-Verlag.
[26/3] *LUBRICH, W.:* Beitrag zur Kinematik der Kettentriebe. Diss. T. H. Aachen 1956.
[26/4] *WOROBJEW, N. W.:* Kettentriebe. Berlin: Verlag Technik 1953.

3. Publicações

[26/5] *BENSINGER, W. D.:* Die Kette zum Antrieb der Nockenwelle bei Kraftfahrzeugmotoren. Konstruktion Vol. 6 (1954) p. 180.
[26/6] *BOLZ, R. W., J. W. GREVE* e *R. R. HARRAR:* Hohe Geschwindigkeiten bei Antrieben. Auszug in Konstruktion Vol. 3 (1951) p. 24.
[26/7] *CURLAND, O.:* Antriebs- und Förderketten. Z. Fördertechn. 1942, p. 195.
[26/8] *ECKERT, R.:* Kettenverschleiss bei Motorrädern mit Hinterrad-Schwing gabel. Automobiltechn. Z. Vol. 57 (1955) p. 114.
[26/9] *GRÖNEGRESS, H. W.:* Festigkeitseigenschaften brenngehärteter Kettenbolzen. Z. VDI Vol. 94 (1952) p. 231.
[26/10] *GROTHUS, H.:* Massenkräfte im Kettentrieb. Industrieblatt Vol. 54 (1954) p. 527.
[26/11] *GROTHUS, H.:* Wartungsfreie Rollenketten mit Kunststoff-Gleitlagern. Erdöl u. Kohle 11 (1958) p. 547.
[26/12] *KNAUST, H.:* Der Einfluss der Zahnflankenform bei Kettenrädern für Laschenketten auf die Kraftübertragung und den Verschleiss. Z. Konstruktion Vol. 4 (1952) p. 240.

[26/13] KUCHARSKI, W.: Über die Bewegungen der Ketten und Seile. Konstruktion Vol. 3 (1951) pp. 65 e 149.
[26/14] PIETSCH, P.: Bemessung und Schmierung von Rollenkettentrieben. Erdöl e Kohle Ed. 5 (1952) p. 643.
[26/15] PREGER, E.: Stufenlos regelbare Kettengetriebe an Werkzeugmaschinen. Werkstattstechn. Vol. 30 (1936) p. 68.
[26/16] SONNENBERG, H.: Zahnkettentriebe und ihre Berechnung. Konstruktion Vol. 1 (1949) p. 297.
[26/17] WHITNEY, L. H. e R. TALMAGE: Gesinterte Stahlbuchsen vergrössern die Lebensdauer von Rollenketten. Auszug in Konstruktion Vol. 6 (1954) p. 77.

4. Catálogos

[26/18] Arnold e Stolzenberg, Einbeck; Iwis, München; Ruberg e Renner, Hagen; Köther, Wuppertal; Siemag, Dahlbruck; Stotz, Stuttgart; Westinghouse, Einbeck; Wippermann, Hagen.

27. Transmissões por correia

27.1. RESUMO

1. TIPO DE TRANSMISSÃO DE FÔRÇA

Na transmissão por correia, a correia um pouco elástica abraça duas ou mais polias, transmitindo, assim, a fôrça tangencial por meio do atrito entre correia e polia. Aqui a fôrça de apoio na polia, necessária, deve ser produzida pela tensão suficiente na correia. A fôrça S_1 no lado em carga (Fig. 27.1) é igual à fôrça S_2 no lado sem carga mais a fôrça tangencial U. A passagem de S_1 para S_2 provoca uma variação no alongamento da correia, que produz, conseqüentemente, um pequeno movimento relativo na correia sôbre a polia (escorregamento de distensão). No momento em que a fôrça tangencial ultrapassa o valor da fôrça de atrito, soma-se ao escorregamento de distensão ainda o desligamento (pág. 91). A correia é solicitada através da fôrça a tração num lado S_1; aqui somam-se ainda as tensões de flexão e centrífugas, que aparecem devido ao dobramento da correia (ver pág. 90).

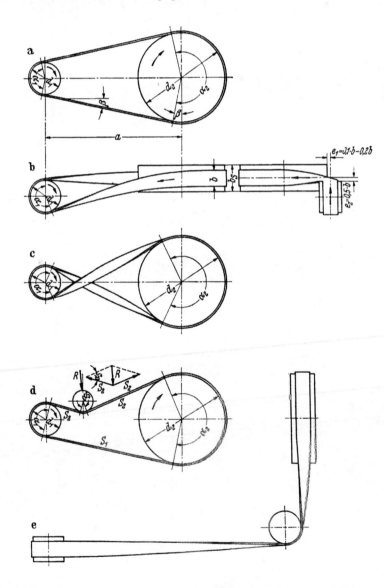

Figura 27.1 — Disposição de transmissões por correia: a transmissão aberta para eixos paralelos com mesma direção de rotação; b transmissão meio cruzada para eixos que se cruzam numa distância a; c transmissão cruzada para eixos paralelos com direção de rotação contrária; d transmissão com polia esticadora (aplicação como em a); e transmissão angular para eixos que se cortam

2. PROPRIEDADES DAS TRANSMISSÕES POR CORREIA (EM RELAÇÃO ÀS TRANSMISSÕES DE DENTE E DE CORRENTE)

Como vantagem devem-se considerar:

1. funcionamento quase sem ruído, quando os impulsos de ruído são evitados por meio de entrelaçamentos de correia;
2. melhor absorção e amortecimento de choques;
3. disposição simples sem caixa de transmissão e sem lubrificação;
4. utilização múltipla, por exemplo para eixos com movimentos concordantes e opostos, para eixos em posição cruzada ou inclinada, ou para o acionamento de vários eixos com uma correia, e na transmissão por cordão, inclusive para qualquer desvio espacial e movimento de flexão da correia;
5. de qualquer maneira mais econômico, principalmente para grandes distâncias entre eixos e disposição simples das polias;
6. desacoplamento fácil: nas correias planas pelo deslocamento para uma polia livre (Fig. 27.8) ou através da eliminação da protensão, por exemplo através do deslocamento da polia de protensão ou pela variação da distância entre eixos;
7. simples variação da relação de multiplicação: nas correias planas pelo deslocamento em polias escalonadas (Fig. 27.9) ou polias cônicas (Fig. 27.10); nas correias em V ou correias redondas pela variação dos diâmetros úteis das polias (Fig. 27.4).

Como desvantagens:

1. as maiores dimensões e a maior fôrça axial A, que, de acôrdo com cada execução, resulta em 1,5 a 3,8 vêzes a fôrça tangencial;
2. o escorregamento na transmissão da fôrça (certamente 1 até 2%), que varia com a fôrça tangencial, com a protensão, com o alongamento permanente e com o coeficiente de atrito;
3. o alongamento permanente da correia, que cresce com o tempo e a carga, podendo provocar deslizamentos e o escapamento da correia, exigindo, assim, medidas especiais (por exemplo autotensão) e maior custo, quando se pretende compensá-los;
4. a variação do alongamento da correia com a temperatura e a umidade;
5. a variação do coeficiente de atrito com a poeira, detritos, óleo e umidade.

Como quase iguais em valor:

1. o campo da relação de multiplicação ($i = 1$ a 8, excepcionalmente até 20);
2. o rendimento total, inclusive com as perdas nos mancais: nas correias planas aproximadamente 96 até 98%; nas correias em V quase sempre um pouco menor.

3. CONSTRUÇÕES DIFERENTES DE TRANSMISSÕES POR CORREIA

Distinguem-se:

a) *pela secção transversal da correia:* transmissões com correia plana, correia em V e correia redonda (transmissão por cordão), ver Figs. 27.1, 27.4 e 27.21;

b) *pela guia das correias e mudanças de correia;* transmissões abertas cruzadas, meio cruzadas e angulares, segundo a Fig. 27.1 e pág. 91, e transmissões cambiáveis, segundo as Figs. 27.8 até 27.10 e 27.4;

c) *pelo tipo de protensão:* transmissões com tensão de alongamento, com polia esticadora, com guias esticadoras e com autotensão, ver Figs. 27.2 e 27.3 e pág. 95;

d) *pelo tipo de material e construção da correia:* além das correias de couro com uma, duas ou várias camadas, correias têxteis e fitas de aço, as diversas correias de vários materiais, nas quais a alma de material mais resistente absorve a fôrça de tração e o preenchimento ou intermediário eleva a fôrça de atrito.

e) *pela emenda:* correias com grampo, coladas, costuradas e correias sem-fim (Fig. 27.16); as mais silenciosas são as correias sem-fim;

Ideal: são preferíveis as correias com alta tensão admissível de tração e com boa propriedade de recuperação[1], após um alongamento plástico, com alto coeficiente de atrito, alto módulo E a tração (pequeno escorregamento de alongamento), flexibilidade fácil (pequena tensão de flexão) e pequeno pêso específico (pequena fôrça centrífuga). Para os respectivos coeficientes das diversas correias, ver Tab. 27.2, para a escolha do tipo de correia, ver pág. 96.

---

[1] Por propriedade de recuperação entende-se o recuo da deformação plástica após a descarga.

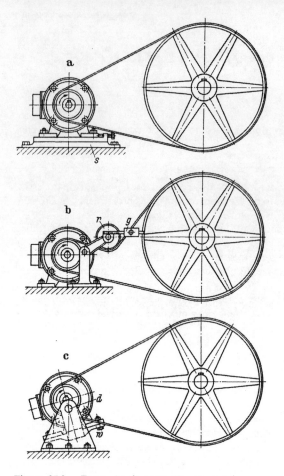

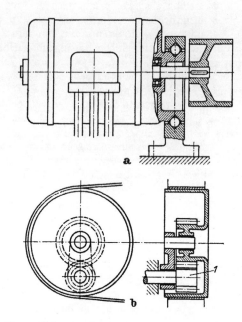

Figura 27.2 — Formação da protensão em correias: a através de guias esticadoras s; b através de polia esticadora r carregada por pêso g; c autotensão com balancim w, articulado em tôrno de d, através do momento de recuo da carcaça do motor (Poeschl, Wagner)

Figura 27.3 — Autotensão de transmissões de correia segundo Leyer [27/27] (para o funcionamento, ver a Fig. 27.15): a suporte oscilante (Sespa), autotensão através do momento de recuo da carcaça do motor, b polia oscilante (Sespa), autotensão através da fôrça tangencial da engrenagem 1

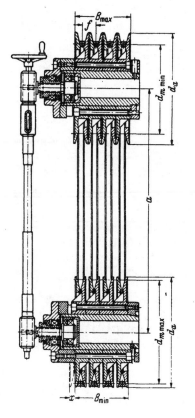

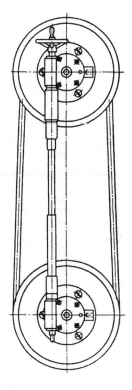

Figura 27.4 — Transmissão de correia em V com regulação contínua (Flender, Bocholt) para $i = 0{,}85$ a $1{,}17$; regulação através de deslocamento axial dos discos cônicos, onde os diâmetros úteis d_m das polias de acionamento e acionada podem variar opostamente, de tal maneira que se conserva a tensão na polia sem a variação da distância entre os eixos

4. DADOS DE FUNCIONAMENTO E COMPARATIVOS

Para os dados máximos de transmissões de correias construídas, ver pág. 89 do Vol. II. Os dados comparativos de dimensões construtivas, pêso, custo e rendimento de transmissões por correia podem ser vistos na pág. 91 do Vol. II.

5. POTÊNCIA TRANSMISSÍVEL

Com o auxílio dos gráficos de potência recentemente feitos, podem-se, ràpidamente, determinar as dimensões necessárias, respectivamente a potência transmissível através da potência nominal N_0, segundo as Figs. 27.18 e 27.19 para correias planas (para 2 tipos de correias), e a Fig. 27.22 para correias em V.

O recálculo para cada condição de funcionamento segue aqui pela Eq. (39) ou (44), com o coeficiente C da Tab. 27.1.

Da mesma maneira, podem-se apresentar, para outros tipos de correias, os respectivos gráficos com dados de referência das correias pela Tab. 27.2. Para transmissões por correias pesadas ou condições de funcionamento em mancais especiais, recomenda-se um recálculo mais exato pela pág. 98.

27.2. DESIGNAÇÕES E DIMENSÕES

a	[mm]	distância entre eixos
A	[kgf]	fôrça axial
b	[mm]	largura da correia
b_s	[mm]	largura da polia, Tab. 27.4
B	[1/s]	freqüência de flexão = $10^3 zv/L$
$C, C_1 \cdots C_7$	—	coeficientes, Tab. 27.1
d	[mm]	diâmetro da polia
e	—	= 2,718, base dos logaritmos naturais
E	[kgf/mm²]	módulo de elasticidade a tração
E_f	[kgf/mm²]	módulo de elasticidade a flexão
G	[kgf/m]	pêso da correia por m de comprimento
g	[m/s²]	aceleração da gravidade, = 9,81
i	—	relação de multiplicação, = n_1/n_2
j	—	número de correias paralelas
k	—	rendimento; = $(m-1)/m$
L	[mm]	comprimento da correia esticada
L_0	[mm]	comprimento da correia sôlta
ΔL	[mm]	$L - L_0$
L_i	[mm]	comprimento interno das correias em V
m	—	relação de lados = S_1/S_2
n	[rpm]	rotação
N	[CV]	potência nominal
N_0	[CV/mm] ou [CV/j]	potência relativa
s	[mm]	espessura da correia
s_f	[mm]	= $s(1 - 10 s/d_1)$
S_1	[kgf]	fôrça de tração no lado em carga } sem fôrça centrífuga
S_2	[kgf]	fôrça de tração no lado sem carga
S_P	[mm]	percurso de esticamento
U	[kgf]	fôrça tangencial
U_F	[kgf]	tração na correia devido à fôrça centrífuga
v	[m/s]	velocidade tangencial da correia
z	—	número de polias
α, α_G	[°]	ângulo de abraçamento, ângulo de deslise
β	[°]	ângulo, ver Fig. 27.14
γ	[kgf/dm³]	pêso específico
γ_R, γ_S	[°]	ângulo de cunha da correia, da polia
δ	[°]	ângulo, ver Fig. 27.14
μ	—	coeficiente de atrito
σ_1	[kgf/mm²]	tensão de tração devido a S_1
σ_2	[kgf/mm²]	tensão de tração devido a S_2
σ_F	[kgf/mm²]	tensão de tração devido a U_F
σ_U	[kgf/mm²]	tensão de tração devido a U
φ	—	relação, = U/A
ψ	[%]	escorregamento
Índice 1		para a polia pequena ou no lado com carga
Índice 2		para a polia grande ou no lado sem carga

27.3. IGUALDADES E NOÇÕES GENÉRICAS

Elas valem para tôdas as transmissões por correia.

Velocidade tangencial
$$v_1 = \frac{d_1 n_1}{19,1 \cdot 10^3} \tag{1}$$

$$v_2 = \frac{d_2 n_2}{19,1 \cdot 10^3} = v_1 \frac{100 - \psi}{100} \approx v_1 \, 0{,}985 \tag{2}$$

escorregamento
$$\psi = 100 \frac{v_1 - v_2}{v_1} \cdot \approx 1 \text{ a } 2\%, \text{ ver Fig. 27.7} \tag{3}$$

relação de multiplicação
$$i = \frac{n_1}{n_2} = \frac{d_2}{d_1} \frac{100}{100 - \psi} \, 1{,}015 \frac{d_2}{d_1}; \tag{4}$$

potência transmissível

$$N = N_0 \cdot b/C \text{ para correia plana } (N_0, \text{ ver Figs. 27.18 e 27.19}) \tag{5}$$
$$N = N_0 \cdot j/C \text{ para correia em V } (N_0, \text{ ver Fig. 27.22}) \tag{6}$$

Para o coeficiente C, ver Tab. 27.1, $C = C_1 C_2 C_3 C_4 C_5 C_6 C_7$ (7)

fôrça tangencial
$$U = 75 \frac{NC_1}{v} = \frac{1,43 \cdot 10^6 \, NC_1}{d_1 n_1};$$ (8)

fôrça de tração no lado com carga (sem a fôrça centrífuga)[2]
$$S_1 = S_2 + U = mS_2 = \frac{m}{m-1} U;$$ (9)

fôrça centrífuga no lado sem carga (sem a fôrça centrífuga)[2]
$$S_2 = S_1 - U = \frac{S_1}{m} = \frac{U}{m-1};$$ (10)

relação[2] $m = \dfrac{S_1}{S_2} = e^{\mu\alpha_G} \leqq e^{\mu\alpha};$ (11)   relação[2] $k = \dfrac{U}{S_1} = \dfrac{m-1}{m};$ (12)

fôrça centrífuga de tração[3]
$$U_F = \frac{G}{g} v^2 = \frac{\gamma \cdot b \cdot s}{9810} v^2;$$ (13)

fôrça axial
$$A = \overline{S_1 + S_2} = \sqrt{S_1^2 + S_2^2 - 2S_1 S_2 \cos \alpha} = \frac{f}{m-1} U$$ (14)

$$f = \sqrt{m(m - 2 \cos \alpha) + 1} \leqq m + 1.$$

Relação
$$\varphi = \frac{U}{A} = \frac{m-1}{f};$$ (15)

freqüência de flexionamento
$$B = 10^3 z \frac{v}{L} \leqq B_{max};$$ (16)

B_{max}, ver Tab. 27.2.

27.4. TENSÕES NA CORREIA

A composição de tensões máximas na correia

$$\boxed{\sigma_{max} = \sigma_1 + \sigma_F + \sigma_f + \sigma_S \leqq \sigma_{ad}}$$ (17)

é apresentada na Fig. 27.5.

Aqui, têm-se:

tensão de tração devido a S_1: $\sigma_1 = \dfrac{S_1}{bs} = \dfrac{m}{m-1} \dfrac{U}{bs} = m\sigma_2,$ (18)

tensão de tração devido a S_2: $\sigma_2 = \dfrac{S_2}{bs} = \dfrac{\sigma_1}{m};$

tensão de tração devido a U (tensão útil): $\sigma_U = \dfrac{U}{bs};$ (19)

tensão de tração devido a U_F: $\sigma_F = \dfrac{U_F}{bs} = \dfrac{\gamma v^2}{9810};$ [4] (20)

tensão de flexão: $\sigma_f = E_f \dfrac{s}{d_1};$

tensão de estrangulamento[5] (Fig. 27.6):

para correias abertas $\sigma_S = 0$ (22)

para correias cruzadas $\sigma_S = E \left(\dfrac{b}{a}\right)^2$

para correias meio cruzadas $\sigma_S \approx E \dfrac{bd_2}{2a^2}$

com $a > 2d_2$.

---

[2] Igualdades fundamentais segundo Eytelwein para transmissões com abraçamento; para os dados de $e^{\mu\alpha}$ e k_{max} ver Fig. 27.17.

[3] Para a derivação da fôrça centrífuga de tração U_F, ver U_F de transmissões por corrente, à pág. 98.

[4] Para correias de couro e semelhantes, σ_F só tem significado quando $v > 15$ m/s.

[5] σ_S calculado através dos alongamentos adicionais das fibras de contôrno (segundo W. Richter, FZG).

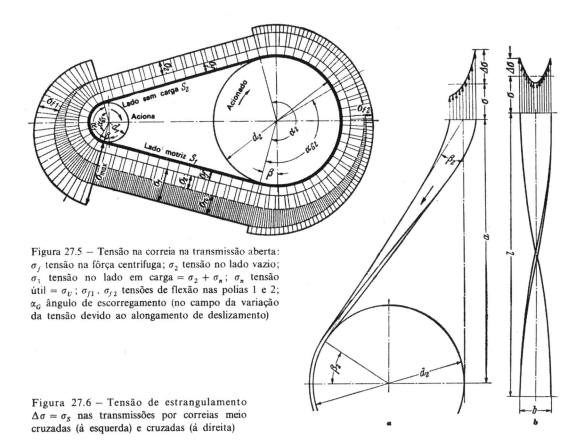

Figura 27.5 — Tensão na correia na transmissão aberta: σ_f tensão na fôrça centrífuga; σ_2 tensão no lado vazio; σ_1 tensão no lado em carga = $\sigma_2 + \sigma_n$; σ_n tensão útil = σ_U; σ_{f1}, σ_{f2} tensões de flexão nas polias 1 e 2; α_G ângulo de escorregamento (no campo da variação da tensão devido ao alongamento de deslizamento)

Figura 27.6 — Tensão de estrangulamento $\Delta\sigma = \sigma_S$ nas transmissões por correias meio cruzadas (à esquerda) e cruzadas (à direita)

27.5. ALONGAMENTO DE DESLIGAMENTO E ESCORREGAMENTO

No desenvolvimento do ângulo de abraçamento α_1 e α_2 (Fig. 27.5), varia a tensão da correia no pedaço apoiado de uma grandeza $\sigma_U = \sigma_1 - \sigma_2$. O respectivo alongamento elástico $\Delta\varepsilon = \sigma_U/E$ de σ_U provoca uma variação de alongamento no pedaço de correia que produz um pequeno movimento rastejante na correia sôbre a polia. Tal escorregamento, definido como alongamento de deslizamento, é, portanto, proporcional a $\Delta\varepsilon$, isto é, êle cresce com U (Fig. 27.7).

Numa observação precisa, o processo de variação de tensão e, assim, o alongamento de deslizamento desenvolvem-se sòmente no campo do ângulo σ_G (Fig. 27.5), onde

$$m = \frac{S_1}{S_2} = e^{\mu\alpha_G}.$$

A diferença $\alpha - \alpha_G$ é o ângulo de repouso, sendo que, neste campo, atua uma tensão na correia constante. Sòmente quando $\alpha - \alpha_G = 0$, isto é, para uma maior fôrça tangencial U com $m = S_1/S_2 = e^{\mu\alpha}$, o alongamento de deslizamento passa integralmente para o movimento de escorregamento entre correia e polia (Fig. 27.7). A mudança aparece, no entanto, suavemente, pois o coeficiente de atrito μ cresce perfeitamente no início com o escorregamento.

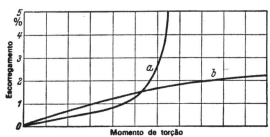

Figura 27.7 — Escorregamento em função do momento de torção: a para transmissão por correia com fôrça de protensão constante; b para transmissões com autoprotensão (segundo [28/49])

27.6. TIPOS CONSTRUTIVOS DE CORREIAS PLANAS

1. TRANSMISSÃO DE CORREIA ABERTA

É utilizada em eixos paralelos com a mesma direção de rotação, segundo a Fig. 27.1a e d. A protensão necessária pode ser obtida aqui, segundo o parágrafo 27.7 e a Fig. 27.2, de diversas maneiras. No entanto, prefere-se uma posição horizontal na distância entre eixos a com o lado em carga.

Dimensões para a transmissão por correia, segundo a Fig. 27.1a:

ângulo de abraçamento $\alpha_1 = 180° - 2\beta; \quad \alpha_2 = 180° + 2\beta;$ \hfill (23)

$$\operatorname{sen}\beta = 0{,}5\frac{(d_2 - d_1)}{a} \hfill (24)$$

comprimento da correia esticada

$$L = 2a\cos\beta + 0{,}5\pi(d_1 + d_2 + 2s) + \frac{\pi\beta}{180}(d_2 - d_1). \hfill (25)$$

2. TRANSMISSÃO DE CORREIA CRUZADA

É utilizada em eixos paralelos com direção de rotação oposta, segundo a Fig. 27.1c. Para evitar danos no lugar do cruzamento, deve-se utilizar um acoplamento de correia liso (de preferência contínua sem grampos) e ainda, com vantagem, um separador no cruzamento. Devido às tensões adicionais de estrangulamento nas fibras de contôrno na correia (Fig. 27.6), deve-se prever $a/b > 20$.

Dimensões segundo a figura 27.1c:

$$\alpha_1 = \alpha_2 = 180° + 2\beta, \hfill (26)$$

$$\operatorname{sen}\beta = 0{,}5\frac{(d_1 + d_2 + 2s)}{a}. \hfill (27)$$

$$L = 2a\cos\beta + 0{,}5\pi\frac{\alpha}{180}(d_1 + d_2 + 2s). \hfill (28)$$

3. TRANSMISSÕES MEIO CRUZADAS E ANGULARES

Utilizadas para eixos numa disposição cruzada ou em ângulo, segundo a Fig. 27.1b e e. As polias devem ser dispostas de tal maneira que a correia entre no respectivo plano da polia, pois, caso contrário, a correia salta da polia; o lado de saída pode apresentar um ângulo (até 25°) em relação ao plano da polia. Devido às tensões adicionais de estrangulamento (Fig. 27.6), deve-se ter $a > 2d_2$ e $a^2 > 200 b d_2$. Além disso, devem-se conservar as dimensões e_1 e e_2 segundo a Fig. 27.1b.

4. CORREIAS CAMBIÁVEIS

Para ligar e desligar o eixo acionado com motorização constante utiliza-se a disposição da Fig. 27.8, onde as polias motriz e livre estão sôbre o eixo acionado e uma polia de dupla largura sôbre o eixo motriz.

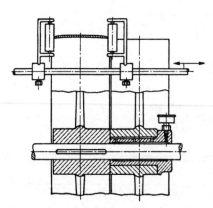

Figura 27.8 – Transmissão por correia cambiável com as polias motriz (à esquerda) e livre (à direita) sôbre o eixo acionado

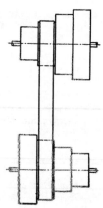

Figura 27.9 – Transmissões por correia com relação de multiplicação variável em degraus. Os diâmetros das polias devem ser escolhidos de tal maneira que o comprimento necessário da correia seja suficiente para todos os degraus

O garfo de mudança, com rolos perfeitamente livres como extremidades, desloca a correia em movimento no lado em vazio, da esquerda para a direita (desliga) e da direita para a esquerda (liga). Para uma relação de multiplicação com variação em degrau é suficiente a disposição com polias escalonadas da Fig. 27.9. A mudança da relação de multiplicação completa-se no acionamento parado, através do deslocamento da correia pela mão, virando-se, ao mesmo tempo, uma das polias. Como transmissão simples de regulagem com variação contínua da relação de multiplicação é suficiente a disposição com polias cônicas compridas, segundo a Fig. 27.10. A relação de multiplicação, ou melhor, a posição da correia, é regulada pelo deslocamento da correia no lado sem carga com um garfo. Para eixos com distância fixa entre eixos, uma das polias cônicas deve diferir um pouco da forma cônica, de acôrdo com a Eq. (25), para que as grandezas constantes L e a sejam construídas pela diminuição do diâmetro ao longo da polia.

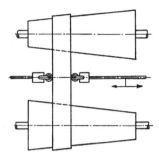

Figura 27.10 – Transmissão por correia com variação contínua na relação de multiplicação através do deslocamento da correia sôbre a polia em movimento

5. CONFIGURAÇÃO DAS POLIAS

Polias *menores* são usinadas do maciço ou fundido, fundido cinzento, metal leve, material aglomerado e madeira.

Polias *maiores* são fundidas com raias, em partes ou inteiras (Fig. 27.11), ou soldadas de chapa (ou prensadas) e usinadas externamente. Quanto mais lisa fôr a polia, tanto maior será o coeficiente de atrito e tanto menor será o desgaste da correia devido ao escorregamento.

Dimensões relativas das polias:

A espessura da coroa no lado externo é aproximadamente $d/300 + 2$ mm até $d/200 + 3$ mm. Número de raias $z \approx 1,7 \sqrt{d/100} \geq 4$, sendo que nas polias inteiriças se escolhe geralmente um número ímpar de z. A secção transversal das raias é elíptica com a relação entre eixos de 1:2 até 1:2,5, sendo que o menor eixo está na direção do eixo. O afinamento da secção transversal das raias, do cubo até a coroa, está na relação 5:4.

Para a necessidade do abaulamento da polia (bombeio):

Com o abaulamento da polia é aumentada a tensão na correia no meio da polia e, com isso, puxa-se o meio da correia. Para êste efeito direcional é suficiente um abaulamento de uma polia da transmissão, dando um aumento menor na tensão quando a polia maior é abaulada. Devido a condições econômicas, abaula-se, no entanto, para um ângulo de abraçamento $\alpha_1 > 90°$, geralmente a polia menor. Sòmente para velocidades acima de 20 m/s aumenta-se o efeito direcional através do abaulamento inclusive da segunda polia. Para a configuração do abaulamento da polia, ver Fig. 27.12.

Sem abaulamento ficam as polias nas quais se deslocam as correias, além disso as polias com várias correias, polias com correias meio cruzadas e polias acionadas com correias cruzadas.

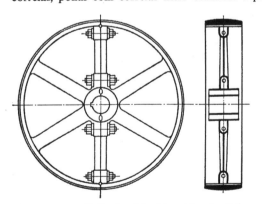

Figura 27.11 – Polia fundida bipartida: fundida em uma peça; quebrada em dois pedaços e com as superficies rompidas sem usinagem, novamente unidas por parafusos

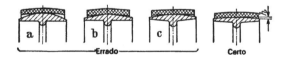

Figura 27.12 – Configuração do abaulamento da polia (segundo AWF 21-1). As configurações de a até c são desfavoráveis, pois aqui a solicitação na correia cresce desnecessàriamente. No abaulamento correto com perfil circular (figura à direita) possui a flecha $h = 0,5 \ (d_{meio} - d_{borda}) = b_s/100$

27.7. FORMAÇÃO DA PROTENSÃO

O tipo da protensão influencia consideràvelmente a configuração e os custos da transmissão por correia. Sòmente para uma distância entre eixos muito grande e horizontal é suficiente a protensão, devido ao pêso próprio do lado sem carga. Os demais tipos de protensão são mostrados nas Figs. 27.2 e 27.3, e as fôrças que aqui aparecem, na Fig. 27.13.

1. PARA DISTÂNCIA ENTRE EIXOS FIXA ATRAVÉS DO ENCURTAMENTO DA CORREIA

Aqui o comprimento da correia sem tensão $L_0 = L - \Delta L$ deve ser um ΔL menor do que o comprimento da correia sob tensão L. A protensão na correia que aparece aqui é $\sigma_v = \dfrac{\Delta L}{L_0} E$ e a respectiva força de protensão (fôrça nos lados em repouso) $S_v = \sigma_v b s$. Segundo a Fig. 27.13, é necessário, com a consideração da fôrça centrífuga U_F para a transmissão de U,

$$S_v = U_F + S_2 + 0{,}5 U = U_F + 0{,}5 U \frac{m+1}{m-1} \tag{29}$$

ou a respectiva protensão

$$\sigma_v = \frac{S_v}{b \cdot s} = \sigma_F + 0{,}5 \sigma_U \frac{m+1}{m-1} = \frac{\Delta L}{L_0} E \tag{30}$$

Com a introdução do alongamento porcentual ε obtém-se, da Eq. (30),

$$\varepsilon = \frac{100 \Delta L}{L_0} = \frac{100 \sigma_v}{E} = \frac{100 \sigma_F}{E} + \frac{100 \sigma_U}{E} \frac{m+1}{m-1} \quad [\%] \tag{31}$$

e assim

$$\Delta L = \frac{\varepsilon L_0}{100} = \frac{\varepsilon L}{100 + \varepsilon} \tag{32}$$

Para $m = m_{max} = e^{\mu \alpha}$, o ε necessário e, com isso, também L tornam-se mínimos.

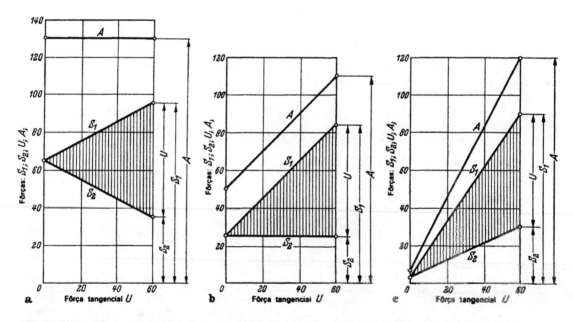

Figura 27.13 – Fôrças S_1, S_2, U e A na transmissão por correia em função da fôrça tangencial U
a para a transmissão por correia com fôrça constante de protensão, segundo a Fig. 27.2a; b com polia esticadora, segundo a Fig. 27.2b; c com autoprotensão, segundo as Figs. 27.2c e 27.3. A fôrça axial A vale para $\alpha_1 = 180°$

Caso a correia não tenha sido esticada antes da montagem, adota-se, para compensar, um alongamento permanente maior, que só vai aparecer no funcionamento, por exemplo $\Delta L \approx 2 \Delta L_{min}$. Para tanto, tem-se, aqui, aproximadamente:

$\varepsilon \approx 0{,}75 \%$ para correias de couro e têxteis
$\varepsilon \approx 3 \ \%$ para correias *Extremultus*

Dados ε, σ_F e σ_U, obtém-se, através da Eq. (31), a relação m e, daí, os valores $(\sigma_1 + \sigma_F)_{max}$ e A_{max}, que aparecem no início do amaciamento como máximos:

$$(\sigma_1 + \sigma_F)_{max} = \frac{\varepsilon E}{100} + 0.5 \sigma_U \tag{33}$$

$$A_{max} \approx \frac{\varepsilon E}{100} 2bs \cos \beta \tag{34}$$

2. PARA DISTÂNCIA ENTRE EIXOS FIXA ATRAVÉS DE ROLOS ESTICADORES NO LADO SEM CARGA

Esta disposição (Fig. 27.2b) é utilizada principalmente em grandes transmissões por correia. O maior ângulo de abraçamento α_1 aumenta, além disso, a relação U/A e a fôrça tangencial transmissível. A fôrça de apoio necessária R do rolo esticador (pêso ou fôrça de mola) é obtida do plano de fôrças, na Fig. 27.1d, para a desejada fôrça lateral S_2.

3. PELO AUMENTO DA DISTÂNCIA ENTRE OS EIXOS

Aqui, geralmente, coloca-se o motor sôbre guias esticadoras, de acôrdo com a Fig. 27.2, e desloca-se o mesmo, após a montagem da correia, de um percurso Sp por meio de parafusos esticadores:

Segundo a Fig. 27.14, tem-se
$$Sp = \frac{\Delta L}{2.5 \cos \delta \cos \beta} \tag{35}$$

com ΔL pela Eq. (32)

Pode-se, em vez disso, dispor o motor basculante em tôrno de um ponto fora do eixo do motor e esticá-lo com parafusos ou uma fôrça de mola contrária à tração da correia.

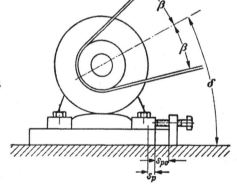

Figura 27.14 — Para o cálculo do percurso Sp segundo a Eq. 34

4. ATRAVÉS DA AUTOPROTENSÃO[6]

Funcionamento: A fôrça axial A e, assim, a fôrça lateral S_2 são relacionadas através de fôrças de reação de acionamento com a fôrça tangencial, de tal maneira que $m = S_1/S_2$ e a segurança contra o escorregamento para qualquer fôrça tangencial fica quase igual. Ver Figs. 27.15 e 27.13.

Vantagens: a autoprotensão fornece uma série de vantagens, que podem predominar sôbre o custo maior proveniente da instalação de autoprotensão:

1. maior fôrça tangencial admissível e menor solicitação nos mancais, pois a protensão adicional devida ao aumento de alongamento na correia não é necessária;
2. pode-se realizar, sem perigo de escorregamento, pequenos ângulos de abraçamento e, assim, relações bem grandes de multiplicação com pequenas distâncias entre eixos;
3. relativamente a 2, pode-se utilizar pequenos motores com alta rotação, para igual potência e rotação de trabalho;
4. maior rendimento em carga parcial;

[6] Para alguns documentos de patente, ver [27/28].

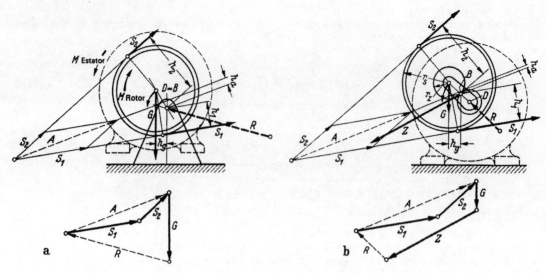

Figura 27.15 — Fôrças e momentos nas transmissões por correia construídas com autoprotensão: a com bascula (Poeschl, Fig. 27.2c) ou suporte basculante (Sespa, Fig. 27.3a); b com polia basculante (Sespa, Fig. 27.3b). Sôbre o pólo fixo D de rotação oscilam, em a, a polia e o motor; em b, a polia com a engrenagem. Para esta peça oscilante valem: 1. A soma dos momentos em tôrno de B é zero: $S_2 h_2 - S_1 h_1 \cdot Gh_g = Ah_a - Gh_g = 0$. 2. A soma das fôrças é zero: $S_1 + S_2 + \overline{G} + \overline{R} + \overline{Z} = \overline{A} + \overline{G} + \overline{R} + \overline{Z} = 0$, com a fôrça no dente $Z = 0$ para a disposição a, e fôrça de reação R no pólo de rotação D. 3. Relação de fôrças laterais: $m = S_1/S_2 = (Uh_2 + Gh_g)/(Uh_1 + Gh_g)$; para $Gh_g = 0$, $m = h_2/h_1$ e $ha = 0$, daí A passa pelo ponto de referência B. Para b vale ainda: $Z \cos \alpha \, r_2 = U r_s$, onde α é o ângulo de engrenamento das engrenagens

5. apoio suave da correia no abraçamento, menor manutenção (sem ajustagem posterior da protensão) e maior segurança de funcionamento.

Configuração: A autoprotensão pode ser executada:

1. através de apoio excentrítico basculante do motor de acionamento com polia (Figs. 27.2c e 27.3a) onde o momento de reação da carcaça do motor (M_{estator} na Fig. 27.15a) estica a correia;

2. com motor fixo, quando se apóia a polia na bascula e, por exemplo, no acionamento por meio de engrenagens, onde a fôrça de recuo das engrenagens estica a correia (Fig. 27.3b);

3. o ponto de referência B (Fig. 27.15) deve ser tal que a resultante das fôrças laterais S_1, S_2 (e pêso próprio G da peça basculante) passe por B. Aqui a relação $m = S_1/S_2$ é um pouco menor do que $e^{\mu \alpha}$ e a respectiva segurança ao escorregamento deve ser escolhida de acôrdo. A influência do pêso de oscilação G pode ser parcial ou totalmente eliminada por meio de contrapesos ou fôrça de mola.

27.8. ESCOLHA E ACOPLAMENTO DA CORREIA

A Tab. 27.2 apresenta um resumo dos dados e limites dos tipos conhecidos de correia. Além disso, devem-se observar os dados dos fabricantes.

1. *CORREIA DE COURO*[7]

Correia HG (= altamente flexível com até 7% de gordura): universalmente utilizada, principalmente para grandes solicitações, velocidades e freqüências de flexão e também para um d_1/s pequeno, por exemplo para acionamentos curtos, para esticadores, para rolos-guia e transmissões meio cruzadas.

Correia G (= flexível com um teor de gordura até 14%): utilizada para transmissões normais (v e d_1/s médios), inclusive para transmissões cruzadas e polias cônicas.

Correia F (= rígida com um teor de gordura até 25%): utilizada para v pequeno e d_1/s grande, principalmente para acionamentos com polias escalonadas ou cambiáveis, além disso para trabalho rude ou poeirento coberto ou livre.

---

[7] Escolha e designação das correias de couro, de acôrdo com os dados do sindicato interessado nas transmissões por correia de couro [27/29]:

a) segundo a porcentagem de gordura (HG, G ou F); b) segundo o curtimento, por exemplo curtido cru (L) para os casos normais, curtido cromo (C) para maior umidade ou temperatura ambiente acima de 60% ou vapores alcalinos; c) segundo o estiramento, por exemplo estiramento sêco (T) ou estiramento úmido (N), para diminuir o alongamento plástico em trabalho. Exemplo de designação: "HGLN" = altamente flexível, curtido cru e estirado úmido.

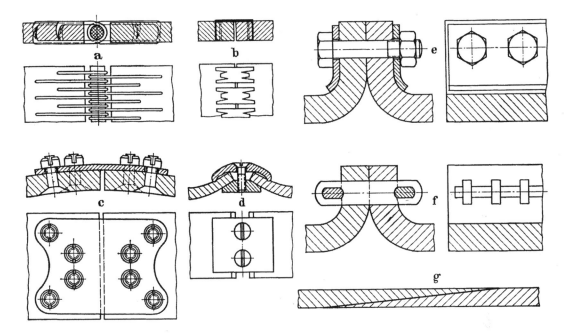

Figura 27.16 – Acoplamentos de correia para correias planas: a com grampos; b com ligação em ziguezague; c com ligação de placa Göha; d com garra; e com trilhos; f com ligação de barra; g correias coladas

2. CORREIAS DE BORRACHA E BALATA

Com refôrço de algodão ou com cordão de sêda. As correias de borracha são resistentes até cêrca de 70°C; as correias de balata (até 45%) são ainda aplicáveis a choques fortes, e as de cordonéis de balata, devido a sua alta resistência e pequeno alongamento, a solicitações especialmente altas.

3. CORREIAS TÊXTEIS

Utilizáveis de acôrdo com a matéria-prima, tipo de fiação e impregnação, onde os dados do fabricante devem ser observados. O alongamento de deslizamento é nêles geralmente menor do que nas correias de couro.

As *correias têxteis de alto rendimento inteiriças* são próprias para velocidades e freqüência de flexionamento especialmente altas, para d_1/s pequeno, por exemplo para o acionamento de fusos por atrito em alta rotação.

4. CORREIAS AGLOMERADAS COM MATERIAL SINTÉTICO

Resultado especialmente bom apresenta a construção com uma camada de poliamide a tração e uma camada sobreposta de couro de cromo.

Devido a sua altíssima resistência à tração, associada com boa capacidade de recuperação e alto coeficiente de atrito, são próprias para transmissões de especial alta capacidade, para transmissões curtas e para altas velocidades tangenciais. Além disso, consegue-se geralmente evitar, nessas correias de construção inteiriça, a ajustagem posterior do comprimento da correia.

5. FITA DE AÇO

Sòmente utilizável para grandes potências e grandes distâncias entre eixos (7 até 100 m) para $v = 20$ até acima de 45 m/s; as polias recebem aqui uma camada que aumenta o atrito (papel, cortiça ou couro).

27.9. DIMENSIONAMENTO PRÁTICO DAS CORREIAS PLANAS

Designações e dimensões segundo a pág. 89.

1. DEPENDÊNCIAS NECESSÁRIAS

Devem-se conhecer antes os dados de funcionamento N_1, n_1, n_2, as condições de funcionamento (coeficiente C pela Tab. 27.1), o tipo de correia prevista (Tab. 27.2) e a desejada distância entre eixos a.

2. DETERMINAÇÃO DAS DIMENSÕES

O diâmetro de polia d_1 mais recomendável pode ser aproximadamente determinado segundo Niemann e Richter por:

$$d_1 \approx y_1 \sqrt{\frac{d_1}{s}} \sqrt[3]{\frac{NC}{\sigma_{ad} n_1}}, \tag{36}$$

onde $y_1 = 80$ a 100 (menor y_1 dá maior largura de polia), $d_1/s = y_2(d_1/s)_{min}$ com y_2 de preferência $> 1{,}5$ até 2, $(d_1/s)_{min}$ e σ_{ad} pela Tab. 27.2.

O diâmetro da polia d_2 é obtido de

$$d_2 = \frac{100-\psi}{100} d_1 i \approx 0{,}985 d_1 i. \tag{37}$$

Finalmente fixa-se d_2 e, de preferência, também d_1 numa grandeza normalizada de acôrdo com a Tab. 27.3.

A espessura da correia é

$$s \approx \frac{d_1}{d_1/s} \tag{38}$$

adotada e ajustada às dimensões comerciais.

A largura necessária da correia tem, então:

$$\boxed{b \geqq \frac{NC}{N_0}} \tag{39}$$

Aqui N_0 é a potência transmissível por mm de largura de correia para $C = 1$. Ela pode ser obtida para correias HG e Extremultus, através das Figs. 27.18 e 27.19, e isto para os dados previstos de d_1 e s.

Para as outras correias, deve-se calcular N_0 de

$$\boxed{N_0 = (\sigma_{ad} - \sigma_F - \sigma_f - \sigma_S) \frac{vsk_{max}}{75}} \tag{40}$$

com $k_{max} = \dfrac{e^{\mu\alpha}-1}{e^{\mu\alpha}}$ para $\alpha_1 = 180°$, segundo a Fig. 27.17, σ_{ad} e μ pela Tab. 27.2; σ_F, σ_f, σ_s de acôrdo com as Eqs. (20) a (22).

A largura da correia b_s é adotada pela Tab. 27.4 um pouco maior do que b e fixada, de preferência, numa grandeza normalizada.

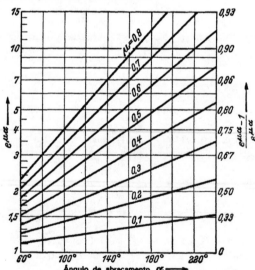

Figura 27.17 — $m_{max} = e^{\mu\alpha}$ e $k_{max} = (e^{\mu\alpha}-1)/e^{\mu\alpha}$ em função do ângulo de abraçamento α e do coeficiente de atrito μ

O cálculo do comprimento esticado da correia L é obtido das Eqs. (25) e (28).
O encurtamento necessário da correia ΔL e o percurso de esticamento Sp é obtido das Eqs. (32) e (35).

3. CONTRÔLE DAS SOLICITAÇÕES

Para o contrôle das máximas tensões na correia $\sigma_{max} \leqq \sigma_{ad}$ pelas Eqs. (17) a (22), a freqüência de flexionamento B pela Eq. (16), o cálculo de fôrça axial A pelas Eqs. (14) e (34); para os dados admissíveis ver Tab. 27.2.

27.10. EXEMPLOS DE CÁLCULO PARA CORREIAS PLANAS

1. *EXEMPLO* 1

Acionamento por correia de uma fresa através de um motor elétrico com guias de esticamento, segundo a Fig. 27.2a.

Dados: $N = 18$ CV, $n_1 = 1500$, $n_2 = 850$, $i = n_1/n_2 = 1,76$,

$a = 600$ mm, tempo de funcionamento aproximadamente $= 8$ horas/dia.

Adotado: acionamento aberto com correia de couro HG e motor sôbre guias esticadoras. Tem-se, aqui, pela Tab. 27.2 $\sigma_{ad} = 0,44$, $B_{max} = 25$ e $(d_1/s)_{min} = 20$; além do mais, pela Tab. 27.1, $C = C_1 C_2 C_3 C_4 C_5 = 1,25 \cdot 1 \cdot 1,19 \cdot 1,035 \cdot 1 = 1,54$, onde foi avaliado: $B = 15$, $\alpha_1 = 165°$.

Determinação de d_1, d_2, s, b e b_s: segundo a Eq. (36), tem-se $d_1 \approx 198$ com a introdução de $y_1 = 90$ e $d_1/s = 40$; adotado $d_1 = \underline{200 \text{ mm}}$ pela Tab. 27.3.

Segundo a Eq. (37), tem-se $\overline{d_2} \approx 348$; adotado $d_2 = \underline{355}$ pela Tab. 27.3; pela Eq. (38), tem-se $s = 5$ mm. De acôrdo com a Fig. 27.18 tem-se para isso $s_f = 3,75$ e $N_0 \approx 0,22$ CV/mm e, assim, pela Eq. (39), $b \approx 130$; para isso foi adotado $b_s = \underline{160}$ pela Tab. 27.4.

Determinação de L, ΔL e Sp:

Pela Eq. (24), tem-se sen $\beta = 0,1293$, $\beta = 7,4°$, cos $\beta = 0,9915$, assim $\alpha_1 = 180° - 2\beta = 165°$.
Pela Eq. (25), tem-se $L = \underline{2098 \text{ mm}}$. Segundo a Eq. (1), tem-se $v_1 = 15,7$.
Pela Eq. (32), tem-se $\Delta L = 0,75 L/100,75 = 15,6$ e assim $L_0 = L - \Delta L = \underline{2082}$.

Pela Eq. (35), tem-se $Sp = \dfrac{15,6}{2,5 \cdot 1 \cdot 0,991} = \underline{6,3}$, quando cos $\delta \approx 1$.

Verificação de σ_{max}, B e A: pela Eq. (33), tem-se $(\sigma_1 + \sigma_F)_{max} = 0,75 \cdot 45/100 + 0,5 \cdot 0,166 = 0,421$ com a introdução de $\sigma_U = 0,166$ pela Eq. (19) e $E = 45$ pela Tab. 27.2.

Pela Eq. (22), tem-se $\sigma_f = \dfrac{3 \cdot 5}{200} = 0,075$. Assim, tem-se, pela Eq. (17), $\sigma_{max} = \underline{0,496}$ antes do amaciamento, em comparação a $\sigma_{ad} = 0,44$ após o amaciamento. A ultrapassagem é admissível, pois σ_{max} diminui com o amaciamento.

Pela Eq. (6), $B = \dfrac{10^3 \cdot 2 \cdot 15,7}{2098} = \underline{15}$.

Pela Eq. (34), $A_{max} = \dfrac{0,75 \cdot 45}{100} \cdot 2,130 \cdot 5 \cdot 0,991 = 435$ kgf.

Sem a protensão adicional, pode-se aproveitar, para o alongamento plástico previsto na correia, $m = e^{\mu\alpha} = 3,7$ para a transmissão da fôrça (para $\mu = 0,457$); respectivamente satisfaz $\varepsilon = 0,37$ pela Eq. (31) e $A_{max} = 215$ kgf (em vez de 435).

2. *EXEMPLO* 2

Acionamento por correia, de acôrdo com o Ex. 1, mas com correias Extremultus.
Calculado pela Fig. 27.19, tem-se, para 2 correias $2A$, $d_1 = 200$ e $n_1 = 1500$, o valor $N_0 = 0,255$. Pela Eq. (39), tem-se para isso, $b = \dfrac{18 \cdot 1,54}{0,255} \approx 110$ mm.

A protensão é obtida pela Eq. (32) através do encurtamento único da correia de $\Delta L = 3L/10^3 = 61$ mm.

Verificação de σ_{max} e A: segundo a Eq. (33), tem-se $(\sigma_1 + \sigma_F)_{max} = 3 \cdot 55/100 + 0,5 \cdot 0,977 = 2,14$, com a introdução de $\sigma_U = 0,977$ e $E = 55$. Pela Eq. (21), $\sigma_f = 0,275$; assim $\sigma_{max} = \underline{2,42}$ antes do amaciamento, em comparação com $\sigma_{ad} = 2,0$ após o amaciamento.

Pela Eq. (34), $A_{max} = \dfrac{3 \cdot 55}{100} \cdot 2 \cdot 110 \cdot 1 \cdot 0,991 = \underline{360 \text{ kgf}}$.

3. *EXEMPLO* 3

Acionamento por correia de acôrdo com Ex. 2, mas com autoprotensão pela Fig. 27.3. Aqui $C_5 = 0,8$ em vez de 1,0, assim $C = 1,23$ em vez de 1,54 e, relativamente, $b = \underline{87 \text{ mm}}$, em vez de 110.

Verificação de σ_{max} e A: tem-se, aqui, $m = e^{\mu\alpha} = 3,7$ para $\mu = 0,457$. Segundo a Eq. (18), $\sigma_1 = 1,68$; $\sigma_F + \sigma_f = 0,338$ como no Ex. 2, assim $\sigma_{max} = \underline{2,02}$ em relação a $\sigma_{ad} = 2,0$. Pela Eq. (14), $A \leq \underline{186 \text{ kgf}}$.

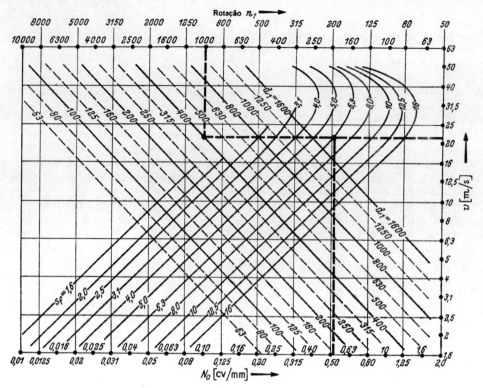

Figura 27.18 — Gráfico de potência para correias de couro HG para $C = 1$ (segundo Niemann)*

Observe: $s_f = s(1 - 10 s/d_1)$

Para s .... =	3	4	5	6	7	8	10	12	14	16	18	20 mm
Sendo d_{min} .... =	60	80	100	120	150	200	300	400	600	800	900	1000 mm
Para $d_1 = d_{min}$ Sendo $s_f =$	1,50	2,00	2,50	3,00	3,73	4,80	6,67	8,40	10,7	12,8	14,4	16,0 mm
Para $d_1 = 2 d_{min}$ Sendo $s_f =$	2,25	3,00	3,75	4,50	5,37	6,40	8,33	10,2	12,4	14,4	16,2	18,0 mm

Exemplo: Para $n_1 = 1000$, $d_1 = 400$ tem-se $v = 21$ e para $s = 8$ tem-se $s_f = 6,4$ e $N_0 = 0,53$

4. EXEMPLO 4

Transmissão por correia, de acôrdo com o Ex. 2, mas com polia esticadora segundo a Fig. 27.2. Tem-se, aqui, $C_5 = 0,8$ em vez de 1,0 e $C_4 = 0,96$ para $\alpha_1 = 200°$ em vez de 1,035; assim $C = 1,14$ em vez de de 1,54 e, relativamente, $b = 81$ mm em vez de 110.

Verificação de σ_{max}, A e $\overline{B}$: neste caso, $m = e^{\mu \alpha} = 4,9$ para $\mu = 0,457$ e $\alpha_1 = 200°$.

Pela Eq. (18), $\sigma_1 = 1,66$; $\sigma_F + \sigma_f = 0,338$; assim $\sigma_{max} = \underline{2,00}$ em relação a $\sigma_{ad} = 2,0$.

Pela Eq. (14), $A \leq \underline{162 \text{ kgf}}$. Pela Eq. (16), $B = \dfrac{10^3 \cdot 3 \cdot 15,7}{2103} = \underline{22,4}$.

5. COMPARAÇÃO DOS RESULTADOS DOS EXS. 1 - 4

Exemplo	Com tensão através de	b mm	s mm	U kgf	A kgf	B	$\dfrac{\sigma_{max}}{\sigma_{ad}}$
1. Correia de Couro HG	Guias esticadoras	130	5	107	435	15	1,13
2. Extremultus 2 A	Encurtamento de correia	110	1	107	360	15	1,21
3. Extremultus 2 A	Autoprotensão	87	1	107	186	15	1,01
4. Extremultus 2 A	Polia esticadora	81	1	107	162	22,4	1,0

*Os gráficos devem mostrar como se pode representar, diretamente, para condições definidas (correia e condições de acionamento definidas), as 5 grandezas n_1, v, d_1, s e N_0 com suas relações, num gráfico para o cálculo prático das transmissões por correia. A Fig. 27.18 foi representada pelos dados de carga do sindicato de interêsses para acionamento por correia de couro Düsseldorf [27/49], e a Fig. 27.19 através dos dados da firma Siegling, Hannover.

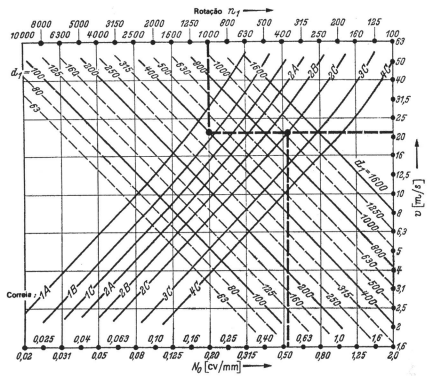

Figura 27.19 — Gráfico de potência para correias Extremultus com $C = 1$ (segundo Niemann)*

Observe:

Para correias =	1 A	1 B	1 C	2 A	2 B	2 C	3 C	4 C
Sendo d_{min} =	70	90	120	150	190	250	350	500 mm
b_{max} =	250	250	250	250	500	750	750	700 mm

Exemplo: para $n_1 = 1\,000$, $d_1 = 400$ tem-se $v = 21$ e para correias 2C tem-se $N_0 = 0,53$

27.11. TABELAS PARA O CÁLCULO DE TRANSMISSÕES POR CORREIA

TABELA 27.1** — *Coeficiente* $C = C_1 C_2 C_3 C_4 C_5$ *para correias planas.*
Coeficiente $C = C_1 C_2 C_3 C_4 C_5 C_6 C_7$ *para correias em V.*

Coeficiente C_1 para o grau de desregularidade da máquina de trabalho (fator de choque)	
Máquinas funcionando sem choque, para potência perfeitamente conhecida	1,0 ··· 1,1
Bombas centrífugas, ventiladores, centrífugas	1,1 ··· 1,2
Retíficas, fresas e pequenos tornos, correias transportadoras, funiculares	1,2 ··· 1,25
Furadeiras, moinhos de trigo, tornos, máquinas frigoríficas e de matadouro	1,25 ··· 1,35
Acionamento múltiplo, grandes tornos, máquinas para o trabalho em madeira, calandras, máquinas têxteis e lavadeiras, tambores de secagem e de polimento	1,35 ··· 1,45
Plainas limadoras e de mesa, compressor de êmbolo, pequenos laminadores, prensas com volante, trefiladoras, máquinas de extrusão, transportadores para material meio duro, misturadores e moinhos de cimento, afiadores de serra	1,45 ··· 1,55
Teares, transportadores para material duro, moinhos de bolas e de martelo, marteletes, trituradores de pedra	1,55 ··· 2,0
Máquinas com grau de irregularidade muito grande, por exemplo laminadores pesados	2,0 ··· 2,5

Coeficiente C_2 para as condições de contôrno		Coeficiente C_3 para a vida							
Ar sêco, temperatura normal	1,0	tempo de funcionamento	B/B_{max}						
Ar úmido e poeirento, grandes diferenças de temperatura	1,1		0,16	0,24	0,32	0,4	0,48	0,6	0,8	1,0
Pulverizadores de óleo	1,25	3 ··· 4	0,95	1,00	1,03	1,06	1,11	1,16	1,28	1,45
Úmida ou diferenças muito grandes de umidade	1,3	8 ··· 10	1,00	1,02	1,05	1,09	1,14	1,19	1,33	1,54
		16 ··· 18	1,03	1,07	1,11	1,18	1,25	1,33	1,54	1,89
		24	1,07	1,14	1,22	1,32	1,43	1,56	1,93	2,38

*Ver rodapé da pág. 100.

**Os coeficientes C_1 até C_4 são, segundo os dados do sindicato de interêsse em correias de couro, Düsseldorf, para correias de couro HG. Para outros tipos de correias (Tab. 27.2), C_2 e C_3 só têm valor aproximado. Um coeficiente C maior significa maiores dimensões necessárias ou uma potência admissível menor.

Tabela 27.1 (continuação).

Coeficiente C_4 para o ângulo de abraçamento α_1 de correias planas (F) e de correias em V (K)

α	70°	80°	90°	100°	110°	120°	130°	140°	150°	160°	170°	180°	190°	200°	210°	220°
$C_4(F)$			1,40	1,33	1,27	1,21	1,16	1,12	1,08	1,05	1,02	1,0	0,98	0,96	0,94	0,935
$C_4(K)$	1,73	1,59	1,47	1,37	1,28	1,22	1,16	1,12	1,08	1,05	1,02	1,0				

Coeficiente C_5 para o tipo de esticamento da correia

$C_5 = 1,0$ para a tensão de alongamento através de parafusos esticadores (e no encurtamento de correias Extremultus e de fitas de aço),

$C_5 = 1,2$ para a tensão de alongamento por meio do encurtamento da correia (com exceção da Extremultus e da fita de aço),

$C_5 = 0,8$ para a autoprotensão ou polias esticadoras

Coeficientes C_6 e C_7 para correias em V:
$C_6 = 1$ para $d_1 \geq d_{min}$, $C_6 = d_{min}/d_1$ para $d_{min} > d_1$,
$C_7 = 1$ para $j = 1$, $C_7 \approx 1,25$ para $j \geq 2$.

TABELA 27.2 — Dados de referência para correias planas.

Correia		E kgf/mm²	σ_r kgf/mm²	s^1 mm	b mm	γ kgf/dm³	σ_{ad} kgf/mm²	μ^2	E_f kgf/mm²	$(d_1/s)_{min}$ ³	B_{max}^4 1/s	v
Couro	HG (altamente flexível)	45	3,0	a) 3··7 b) 8··12 c) 14··20	20··600 ··1800 ··1800	0,9	0,44			3 5 7	20 25 35	25
	G (flexível)	35	3,0	a) 3··7 b) 8··12 c) 14··20	20··600 ··1800 ··1800	0,95	0,44	$0,3 + \dfrac{v}{100}$ ⁸		4 6 8	25 30 40	10
	F ou S (rígida ou normal)	25	2,5	a) 3··7 b) 8··12 c) 14··20	20··600 ··1800 ··1800	1,0	0,39			5 7 9	30 35 45	5
Borracha-balata	Borracha-algodão	35··120	4,5··6	(3··7) ×1,3 ×1,1 ×0,7	20··300	1,2	0,39	0,5		5	30	9··6 9··6 30··20
	Balata-algodão	90··150	5··6,5	(3··8) ×1,2 ×0,6	20··300	1,25	0,44	0,5		5	25	10··5 30··20
	Balata-cordonel			4 ou 5	60··270	1,25	0,55	0,5		3	20	20··15
Têxtil	Sêda sintética impregnada		5	2··18		1,0	0,39	0,35		4	25	
	Lã celular aglomerada		4,5··5	2··10		1,1	0,39	0,8		4	25	
	Algodão		3··5	4··12		1,3	0,39	0,3		4	20	
	Lã de camelo		3··4	(3··6) ×1,8		1,15	0,44	0,3		4	20	
	Trançado sem fim⁶		>10	0,4··12	10··2000	0,9	0,88	0,3		4	15	80
Correias aglomeradas com material sintético⁷	A B C	55	20	(1··2)×0,5 (1··2)×0,7 (1··4)×0,9	10··250 10··500 10··750	$1,2 + \dfrac{q}{s}$	2,0	$0,3 + \dfrac{v}{100}$	55		80 90 100	
Fita de aço sôbre polias revestidas com cortiça		21 000	150	0,6··1,1	20··250	7,8	33	0,25	21000	1000		

¹Couro: a), b), c) = correias com 1, 2, 3 camadas. Caso contrário, por exemplo (3··7) × 1,3 significa 3 até 7 camadas com uma espessura 1,3 cada.

²O verdadeiro coeficiente de atrito é geralmente maior; êle cresce principalmente com o escorregamento ψ; $\psi = 0,5 \cdots 2\%$.

³Abaixo dêsse limite, diminuem a potência transmissível e a vida; normalmente, tem-se o dôbro.

⁴Acima dêsse limite diminui a vida; os valores maiores valem para as espessuras s menores de correia.

⁵Acima dêsse limite diminui a potência transmissível devido ao aumento da componente de fôrça centrífuga.

⁶Para as correias de alta capacidade, segundo AWF 21-TH de linho, rami, rayon, sêda natural ou fibra sintética; resistência mínima $\sigma_{r\,min} = 10$ kgf/mm².

⁷Os dados apresentados valem para correias Extremultus da firma Siegling, Hannover. Aqui s é a espessura da camada a tração de poliamido; $q = 1,3$ para uma camada superposta unilateral de couro cromo (1,5 mm de espessura), $q = 2,6$ para a cobertura dos dois lados.

⁸μ vale para o funcionamento sôbre o lado peludo; para funcionamento do lado liso, tem-se $\mu \approx 0,2 + v/100$.

TABELA 27.3 — Diâmetros de polias normalizadas d para correias planas (DIN 111) e correias em V (DIN 2 217).

20*	22*	25*	28*	32*	36*	40	45	50	56	63	71	80	90	100	112	125
140	160	180	200	224	250	280	315	355	400	450	500	560	630	710	800	900
1000	1120	1250	1400	1600	1800	2000	2240	2500	2800	3150	3550	4000	4500	5000		

*Sòmente para correias em V.

TABELA 27.4 — *Larguras de polias normalizadas b_s para correias planas (DIN 111 e 387) e dados de referência para b_s.*

Normalizadas:	16	20	25	32	40	50	63	80	Referências: para transmissões abertas $b_s \geq 1,12\,b$;
	100	125	140	160	180	200	224	250	cruzadas $b_s > 1,3\,b$;
	280	315	355	400	450	500	560	630	encaixadas $b_s > 2\,b$

TABELA 27.5 — *Perfis de correia em V, menor diâmetro de polias e comprimento da correia pela DIN 2215 (janeiro de 50).*

b		5	6	8	10	13	17	20	25	32	40	50
s		3	4	5	6	8	11	12,5	16	20	25	32
d_{min}		22	32	45	63	90	125	180	250	355	500	710
L_t	de	150	212	296	420	585	832	1100	1650	2303	3230	4600
	até	860	1262	1916	2820	4275	6332	9540	14050	18063	18080	18100

27.12. TRANSMISSÕES POR CORREIA EM V

Através da ranhura em V com um ângulo de cunha γ_s (Fig. 27.20) aumenta-se a fôrça normal de apoio sôbre a superfície de apoio, de tal maneira que é suficiente uma fôrça menor de protensão em relação às correias planas. Nas configurações normais (Tab. 27.21) $\gamma_s = 34°$ para diâmetros de polias $d = d_{min}$. O ângulo de cunha γ_R da correia esticada deve ser um pouco maior, pois com o dobramento da correia sôbre a polia ela diminui (deformação da secção transversal por meio da tensão de tração ou de compressão nas fibras externas ou internas, respectivamente). Para polias maiores, deve-se, por isso, ter também um γ_s maior, para ajustar o ângulo da correia menor dobrada, por exemplo: $\gamma_s = 36°$ para $d = 2,22\,d_{min}$. Pràticamente constrói-se com $\gamma_s = 32°$ a $36°$ e $\gamma_R = 35°$ a $39°$.

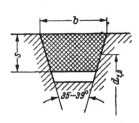

Figura 27.20 — Principais dimensões das correias em V. O ângulo de cunha da correia esticada é $\gamma_R = 35$ a $39°$; o ângulo de cunha de ranhura da polia é $\gamma_s = 36°$ para as grandes, $34°$ para as médias e $32°$ para valores pequenos de d/s

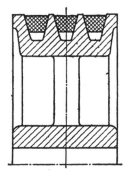

Figura 27.21 — Polia fundida para correia em V com 3 correias em V

1. DISPOSIÇÃO

Utilizam-se aqui, principalmente, transmissões abertas, e raras vêzes transmissões com polias esticadoras. As transmissões por correia em V cruzadas devem, de preferência, ser evitadas devido ao desgaste muito grande. A Fig. 27.4 mostra uma transmissão por correia em V com variação contínua na relação de multiplicação.

2. CÁLCULO DE RESISTÊNCIA

As fôrças e as tensões são calculadas, como nas correias planas, pelas Eqs. (6) a (22). Adota-se, aqui, como coeficiente de atrito calculado, $\mu = \mu_{real}/\mathrm{sen}\, 0,5\, \gamma$, para considerar a fôrça normal de apoio aumentada por γ_s. Para as correias em V traçadas de borracha, tem-se $\mu \approx 1$ até 2,5, de acôrdo com a qualidade da superfície de funcionamento da correia. A tensão de flexão só é pràticamente considerada no cálculo, para diâmetros de polias muito pequenos, através de C_6 (Tab. 27.1).

3. DIMENSIONAMENTO PRÁTICO

Para o cálculo do ângulo de abraçamento α_1 e o comprimento da correia L têm-se as Eqs. (23) e (25). Como diâmetros nominais são adotados os diâmetros médios d_1 e d_2, de acôrdo com a Fig. 27.20.

Quando é dada a potência N, a rotação n_1 e a relação de multiplicação i, escolhe-se a correia com d_{min} e b, pela Fig. 27.22. Em seguida, fixa-se

$$d_1 > d_{min} \qquad (41)$$

e

$$d_2 \approx 0,985\, i\, d_1 \qquad (42)$$

pela Tab. 27.3. Donde se obtém, da Fig. 27.22, N_0 para $n_1 d_1/d_{min}$. O número necessário de correias é obtido de:

$$\boxed{j \geq \frac{NC}{N_0}} \qquad (43)$$

Aqui C é adotado pela Tab. 27.1.

Para dimensões prefixadas, obtém-se a potência transmissível com N_0, segundo a Fig. 27.22.

$$\boxed{N_{ad} = \frac{jN_0}{C}} \qquad (44)$$

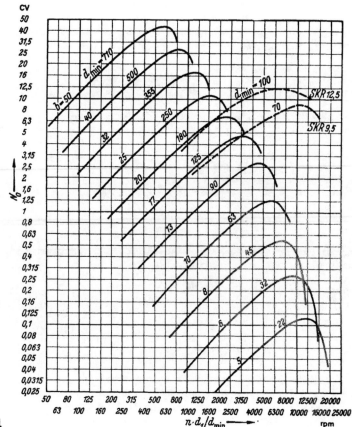

Figura 27.22 — Gráfico de potência para correias em V inteiriças (pela DIN 2 218) e correias delgadas em V (SKR pela Continental, Hannover) para $C = 1$. n é a rotação da polia menor

4. DADOS DE REFERÊNCIA

Distância entre eixos

$$a \approx 1d_2 \text{ a } 1,5 d_2 \leq 2(d_1 + d_2). \tag{45}$$

O comprimento interno da correia $L_i = L - \pi s$ deve ser encontrado nas correias inteiriças em V, entre os valores dados na Tab. 27.5.

Freqüência máxima de flexionamentos $B_{max} \approx 40$.

Para obter a necessária protensão, deve-se adotar um comprimento de correia, livre de tensão, aproximadamente 0,5 até 1% menor do que L.

Nas correias em V inteiriças, utilizam-se, principalmente, guias de esticamento para posterior ajustagem.

A *fôrça axial* é aproximadamente $A = 2,0\,U$ a $3\,U$ nas transmissões por correia em V com tensão de alongamento.

5. EXEMPLO

Dados: acionamento de um tôrno com $N = 7,5$ CV, $n_1 = 1500$; $n_2 \approx 675$ e 8 horas/dia de trabalho.
Adotado: segundo a Tab. 27.5, $d_{min} = 125$; $b = 17$; $s = 11$ mm; segundo a Tab. 27.3, $d_1 = 160$ mm.
Adotado: $a = 1,27$, $d_2 = 450$, segundo a Eq. (45).
Pela Tab. 27.1: $C = 1,25 \cdot 1 \cdot 1,07 \cdot 1,065 \cdot 1 \cdot 1 \cdot 1,25 = 1,78$.

Com C_3 e C_4 para: $v_1 = 12,5$ pela Eq. (1); sen $\beta = 0,5(355 - 160)/450 = 0,217$, pela Eq. (24); assim, $\beta = 12,5°$ e $\alpha_1 = 155°$, pela Eq. (23). Para $L = 900 \cdot 0,975 + 1,57 \cdot 525 + 0,218 \cdot 195 = \underline{1743}$, segundo a Eq. (25), tem-se $B = 10^3 \cdot 2 \cdot 12,5/1743 = 14,4$. Aqui tem-se, para 8 horas de funcionamento por dia e $B_{max} = 40$, $B/B_{max} = 0,36$ e $C_3 = \underline{1,07}$ e, em seguida, $C_4 = \underline{1,065}$ para $\alpha = 155°$. Pela Fig. 27.22, tem-se, para $n_1 d_1/d_{min} = 1920$, o valor $\overline{N_0} = 3,8$. Assim $j \geq 3,5$, pela Eq. (42).

Adotado: 4 correias em V $17 \cdot 11$.

27.13. BIBLIOGRAFIA

1. Normas

DIN 109 Beziehung zwischen Lastdrehzahlen, Riemenscheibendurchmessern und Umfangsgeschwindigkeiten
111 Riemenscheiben, Hauptmasse
387 (Proposta em 1955) Flachriemen, Masse, Werkstoff, Ausführung
2215 Endlose Keilriemen

DIN 2216 Endliche Keilriemen
2217 Keilriemenscheiben
2218 Keilriemen, Berechnung der Antriebe und Leistungswerte
42943 Wellenenden und Riemenscheiben für elektrische Maschinen
7753 (Proposta em 1958) Schmalkeilriemen

2. Fôlhas AWF

AWF 21-1 Flachriemen
21-TH Endlos gewebte Textil-Hochleistungsriemen
21-HF Hilfstabellen zur Berechnung von Flachriementrieben

AWF 21-BF Berechnungsblatt für Flachriemen
21-LR Tabellenschieber "Ledertreibiemen-Berechnung"

3. Livros

[27/1] *STIEL:* Theorie des Riemenantriebs. Berlin: Springer 1915.
[27/2] *SCHULZE-PILLOT:* Neue Riementheorie nebst Anleitung zum Berechnen von Riemen. Berlin: Springer 1926.
[27/3] *v. ENDE:* Riemen- und Seiltriebe. Berlin: de Gruyter 1933, Sammlung Göschen N.° 1075.
[27/4] *WELISCH:* Der Treibriemen. Berlin-Nikolassee: Gebr. Borntraeger 1941.
[27/5] —: Riementriebe, Kettentriebe, Kupplungen, Braunschweig: Vieweg 1954.
[27/6] *SPIZYN, RÖBER, HEIDEBROCK:* Ausgewählte Kapitel über neuzeitliche Maschinenelemente (Auch Riementriebe). Berlin 1955, pp. 57-97.

4. Publicações

Transmissões em geral

[27/10] *ARP:* Gummi und Balata-Riemen; In: Riementriebe, Kettentriebe, Kupplungen. Braunschweig: Vieweg 1954.
[27/11] *BRENDER:* Rückkehr zum Flachriemen. Werkst. u. Betr. Vol. 90 (1957) pp. 129-132.
[27/12] *BUSSMANN:* Probleme bei der Berechung und der Gestaltung von Treibriemen und Riementrieben. In: Riementriebe, Kettentriebe, Kupplungen. Braunschweig: Vieweg 1954.
[27/13] *BUSSMANN:* Jahresübersicht Treibriemen und Riementriebe. VDI-Ztschr. 100 (1958) pp. 259/60 e (1959) pp. 261/263.
[27/14] *BUSSMANN:* Versuche zur Ermittlung der Dauerbiegefestigkeit von Ledertreibriemen. Z. VDI Vol. 82 (1938) p. 1249.

[27/15] *DAHL:* Lederflachriemen. In: Riementriebe, Kettentriebe, Kupplungen. Braunschweig: Vieweg 1954.
[27/16] *HEYDE:* Die Kräftebeziehungen beim Riementrieb. Forschung Vol. 7 (1936) pp. 275-287.
[27/17] *IWANOW:* Die neuzeitliche Berechnungsmethode für Treibriemen. Maschinenbautechnik Vol. 4 (1955), pp. 225-230.
[27/18] *MORSCHUTT:* Textilriemen. In: Riementriebe, Kettentriebe, Kupplungen. Braunschweig: Vieweg 1954.
[27/19] *OVERHOFF:* Flachrimentrieb mit kurzem Abstand (POESCHL-Kurztrieb). Österr. Maschinenmarkt u. Elektrowirtsch. Vol. 4 (1949) Cads. 6,7.
[27/20] *PAHL:* Kunststoffriemen. In: Riementriebe, Kettentriebe, Kupplungen. Braunschweig: Vieweg 1945.

Transmissões autoprotensionadas

[27/25] *BRENDER:* Sespa — Selbstspannende Flachriemen-Kurztriebe. Der Maschinenmarkt Vol. 60 (1954) N.º 67.
[27/26] *DAHL:* Selbstspannende Riementriebe. Konstruktion Vol. 6 (1954) pp. 296-299.
[27/27] *LEYER:* Der Sespa-Antrieb. Schweiz. Bauztg. Vol. 72 (1954) N.º 4.
[27/28] Einige Patentschriften: Leder u. Co., Dtsch. Pat. 921 658 (1954); MACHENBACH: DRP. 400 322 (1922); POESCHL, Schweiz. Pat. 249 700 (1940); WAGNER: Frz. Patent 810 275 (1936).
[27/29] —: Der Sespa-Antrieb für Werkzeugmaschinen. Konstruktion 11 (1959) pp. 112-114.

Correias em V

[27/35] Berechnung und Gestaltung von Keilriementrieben unter besonderer Beachtung der Normblätter Werkst. u. Betr. Vol. 80 p. 15.
[27/36] *LINK:* Endlose Keilriemen. In: Riementriebe, Kettentriebe, Kupplungen. Braunschweig: Vieweg 1954.
[27/37] *RUMBLE:* Verbesserte Keilriementriebe. Modern Material Handling Vol. 9 (1954) pp. 115-119.
[27/38] —: Keilriementriebe mit Durchmessereinstellung. Design News Vol. 10 (1955) p. 40.
[27/39] —: Keilriemen aus Synthetischem Gummi. Design News Vol. 9 (1954) p. 111.
[27/40] *KUTZBACH:* Versuche mit Keilriemen. VDI-Ztschr. 77 (1933), pp. 238-243.
[27/41] *KUTZBACH:* Das Übersetzungsverhältnis bei Keilriementrieben. VDI-Ztschr. 78 (1934), p. 315.
[27/42] *DITTRICH:* Theorie des Umschlingungsgetriebes mit keilförmigen Reibscheibenflanken. Diss. T. H. Karlsruhe 1953.
[27/43] *TIEL:* Experimentelle Untersuchungen über das Verhalten von Keilriemen bei der Übertragung schnell wechselnder Drehmomente. Diss. T. H. Braunschweig 1958. Reeditado, ver VDI-Ztschr. (1959) pp. 236-244 e 309-318.

5. Catálogos

[27/49] —: Leistungstabelle für Ledertreibriemen. Herausgegeben von Interessengemeinschaft Ledertreibriemen, Düsseldorf. Schriften der Firmen: Continental, Hannover; Desch, Neheim-Hüsten; Flender, Bocholt; Antriebe AG, Rapperswil SG (Schweiz); Siegling, Hannover; Masch.-Fabr. Wülfel, Hannover-Wülfel und andere.

28. Rodas de atrito

28.1. TIPOS CONSTRUTIVOS E UTILIZAÇÃO

Nas transmissões por roda de atrito, transmite-se a fôrça tangencial entre as duas rodas ou polias em contato por meio de atrito. Por conveniência, distinguem-se rodas de atrito constante, variáveis e cônicas.

1. NAS RODAS DE ATRITO CONSTANTE

tem-se, segundo as Figs. 28.1 a 28.3, um diâmetro útil nas rodas de atrito e, assim, uma relação de multiplicação constante; além disso, as rodas estão em permanente contato. Em relação à transmissão por correia, que também forma um ciclo fechado de fôrças, as rodas de atrito permitem uma transmissão indireta de fôrça (sem a introdução da correia elástica com suas vantagens e desvantagens) para dimensões de polias e fôrças nos mancais aproximadamente iguais, contanto que seja utilizada uma associação de atrito de borracha ou material aglomerado sôbre aço ou ferro fundido cinzento.

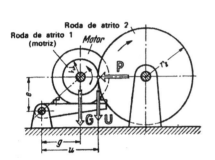

Figura 28.1 – Rodas de atrito cilíndricas (1 e 2) com auto-pré-compressão. Fôrça de compressão
$$P = \frac{Uu + Gg}{e}$$

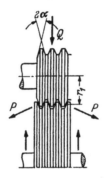

Figura 28.2 – Rodas de atrito com ranhuras cônicas para diminuir a necessária fôrça transversal $Q = z\,P\,\text{sen}\,\alpha$; número de associações $z = 6$

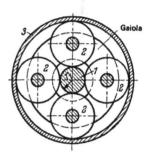

Figura 28.3 – **Rodas** de atrito cilíndricas como transmissão **planetária**. Observem-se a eliminação das fôrças nos mancais e a compressão devido a dimensão menor do anel externo 3. Saída da transmissão na gaiola ou no anel externo

Nas rodas de atrito, a fôrça de compressão e a fôrça de transmissão estão concentradas numa parte muito estreita sôbre o contôrno da polia, de tal maneira que a solicitação local é muito maior do que na transmissão por correia. Outros dados comparativos, inclusive com outras transmissões, podem ser vistos nas págs. 89 a 91 do Vol. II.

Em relação às rodas de atrito constante, devem-se levar em conta, ainda, as rodas de acionamento por atrito de veículos sôbre trilhos e autoveículos, onde o trilho e a estrada, respectivamente, servem de roda oposta.

2. NAS RODAS DE ATRITO VARIÁVEIS

liga-se e desliga-se a fôrça de compressão e, assim, a transmissão de fôrça, livremente ou forçada (por exemplo, levantando-se a roda de atrito 1 na Fig. 28.1); as rodas de atrito servem, ao mesmo tempo, como câmbio. Exemplos conhecidos são as transmissões por roda de atrito com motor em funcionamento contínuo para prensas, martelo de queda e elevadores **de obras**.

Com o princípio de levantar uma das rodas de atrito, pode-se construir também redutores com várias marchas, por exemplo como as do tipo do redutor "NORTON", com rodas de atrito em vez de engrenagens.

Com a limitação da fôrça de compressão, as rodas de atrito atuam como acoplamentos de segurança com escorregamento; como exemplo, observe-se a Fig. 28.10 e [28/35].

3. NAS RODAS DE ATRITO CÔNICAS

desloca-se ou articula-se uma roda de atrito, geralmente no funcionamento contínuo e sem interrupção de transmissão de fôrça, de tal maneira que o raio útil de atrito (por exemplo r_2 nas Figs. 28.4 e 28.7, e r_1 nas Figs. 28.5 e 28.6) e a relação de multiplicação variam continuamente.

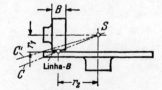

Figura 28.4 — Rodas de atrito com escorregamento forçado. Linha-B corta linha-C; $\alpha_4 = 90°$; $\alpha_2 = 0$. Será vantajosa uma associação cônica com a linha de contato B sôbre o eixo de rolamento C (nenhum escorregamento forçado)

Nos campos maiores de regulação, é preferível uma associação em série com vários pares de rodas de atrito, pois a potência média de perda devida ao escorregamento forçado (ver a pág. 112) cresce aproximadamente com o quadrado do campo de regulação do degrau de regulagem $x = i_{max}/i_{min}$. Na associação em série, tem-se, ainda, a possibilidade de fixar o eixo de acionamento, assim como o eixo acionado, e prever a movimentação de regulação, segundo as Figs. 28.5 e 28.6, sòmente na parte intermediária.

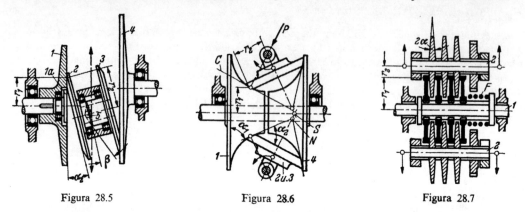

Figura 28.5   Figura 28.6   Figura 28.7

Figura 28.5 — Transmissão variável com discos planos e cônicos, de acôrdo com o sistema Wesselmann [28/70]. Disco livre 1a e automático de compressão com esfera 5 nas cavidades cônicas (ângulo de inclinação β) na distância a do eixo de rotação, segundo Niemann. Conseqüente fôrça axial $A = Ur_2/(a \,\mathrm{tg}\, \beta)$ e fôrça de compressão $P = A/\cos \alpha_2$

Figura 28.6 — Transmissão variável de acôrdo com o sistema Gerdes e Arter [28/70]. Ela fornece um escorregamento forçado muito pequeno, devido sòmente ao fato de discordarem um pouco o ponto de cruzamento S dos eixos e o ponto de cruzamento das tangentes N de contato

Figura 28.7 — Transmissão variável com disposição paralela de discos de pequena conicidade, de aço temperado (disposição em lamelas), de acôrdo com o sistema Beier [28/39, 43 e 60], possibilita grande transmissão de fôrça de mola F; regulação através do deslocamento radial dos eixos 2; continuação da transmissão de potência de 2 por meio de engrenagens*. Para a associação de aço temperado/aço temperado lubrificado a óleo pode-se ter $2\alpha \approx 7°$

Por meio do acoplamento adicional de um redutor planetário após as rodas de atrito cônicas, pode-se aumentar ainda mais o campo de rotação do eixo acionado e, por exemplo, dispô-lo para o campo de máximo positivo, passando por zero, até um máximo negativo. Precisam ser acionados, aqui, um elemento do redutor planetário do eixo de acionamento e um elemento do eixo acionado das rodas de atrito.

Para as rodas de atrito reguláveis de máquinas de trabalho e veículos automotores, ver [28/38] a [28/44], [28/47] a [28/63], e para transmissões de comando e de máquinas de cálculo, ver [28/45].

4. ASSOCIAÇÃO MÚLTIPLA

Por meio da associação paralela de vários pares de atrito (ver Figs. 28.2, 28.3 e 28.7), pode-se multiplicar a potência transmissível e, além disso, diminuir consideràvelmente a solicitação nos mancais e a fôrça de compressão. A solicitação transversal dos eixos diminui também com a diminuição do ângulo de inclinação α das superfícies de atrito (Fig. 28.2 e 28.7).

28.2. PRODUÇÃO DAS FÔRÇAS DE COMPRESSÃO

A grandeza da fôrça normal P necessária (ver Fig. 28.1) é dada pela fôrça tangencial a ser transmitida por par de atrito, pelo coeficiente mínimo de atrito μ do par de atrito e pela segurança ao escorregamento desejado S_R, que, devido à variação do coeficiente de atrito com o tipo de funcionamento, deve ser igual a 1,4:

$$P = \frac{US_R}{\mu}.$$

A fôrça normal pode ser produzida por carregamento de pêso (Fig. 28.1), de mola (Fig. 28.7), através de protensão elástica dos elementos de atrito (Fig. 28.3) ou automática por meio da fôrça tangencial com au-

*Em relação à apresentação original com discos vazados sôbre os eixos 2 foram dispostos, pelo autor, discos vazados sôbre o eixo intermediário 1, para aumentar a potência transmissível.

xílio de uma alavanca de multiplicação de fôrça (Fig. 28.1), através de superfícies inclinadas ou helicoidais (Fig. 28.5, autoprotensão por meio de automático de pressão). Na derivação de entrada ou saída do momento de torção por meio de engrenagens cilíndricas de dentes inclinados ou por meio de um redutor com parafuso sem-fim, pode-se aproveitar também a pressão de recuo na direção do eixo para comprimir as superfícies de atrito e, da mesma forma, nos apoios oscilantes de uma roda de atrito, a pressão de recuo da fôrça tangencial (ver Fig. 28.1).

Para as rodas de atrito de regulação, obtém-se uma relação constante de $P/U = S_R/\mu$, devido à disposição do automático de compressão na roda de atrito com raio constante (por exemplo r_2 na Fig. 28.5).

Para o cálculo da fôrça de compressão P produzida por diversas disposições, ver as Figs. 28.1 e 28.5.

Além do mais, é recomendável uma pequena pré-carga de compressão através de pêso próprio, mola ou protensão elástica (Figs. 28.1, 28.7 e 28.3). Nas rodas de atrito de aço temperado é ainda vantajosa, para funcionamento com choques, uma limitação da fôrça normal, por exemplo introduzindo-se um acoplamento na entrada para a sobrecarga, evitando-se, assim, os achatamentos na superfície de atrito.

28.3. ASSOCIAÇÃO DE MATERIAL NAS RODAS DE ATRITO E DADOS EXPERIMENTAIS DE FUNCIONAMENTO

Dados característicos para associações de materiais (ver Tab. 28.1). Fixando-se as mesmas dimensões principais e rotações é possível:

1. *a associação de aço temperado contra aço temperado*, apesar do pequeno coeficiente de atrito ($\mu \approx 0{,}04$ até $0{,}08$, lubrificado a óleo), da máxima potência transmissível, com perdas mínimas e a maior vida ao mesmo tempo, pois a sua alta resistência de rolamento e de desgaste permite uma fôrça de compressão muito alta. A respectiva alta solicitação nos mancais pode ser diminuída principalmente pela associação múltipla de superfícies em atrito (Figs. 28.3 e 28.7);

2. *a associação de borracha contra aço ou ferro fundido cinzento* pode ser satisfeita com a menor fôrça de compressão devido ao seu alto coeficiente de atrito ($\mu \approx 0{,}8$ no funcionamento a sêco); além disso, tem-se, nas rodas de atrito, um ruído de funcionamento muito pequeno. Por isso a potência transmissível só alcança aproximadamente 10% do 1.° caso (para as mesmas dimensões).

3. As *demais associações de materiais* apresentam-se de acôrdo com seu comportamento, entre 1 e 2, por exemplo a associação muito utilizada, material aglomerado contra aço ou ferro fundido cinzento, com aproximadamente 22% de 1.

4. As associações de materiais de acôrdo com 2 e 3 apresentam, geralmente, apesar de necessitarem de maiores dimensões, construções mais econômicas do que em 1 e são, de qualquer maneira, mais silenciosas. Em compensação, a vida do material de atrito é fundamentalmente menor, devendo-se prever, portanto, uma desmontagem fácil do material de atrito mais mole (do anel de atrito).

5. Nas rodas de atrito de regulação, deve-se cuidar para que as superfícies de atrito, onde o raio útil r de atrito varia para um funcionamento maior numa determinada posição de regulagem, não adquiram ranhuras. Relativamente, deve-se escolher para as rodas de atrito de regulação a associação de material, as relações de atrito e as solicitações de tal maneira que as superfícies de atrito com r variável apresentem o menor desgaste possível (a superfície oposta com r constante pode desgastar).

28.4. LIMITAÇÃO DE CARGA

Em relação a cada inconveniente previsto, como escorregamento, formação de riscos ou ranhuras, achatamento ou erosão da superfície, desgaste ou aquecimento muito grande, pode-se, primeiramente, limitar a potência transmissível com:

1. o *limite de escorregamento* (segurança ao escorregamento S_R e coeficiente de atrito μ);
2. o *limite de pressão* (pressão admissível de rolamento k_{ad});
3. o *limite de desgaste* (vida e coeficiente q_f);
4. o *limite de aquecimento e engripamento* (coeficiente q_f e transmissão de calor).

Para um aumento y vêzes em tôdas as dimensões e com a modificação da rotação, cresce a potência transmissível e, da mesma forma, a potência perdida proporcionalmente a $y^3 n$, quando se tem a mesma pressão de rolamento e mesmo coeficiente de atrito. A transmissão de calor, no entanto, cresce menos, sendo que com o aumento de y e n aparecem cada vez mais em destaque o limite de calor além da diminuição da potência perdida e o interêsse especial de melhorar a transmissão de calor.

28.5. CÁLCULO E DIMENSIONAMENTO DE ASSOCIAÇÕES COM RODAS DE ATRITO

1. DESIGNAÇÕES E DIMENSÕES

A	[kgf]	fôrça longitudinal	C_0, C	—	ponto de rolamento, eixo de rolamento
B, B_E	[mm]	comprimento da linha B			
B	—	ponto B, linha B	E	[kgf/mm²]	módulo de elasticidade
b	[mm]	largura de compressão da linha B	F_R	[mm²]	superfície do anel de atrito $2\pi r B$

Elementos de Máquinas

f	[mm³/CVh]	coeficiente de desgaste	t	[°C]	temperatura
G	[kgf]	pêso próprio	U	[kgf]	fôrça tangencial por par de atrito
H	[h]	vida do anel de atrito	V_v	[mm³]	volume desgastado, $= F_R s$
i	–	relação de multiplicação $= r_{02}/r_{01}$	v	[m/s]	velocidade tangencial
k	[kgf/mm²]	pressão de rolamento	x	–	campo de regulação $= i_{max}/i_{min}$
L_h	[h]	vida a plena carga	y_E, y_B	–	coeficientes para o contato puntiforme
M	[kgfm]	momento de torção			
N	[CV]	potência	z	–	número de pares de atrito associados paralelamente
N_L	[CV]	potência perdida no mancal			
N_R	[CV]	potência de atrito devido ao escorregamento forçado	α	[°]	ângulo de inclinação
			ε	–	coeficiente de perda, $= N_R/N_1$
n	[rpm]	rotação	η, ξ	–	coeficientes para contato puntiforme, ver Vol. I
P	[kgf]	fôrça normal por par de atrito			
p_H	[kgf/mm²]	pressão de Hertz no contato linear	η_R	–	rendimento do par de atrito
p_K	[kgf/mm²]	pressão de Hertz no contato puntiforme	η_G	–	rendimento total
			μ	–	coeficiente de atrito
Q	[kgf]	fôrça transversal	$\varrho, \varrho_E,$ ϱ_L, ϱ_K	[mm]	raios de curvatura
g_f	$\left[\dfrac{CV/mm^2}{(m/s)^{1/2}}\right]$	potência relativa de atrito			
			ω	[1/s]	velocidade angular
q_R	–	coeficiente de perda			
R	[mm]	raio de atrito no plano de contato	*Índices:*		
r	[mm]	raio de atrito no plano normal ao eixo	0 para a pista de rolamento, ponto de rolamento		
			1 para a roda motriz		
S_R	–	coeficiente de segurança ao escorregamento $= \mu P/U$	2 para a roda acionada		
			lim para valores-limite		
s	[mm]	espessura de desgaste do anel de atrito	max para valores máximos		
			min para valores mínimos		

2. ASSOCIAÇÃO FUNDAMENTAL GENÉRICA PARA O CÁLCULO

Tôdas as transmissões por roda de atrito, sejam com superfícies cilíndricas, cônicas ou esféricas, sejam de rodas fixas ou de regulação, podem ser representadas, para qualquer posição de trabalho, por uma associação de superfícies cônicas com os ângulos de inclinação α_1 e α_2 (Fig. 28.8). No caso-limite do cilindro, tem-se $\alpha = 90°$ (Figs. 28.1, 28.4 e 28.3), e no caso-limite da superfície plana, $\alpha = 0°$ (Figs. 28.4 e 28.5).

Os outros dados e designações valem para as rodas de atrito cujos eixos de rotação 1 e 2 estão num plano (plano da figura na Fig. 28.8). Cada um dos cones equivalentes são os cones de contato; êles são definidos por seus eixos de rotação (eixos de rotação de rodas de atrito) e por sua linha de contôrno comum (tangente $B_1 B_2$) aos dois lugares de contato das rodas de atrito no plano da figura na Fig. 28.8.

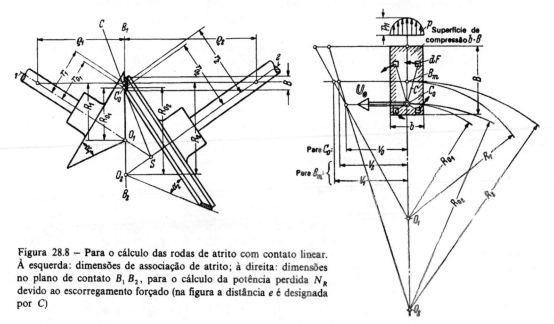

Figura 28.8 – Para o cálculo das rodas de atrito com contato linear. À esquerda: dimensões de associação de atrito; à direita: dimensões no plano de contato $B_1 B_2$, para o cálculo da potência perdida N_R devido ao escorregamento forçado (na figura a distância e é designada por C).

Para o dimensionamento das rodas de atrito de regulação, é fundamental o conhecimento da solicitação numa determinada posição de regulagem, onde a fôrça tangencial atua com o menor braço de alavanca r_1 e r_2 (de qualquer maneira a posição interna de regulação), pois aqui a pressão característica de rolamento k e a potência de atrito N_R são sempre maiores.

As dimensões geométricas necessárias α, r, R, ϱ e B para o cálculo de cada par de atrito são representadas na Fig. 28.8 para rodas de atrito com contato linear, e na Fig. 28.9 para os de contato puntiforme.

3. MOVIMENTO DE ROLAMENTO, ESCORREGAMENTO E RELAÇÃO DE MULTIPLICAÇÃO (Fig. 28.8)

Um movimento puro de rolamento sòmente será alcançado nas associações com roda de atrito quando a linha de contato das rodas de atrito estiver sôbre o eixo de rolamento C (Fig. 28.4). Neste caso os cones de contato e os cones de rolamento são idênticos; para êstes, o vértice está no ponto de cruzamento S dos eixos, e a sua linha de contôrno em comum, na qual, em cada ponto, as velocidades tangenciais dos dois cones são iguais, é o eixo de rolamento C. Todo desvio do cone de contato do cone de rolamento produz na superfície comprimida Bb (Fig. 28.8) um movimento adicional de deslizamento (escorregamento) igual a

1. um movimento de escorregamento de rotação (escorregamento forçado)[1] em tôrno do ponto de rolamento C_0, quando os vértices dos cones O_1 e O_2 se afastarem do ponto de cruzamento dos eixos S;
2. um movimento adicional de escorregamento tangencial, quando a fôrça tangencial U provoca alongamentos tangenciais nas superfícies de atrito (alongamento de deslize), ou quando a fôrça de atrito não é suficiente (desliza escorregando); aqui se desloca o eixo de rolamento para C (Fig. 28.4).

A respectiva *relação de multiplicação i* das rodas de atrito é dada pela relação de multiplicação dos cones de rolamento ou dos raios de rolamento: $i = r_{02}/r_{01}$ (Fig. 28.8). Desprezando-se o escorregamento, tem-se $i = r_2/r_1$, onde r_2 e r_1 são as distâncias do meio do contato ao eixo de rotação 2 e 1, respectivamente. Nas rodas de atrito de regulação o campo de regulação é

$$x = \frac{i_{max}}{i_{min}} \tag{1}$$

4. RELAÇÕES GEOMÉTRICAS (Fig. 28.8)

Em relação ao meio da zona de contato das rodas de atrito, têm-se:

raio no plano de contato

$$R_1 = \frac{r_1}{\cos \alpha_1} \cdot R_2 = \frac{r_2}{\cos \alpha_2}; \tag{2}$$

raio equivalente

$$R = \frac{1}{1/R_1 + 1/R_2} = \frac{r_2 r_1}{r_1 \cos \alpha_2 + r_2 \cos \alpha_1}. \tag{3}$$

devendo-se adotar R_2 e r_2 negativos quando os vértices dos cones estiverem dispostos no mesmo lado em relação ao ponto B, como na Fig. 28.8.

Raio de curvatura no corte normal à linha de contato B:

$$\varrho_1 = \frac{r_1}{\text{sen } \alpha_1} \cdot \quad \varrho_2 = \frac{r_2}{\text{sen } \alpha_2}; \tag{4}$$

raio equivalente (para o contato linear)

$$\varrho_L = \frac{1}{1/\varrho_1 + 1/\varrho_2} = \frac{r_1 r_2}{r_1 \text{sen } \alpha_2 + r_2 \text{sen } \alpha_1}. \tag{5}$$

Para a curvatura côncava, devem-se introduzir ϱ_2 e r_2 negativos.

Velocidade tangencial no raio r_1:

$$v = \frac{r_1 n_1}{9{,}55 \cdot 10^3} \tag{6}$$

5. PRESSÃO DE ROLAMENTO, FÔRÇA E POTÊNCIA

Pressão de rolamento no contato linear [2]:

$$k = \frac{P}{2\varrho_L B} = \frac{2{,}86 \, p_H^2}{E} \leq k_{lim}, \tag{7}$$

fôrça normal:

$$P = 2\varrho_L B k = \frac{U S_R}{\mu}. \tag{8}$$

[1] No contato puntiforme o escorregamento forçado também é designado por "atrito erosivo".
[2] Para o cálculo com contato puntiforme, ver o parágrafo 8, para a pressão de rolamento k, a pressão de Hertz p_H e a distribuição da compressão, ver Vol. I, Pares de rolamento; para os dados-limite k_{lim}, ver Tab. 28.1.

fôrça tangencial por par de atrito:

$$U = \frac{P\mu}{S_R} = 2\varrho_L Bk\frac{\mu}{S_R} \tag{9}$$

com a segurança ao escorregamento S_R e o coeficiente de atrito μ.

Potência de acionamento:

$$N_1 = \frac{Uzv}{75} = \frac{Uzr_1 n_1}{7{,}16 \cdot 10^5} = \frac{Pzr_1 n_1 \mu}{7{,}16 \cdot 10^5 \cdot S_R}, \tag{10}$$

ou

$$P = \frac{US_R}{\mu} = \frac{7{,}16 \cdot 10^5 \cdot N_1 \cdot S_R}{zr_1 n_1 \mu} \tag{11}$$

com z como número de pares de atrito. A carga transversal no eixo através de P e U é:

$$Q = \sqrt{(P \operatorname{sen} \alpha)^2 + U^2}, \tag{12}$$

e a carga longitudinal por mancal e par de atrito:

$$A = P \cos \alpha. \tag{13}$$

6. POTÊNCIA DE ATRITO DEVIDO AO ESCORREGAMENTO FORÇADO, DADO DE PERDA E RENDIMENTO

No plano de contato $B_1 B_2$ (Fig. 28.8 à direita) desloca-se, por escorregamento forçado, o ponto de rolamento do meio de contato B_m para C_0. Para a posição de C_0 abaixo ou acima de B_m fica, assim, determinado que

1. em B_m a velocidade tangencial v_2 é menor que v_1, isto é, quando a roda 1 aciona,
2. em C_0, têm-se as velocidades $v_2 = v_1 = v_0$,
3. v_1 e v_2 crescem linearmente com a distância, do ponto em questão a O_1 e O_2, respectivamente.

Critério para a potência de atrito N_R[3]: Em cada superfície elementar dS da superfície comprimida Bb aparece uma pressão superficial p e um escorregamento rotativo com a velocidade angular $\omega_0 = 10^3 v_0/R_0$ em tôrno do ponto de rolamento C_0 como pólo instantâneo, onde se tem, de acôrdo com a Eq. (3), $R_0 = \dfrac{R_{01} \cdot R_{02}}{R_{01} + R_{02}}$. Obtêm-se, com a introdução do coeficiente de atrito μ:

1. para dS a fôrça de atrito

$$dP_R = p\mu dS;$$

2. para dS o momento de atrito em tôrno de C_0,

$$10^3 dM = e dP_R = e p \mu dS,$$

onde e é a respectiva distância em relação a C_0;

3. para a superfície comprimida Bb, o momento total de atrito em tôrno de C_0

$$10^3 M_0 = 10^3 \int dM = \int e p \mu dS = U_0 B q_R, \tag{14}$$

aqui U_0 é a fôrça tangencial em C_0, e q_R a constante de integração[4], segundo as Tabs. 28.2 e 28.3; a grandeza de q_R varia com a distribuição de p da superfície comprimida, com a relação de largura b/B da superfície comprimida e a segurança ao escorregamento $S_R = P\mu/U$;

4. a potência de atrito na superfície comprimida

$$N_R = \frac{M_0 \omega_0}{75} = \frac{M_0 v_0 10^3}{75 R_0} = \frac{U_0 v_0}{75} q_R \frac{B}{R_0} \approx \frac{U_v}{75} q_R \frac{B}{R} \tag{15}$$

ou

$$N_R = N_1 q_R \frac{B}{R}; \tag{16}$$

5. coeficiente de perda

$$\varepsilon = \frac{N_R}{N_1} = q_R \frac{B}{R}; \tag{17}$$

---

[3] Com a condição de C. Weber e G. Niemann; para maiores detalhes, ver Thomas [28/15]. A potência adicional de atrito devida ao alongamento de deslize pode, geralmente, ser desprezada; ela é tanto menor quanto maior o módulo E da associação de atrito em relação à tensão tangencial da superfície comprimida.

[4] Como dados de referência para a apresentação dos valores de q_R nas Tabs. 28.2 e 28.3, utilizaram-se os valores de q_2, para contato linear, dados por Thomas [28/15], e os valores $e_N \sqrt{ab}$, para contato puntiforme, dados por Wernitz [28/16].

6. rendimento do par de atrito

$$\eta_R = \frac{N_1 - N_R}{N_1} = 1 - \varepsilon = 1 - q_R \frac{B}{R};\qquad(18)$$

7. rendimento total

$$G = \frac{N_1 - N_R - N_L}{N_1} = 1 - q_R \frac{B}{R} - \frac{N_L}{N_1},\qquad(19)$$

onde N_L é a potência perdida dos mancais.

Coeficiente q_R para rodas de atrito com contato linear: Na determinação da distribuição de pressão na superfície comprimida, pode-se calcular q_R em função de S_R e b/B. Na determinação da distribuição de pressão segundo as *igualdades de Hertz para contato linear*, obtêm-se os valores de q_R, segundo a Tab. 28.2, onde

$$\frac{b}{B} = \sqrt{\frac{9,24\,P\varrho}{E\,B^3}} = 4,3\,\frac{\varrho}{B}\sqrt{\frac{k}{E}} = 7,27\,\frac{\varrho}{B}\cdot\frac{p_H}{E}.\qquad(20)$$

Para $S_R = 1,4$ a $2,6$ e $b/B = 0,1$ a 2, pode-se fixar, com boa aproximação (êrro menor que 2%):

$$q_R \approx 0,117\sqrt{S_R}\left[\left(\frac{b}{B} + 0,7\right)^{\frac{3}{2}} + 3\right].\qquad(21)$$

7. DESGASTE, VIDA E LIMITE DE SOLICITAÇÃO

A partir da potência de atrito N_R é possível calcular a vida L_h do anel de atrito em plena carga, em horas de serviço, quando a espessura desgastável s da lona, bem como o volume desgastável V_v e, ainda, o coeficiente de desgaste f forem determinados por meio de ensaios ou experiência prática com as mesmas condições de funcionamento:

$$L_h = \frac{V_v}{N_R f},\qquad(22)$$

$$V_v = F_R s,\qquad(23)$$

$$F_R = 2\pi r B,\qquad(24)$$

onde $r = r_1$ e, respectivamente, r_2 são da superfície crítica de atrito.

De acôrdo com o tipo da associação de atrito e lubrificação, pode-se limitar a solicitação admissível não apenas através de K e L_h, mas também pela temperatura local muito alta e pelo desgaste local muito grande (formação de estrias). Os dados de referência, neste caso, ainda não foram suficientemente determinados. Como primeira referência, tem-se o coeficiente

$$q_f = \frac{N_R \cdot 10^4}{z F_R v^{1/2}} \leqq q_{f\lim}.\qquad(25)$$

Para os dados de referência de $q_{f\lim}$, ver Tab. 28.1.

8. CÁLCULO PARA CONTATO PUNTIFORME

No contato puntiforme a superfície comprimida é uma superfície elíptica com os diâmetros b e B (Fig. 28.9). A pressão superficial diminui, aqui, do máximo no meio da superfície comprimida, para todos os lados, até zero no contôrno, enquanto que no contato linear (Fig. 28.8) ela fica constante na direção B. Com esta diminuição de pressão para todos os lados têm-se, principalmente para rodas de atrito de regulação, as seguintes influências:

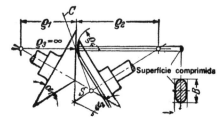

Figura 28.9 – Para o cálculo de rodas de atrito com contato puntiforme: ϱ_1 e ϱ_2 raios de curvatura no plano principal I (plano de corte perpendicular ao plano da figura); ϱ_3 e ϱ_4 raios de curvatura no plano principal II (plano da figura)

Elementos de Máquinas

1. desaparece a ação prejudicial de canto nos extremos das linhas de contato;
2. diminui a potência de atrito devido ao escorregamento forçado, pois a pressão superficial também diminui da direção B para o contôrno;
3. a fôrça normal P admissível é, em primeira aproximação, no contato puntiforme, igual à da superfície comprimida retangular (contato linear), com o mesmo bB[5].

Conclui-se, daí, que nas associações por atrito com aço temperado é vantajosa uma superfície comprimida elíptica ou elíptica arredondada.

Cálculo da pressão de rolamento:

Pela condição 3, pode-se calcular a pressão de rolamento idênticamente para o contato linear e puntiforme como pressão de rolamento de um rôlo equivalente contra um plano (índice E):

$$k = \frac{P}{2\varrho_E B_E}. \qquad (26)$$

Aqui devem ser introduzidos: k_{lim} pela Tab. 28.1; para o contato linear, $\varrho_E = \varrho_L$ pela Eq. (5) e $B_E = B$ pela Fig. 28.8; para o contato puntiforme, $\varrho_E = \varrho$ pela Eq. (30) e $B = y_E B$ com B pela Fig. 28.9 e Eq. (36), y_E e y_B pela Tab. 28.4.

Derivação das grandezas características para o contato puntiforme. Segundo as igualdades de Hertz (ver Vol. I, Pares de rolamento), tem-se, para o contato linear (superfície comprimida retangular):

$$\frac{P}{bB} = \frac{\pi}{4} p_H = \frac{1}{2,15}\left(\frac{PE}{2\varrho_L B}\right)^{\frac{1}{2}} = \left(\frac{kE}{2,15}\right)^{\frac{1}{2}}, \qquad (27)$$

e para o contato puntiforme (superfície comprimida elíptica):

$$\frac{P}{bB} = \frac{\pi}{6} p_K = \frac{P^{\frac{1}{3}}}{4,92 \xi \eta}\left(\frac{E}{\varrho_K}\right)^{\frac{2}{3}}, \qquad (28)$$

$$B = 2,22 \xi \sqrt{P \varrho_K/E}; \quad B/b = \varepsilon/\eta \qquad (29)$$

Aqui p_H e p_K são as pressões de Hertz para contato linear e puntiforme, respectivamente; ξ e η coeficientes segundo Hertz (ver Vol. I, Pares de rolamento), ϱ_L e ϱ_K os raios equivalentes de arredondamento para o contato linear (rôlo equivalente contra plano) e para o contato puntiforme (esfera equivalente contra plano), respectivamente. Com ϱ_1 a ϱ_4 segundo a Fig. 28.9, tem-se ainda

$$\varrho = \frac{1}{1/\varrho_1 + 1/\varrho_2} = \frac{\varrho_1}{1 + \varrho_1/\varrho_2}; \quad \varrho' = \frac{1}{1/\varrho_3 + 1/\varrho_4} = \frac{\varrho_3}{1 + \varrho_3/\varrho_4}. \qquad (30)$$

$$\varrho_K = \frac{2}{1/\varrho + 1/\varrho'} = \frac{2\varrho}{1 + \varrho/\varrho'}. \qquad (31)$$

Na curvatura côncava, deve-se introduzir o respectivo raio de arredondamento com sinal negativo. Através de P/bB nas Eqs. (27) e (28), e com a introdução da Eq. (26), obtém-se:

$$p_K = \frac{P^{\frac{1}{3}}}{2,58 \xi \eta}\left(\frac{E}{\varrho_K}\right)^{\frac{2}{3}} = 1,5 p_H = 0,89(kE)^{\frac{1}{2}}, \qquad (32)$$

$$k = \left(\frac{PE^{\frac{1}{2}}}{12\varrho_K^2 (\eta \xi)^3}\right)^{\frac{2}{3}} = \frac{P}{2\varrho_L B} = \frac{P}{2\varrho_E B_E}. \qquad (33)$$

$$\varrho_E B_E = 2,62 \varrho_K (\xi \eta)^2 \sqrt[3]{\frac{\varrho_K P}{E}}. \qquad (34)$$

Como só o produto $(\varrho_E B_E)$ predomina na pressão de rolamento K, pode-se fixar ϱ_E para o contato puntiforme, de tal modo que no limite de contato puntiforme e linear, isto é, para o caso do rôlo levemente abaulado contra o plano ($\varrho' \to \infty$), o raio ϱ_E do rôlo equivalente é igual ao raio ϱ_L do rôlo igualmente carregado com contato linear. Para isso, tem-se

$$\varrho_E = \varrho. \qquad (35)$$

---

[5] A condição mencionada é devida ao seu aspecto para associações de rolamento de interêsse genérico. A mesma diz, teòricamente, que na variação da pressão superficial nos dois eixos (contato puntiforme) em relação à variação num eixo (contato linear), a máxima pressão superficial admissível é 1,5 vêzes maior. Pràticamente, pode-se carregar ainda um pouco mais no contato puntiforme (aproximadamente até 20% maior), devido ao fato de a ação dos cantos desaparecer e o escorregamento forçado ser menor.

[6] Nos materiais sujeitos a maior desgaste aparece, automàticamente uma aproximação à superfície comprimida elíptica, pois o desgaste nas partes da superfície com maior distância e do ponto de rolamento é maior (ver Fig. 28.8).

Relativamente, tem-se, pelas Eqs. (29) e (34), $c = \xi\eta^2$ para $\varrho' > \varrho$, e $c = \xi^2\eta$ para $\varrho' < \varrho$

$$B_E = y_E B; \quad B = y_B \sqrt[3]{\frac{P\varrho'}{E}}. \tag{36}$$

$$y_E = 1{,}18 c \frac{\varrho_K}{\varrho} = \frac{2{,}36 c}{1 + \varrho/\varrho'}; \quad y_B = 2{,}22 \xi \sqrt[3]{\frac{\varrho_K}{\varrho'}} = 2{,}22 \xi \sqrt[3]{\frac{2}{1 + \varrho'/\varrho}}. \tag{37}$$

Inclusive para o caso no qual a largura disponível B_{max} da pista de trabalho é menor que a largura teórica B da elipse comprimida, pode-se calcular k pela Eq. (26) com

$$B_E = y_E B \leqq B_{max}\left[1 + (y_E - 1)\frac{B_{max}}{B}\right] \quad \text{para } y_E \geqq 1 \tag{38}$$

$$\leqq y_E B_{max} \quad \text{para } y_E \leqq 1.$$

Cálculo de outras grandezas para o contato puntiforme. Para o relacionamento de U, P, N_1, Q e A valem também as Eqs. (10) a (13); para N_R, ε, η_R e η, as Eqs. (16) a (19), assim como q_R pela Tab. 28.3; para L_h, V_v, F_R e q_f, as Eqs. (22) a (25).

28.6. EXEMPLOS DE CÁLCULO

1. EXEMPLO PARA RODAS DE ATRITO CONSTANTE

Dados: Acionamento para um portão giratório, de acôrdo com a Fig. 28.10, com compressão nas rodas de atrito por fôrça de mola, devido à ação como acoplamento de sobrecarga. Dados de funcionamento: $N_1 - 0{,}36$, $n_1 = 1420$, $r_1 = 25$, $r_2 = 130$, $S_R = 1{,}5$.

1. *Construção com a associação material prensado/aço[7]*

Segundo a Tab. 28.1, tem-se $\mu = 0{,}4$ e $k_{lim} = 0{,}1$.

Calculado: $U = 7{,}25$ pela Eq. (10); $P = 27{,}2$ pela Eq. (11); $\varrho_L = 21$ pela Eq. (5); $k = 0{,}022$ pela Eq. (7) com $B = 30$ mm; portanto, tem-se $k < k_{lim}$.

2. *Construção com a associação borracha/aço[7]*

Segundo a Tab. 28.1, tem-se

$$\mu = 0{,}8 \text{ e } k_{lim} = 0{,}02.$$

Calculado: para as mesmas dimensões, como antes, obtém-se $P = 13{,}6$ e $k = 0{,}011$. Daí, tem-se $k < k_{lim}$.

2. EXEMPLO PARA RODAS DE ATRITO DE REGULAÇÃO

Dados: transmissão de regulação segundo a Fig. 28.5, com compressão automática, com $n = 1000$; $r_2 = 70$; menor $r_1 = 50$ mm (posição mais desfavorável de regulação!); $\alpha_1 = 0$, $\alpha_2 = 15°$; $S_R = 1{,}4$.

Procura-se: a potência transmissível N_1 e η_R.

1. *Construção com a associação material prensado/ferro fundido*

Segundo a Tab. 28.1, tem-se $E = 800$, $\mu = 0{,}4$, $f = 300$, $k_{lim} = 0{,}1$, $q_{f lim} = 0{,}65$.

Adotado: $B = 8$ para o anel de atrito de material prensado com $r = r_2$.

Calculado: $\varrho_L = 270$ pela Eq. (5), $R = 161$ pela Eq. (3), $F_R = 3520$ para r_2 pela Eq. (24). Para $k = k_{lim} = 0{,}1$, obtém-se $P = k2\varrho_L B = 432$, $N_1 = 8{,}6$ pela Eq. (10).

Com $b/B = 1{,}62$ pela Eq. (20), obtém-se $q_R = 0{,}892$ pela Tab. 28.2, e, assim, $N_R = N_1 q_R B/R = 0{,}382$ e $q_f = 0{,}67$ pela Eq. (25). Por isso, tem-se $q_f \approx q_{f lim}$.

O rendimento da associação por atrito na posição mais desfavorável é $\eta_R = 1 - q_R B/R = 0{,}954$. Para uma espessura de lona desgastável $s = 5$, obtém-se, para a posição mais desfavorável de regulagem, a vida a plena carga $L_h = 152$ horas, segundo a Eq. (22).

2. *Construção com a associação aço temperado/aço temperado*

Segundo a Tab. 28.1, tem-se $E = 2{,}1 \cdot 10^4$, $f = 0{,}4$, $\mu = 0{,}031$ para $\varrho_L = 270$, $k_{lim} = 2{,}9$ para $H_B = 650$, $q_{f lim} = 4{,}5$.

Adotado: $B = 6$, $\varrho_1 = 270$ e $R = 161$, como antes.

Calculado: com $k = k_{lim}$, obtém-se $P = 9400$, $N_1 = 14{,}6$, $b/B = 2{,}27$ e, assim, $q_R = 1{,}135$ pela Tab. 28.2 e $N_R = 0{,}616$. Com $F_R = 1890$ para r_1, obtém-se $q_f = 2{,}0 < q_{f lim}$. Rendimento $\eta_R = 0{,}958$.

A construção com a associação de borracha/aço dá a menor vibração de funcionamento e menor desgaste, mas exige, de qualquer maneira, uma largura B da pista um pouco maior. Devido à exigência de que as rodas de atrito devem funcionar ao mesmo tempo como acoplamentos de sobrecarga, é necessário fixar o material de atrito no eixo motriz, pois na fixação do material de atrito na roda maior podem aparecer achatamentos com o escorregamento (marcas de desgaste). Para menor vibração de funcionamento e maior vida é, no entanto, mais vantajoso fixar o material de atrito na roda maior.

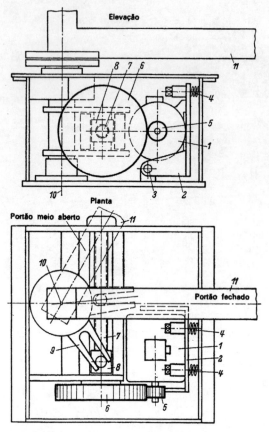

Figura 28.10 — Transmissão por roda de atrito para o acionamento de um portão giratório (segundo a firma J. Gartner e Co., Gundelfingen)

1 motor de acionamento sôbre um balancim 2 com eixo de rotação 3 e mola de compressão 4; 5 roda de atrito com lona de borracha; 6 roda acionada de atrito de aço; 7 parafuso sem-fim com porca 8; garfo 9 no eixo de rotação 10 do portão giratório 11

3. CRÍTICA ÀS DUAS CONSTRUÇÕES

Para a disposição das rodas de atrito, apresentada, deve-se preferir a construção com material prensado/ferro fundido, pois na construção com aço temperado a solicitação nos mancais é muito grande. Por outro lado, a construção com aço temperado permite, para as mesmas dimensões principais, uma transmissão mais elevada de potência, com uma vida muito maior e com um rendimento um pouco maior. Nesse caso, deve-se preferir uma outra disposição para diminuir as fôrças nos mancais.

28.7. TABELAS PARA O CÁLCULO

TABELA 28.1 — *Dados de referência para associações por rodas de atrito*.**

Associação	Lubrificação	E kgf/mm²	μ	f mm³/C V h	k_{lim} kgf/mm²	$q_{f\,lim}$
Borracha/aço; borracha/fofo*.	sem	4,0	0,8	15	0,02	0,35
Material prensado/aço; material prensado/fofo	sem	800	0,4	300	0,10	0,65
Aço temper./aço temper.	óleo	21 000	$0,2/\varrho_L^{1/3}$	0,4	$(H_B/380)^2 \leq 2,9$	4,5

*Na borracha a potência perdida, interna, bem como o aquecimento interno, crescem mais ou menos linearmente com a espessura do anel de borracha, com o carregamento e com $\sqrt{n}$.

**A grandeza de μ varia ainda com v, k, superfície, escorregamento e lubrificante.

TABELA 28.2 — *Coeficiente q_R para o contato linear.*

| S_B | \multicolumn{11}{c}{b/B} |
	0,4	0,6	0,8	1,0	1,2	1,4	1,6	1,8	2,0	2,2	2,4	2,6
1,25	0,555	0,596	0,645	0,700	0,762	0,830	0,900	0,980	1,06	1,10	1,22	1,34
1,4	0,572	0,612	0,658	0,708	0,762	0,820	0,885	9,952	1,025	1,10	1,185	1,27
1,6	0,600	0,645	0,695	0,752	0,814	0,878	0,945	1,01	1,08	1,155	1,23	1,30
1,8	0,638	0,685	0,743	0,805	0,874	0,943	1,01	1,09	1,16	1,235	1,32	1,40
2,0	0,683	0,738	0,800	0,867	0,940	1,01	1,08	1,16	1,24	1,32	1,41	1,49
2,2	0,733	0,790	0,853	0,922	0,997	1,07	1,15	1,23	1,32	1,41	1,50	1,59
2,4	0,782	0,842	0,908	0,978	1,052	1,13	1,21	1,30	1,39	1,495	1,59	1,70
2,6	0,830	0,890	0,957	1,032	1,106	1,18	1,27	1,36	1,45	1,59	1,72	1,82

TABELA 28.3 — *Coeficiente* q_R *para contato puntiforme*.

S_R	\multicolumn{11}{c}{$b/B =$}
	0,4	0,6	0,8	1,0	1,2	1,4	1,6	1,8	2,0	2,2	2,4	2,6
1,25	0,447	0,488	0,541	0,593	0,644	0,702	0,766	0,836	0,911	0,986	1,063	1,413
1,4	0,447	0,496	0,547	0,598	0,651	0,705	0,767	0,833	0,904	0,974	1,047	1,126
1,6	0,465	0,520	0,570	0,625	0,684	0,745	0,809	0,872	0,940	1,009	1,086	1,168
1,8	0,492	0,554	0,606	0,658	0,724	0,793	0,860	0,926	0,996	1,069	1,149	1,231
2,0	0,525	0,592	0,646	0,704	0,775	0,849	0,919	0,992	1,067	1,142	1,223	1,307
2,2	0,559	0,631	0,688	0,752	0,832	0,912	0,988	1,065	1,145	1,227	1,315	1,404
2,4	0,597	0,672	0,737	0,805	0,889	0,975	1,059	1,147	1,237	1,327	1,418	1,512
2,6	0,636	0,713	0,785	0,855	0,943	1,041	1,135	1,228	1,321	1,413	1,509	1,604

TABELA 28.4 — *Dados* b/B, y_E *e* y_B *para o contato puntiforme com* ϱ *e* ϱ' *pela Eq.*(30).

$\varrho/\varrho' =$	0	0,001	0,01	0,05	0,1	0,2	0,3	0,4	0,5	0,6	0,7	0,8	0,9	1
$b/B =$	0	0,015	0,056	0,146	0,223	0,347	0,451	0,547	0,634	0,714	0,789	0,862	0,931	1
$y_E =$	1,50	1,50	1,495	1,475	1,45	1,405	1,36	1,33	1,30	1,27	1,24	1,22	1,20	1,18
$y_B =$	4,50	4,00	3,58	3,17	3,00	2,80	2,66	2,55	2,47	2,41	2,35	2,30	2,26	2,22

$\varrho'/\varrho =$	0	0,001	0,01	0,05	0,1	0,2	0,3	0,4	0,5	0,6	0,7	0,8	0,9	1
$B/b =$	0	0,015	0,056	0,146	0,223	0,347	0,451	0,547	0,634	0,714	0,789	0,862	0,931	1
$y_E =$	0	0,11	0,26	0,51	0,65	0,81	0,91	0,98	1,03	1,07	1,10	1,13	1,16	1,18
$y_B =$	0	0,58	0,91	1,25	1,44	1,65	1,78	1,89	1,97	2,04	2,09	2,14	2,18	2,22

28.8. BIBLIOGRAFIA

1. Normas DIN e AWF

[28/1] DIN 8220 (Proposta em 1957) Reibräder.
[28/2] AWF-Getriebeblätter 615/616 (1929) Berlin.

2. Fundamentos, cálculo e solicitação

[28/3] *BONDI, H.*: Beiträge zum Abnutzungsproblem mit besonderer Berücksichtigung der Abnutzung von Zahnrädern. Diss. Darmstadt 1936.
[28/4] *DIES, K.*: Über die Vorgänge beim Verschleiss bei rein gleitender und trockener Reibung, Reibung und Verschleiss, pp. 63-77. VDI-Verlag 1939.
[28/6] *FROMM, H.*: Berechnung der Schlupfs beim Rollen deformierbarer Scheiben. ZAMM Vol. 7. (1927) pp. 27-58.
[28/7] *HEYN, W.*: Belastungsverhältnis und Gleitgeschwindigkeit bei Reibungsgetrieben. ZAMM Vol. 6 (1926) p. 308.
[28/8] *LANE, T. B.*: The Lubrication of friction drives (Reibungszahlen). Am. Soc. Mech. Eng., Paper N.º 55 Lub 3, outubro de 1955.
[28/9] *NIEMANN, G.*: Walzenfestigkeit und Grübchenbildung von Zahnrad- und Wälzlagerwerkstoffen. Z. VDI Vol. 81 (1943) p. 521.
[28/10] *PANTELL, K.*: Versuche über Scheibenreibung. Z. VDI Vol. 92 (1950) p. 816.
[28/11] *PEPPLER, W.*: Druckübertragung an geschmierten zylindrischen Gleit- und Walzflächen. VDI-Forsch-Cad. 391 (1938).
[28/12] *SACHS, G.*: Versuche über die Reibung fester Körper. ZAMM Vol. 4 (1924) pp. 1-32.
[28/13] *SCHUNK, J.*: Kritischer Vergleich der Gleitreibungszustände unter besonderer Berücksichtigung des Vorgangs der Grenzreibung. Diss. Aachen 1949.
[28/14] *STÄNGER, H.*: Reibung und Schmierung. Schweizer. Arch. Angew. Wiss. Techn. (1949) Cad. 4.
[28/15] *THOMAS, W.*: Reibscheiben-Regelgetriebe. Braunschweig: Vieweg u. Sohn 1954.
[28/16] *WERNITZ, W.*: Wälz-Bohrreibung. Braunschweig: Vieweg e Sohn 1958.

3. Rodas de atrito constante

[28/20] *FROMM, H.*: Zulässige Belastung von Reibungsgetrieben mit zylindr. oder kegeligen Rädern, Z. VDI Vol. 73 (1929) p. 957.
[28/21] *KALPERS, H.*: Das Zellstoff-Reibrad als neues Antriebselement. Die Technik Vol. 5 (1950) p. 56.
[28/22] *NIEMANN, G.*: Reibradgetriebe. Konstruktion Vol. 5 (1953) pp. 33-38.
[28/23] *OPITZ, H. e G. VIEREGGE*: Eigenschaften und Verwendbarkeit von Reibradantrieben. Werkst. u. Betr. Vol. 82 (1949) p. 349.
[28/24] *OPITZ, H. e G. VIEREGGE*: Versuche an Reibradgetrieben. Z. VDI Vol. 91 (1949) p. 575.

[28/25] PEPPLER, W.: Zweiachsige Reibradantriebe für feste Übersetzungen. Konstruktion Vol. 1 (1949) pp. 289 e 336.
[28/26] SCHMIDT, W.: Zur Entwicklung des Reibradantriebs. Stahl u. Eisen (1949) pp. 329-332.
[28/27] THOMAS, W.: Anwendungsgrenzen mechanischer Leistungsgetriebe. Z. VDI Vol. 92 (1950) p. 902.
[28/28] VIEREGGE, G.: Energieübertragung. Berechnung und Anwendbarkeit von Reibradgetrieben. Diss. Aachen 1950.
[28/29] WITTE, Fr. e O. STAMM.: Das Zadowgetriebe. Z. VDI Vol. 77 (1933) p. 499.
[28/30] —: Reibräder aus Gummi mit Stahldrahteinlage. Werkstattstechnik u. Maschinenbau Vol. 43 (1953) p. 379.
[28/31] —: Weichstoff-Reibräder. Industriekurier Vol. 7 (1954) p. 491.

4. Rodas de atrito variáveis

[28/35] KRÖNER, R.: Entwicklung des Reibradantriebs zur Überlast-Kupplung Z. VDI Vol. 93 (1951) p. 229.

5. Rodas de atrito de regulação

[28/38] ALTMANN, F. G.: Getriebe und Triebwerksteile. Z. VDI Vol. 93 (1951) p. 517.
[28/39] ALTMANN, F. G.: Mechanische Übersetzungsgetriebe und Wellenkupplungen Z. VDI Vol. 94 (1952) pp. 545-550 (Reibradgetriebe, ver pp. 547-48).
[28/40] ALTMANN, F. G.: Wellenkupplungen und mechanische Getriebe. Z. VDI Vol. 98 (1956) pp. 1147-1158 (Reibradgetriebe, ver pp. 1152-1153).
[28/41] ALTMANN, F. G.: Mechanische Getriebe und Triebwerksteile. Z. VDI Vol. 99 (1957) pp. 957-969 (Regel--Reibgetriebe, ver p. 961).
[28/42] ALTMANN, F. G.: Stufenlos verstellbare mechanische Getriebe. Konstruktion Vol. 4 (1952) p. 161 (gute Ubersicht über Bauformen und Schrifttum).
[28/43] BEIER, J.: Moderne stufenlos regelbare Getriebe. VDI-Tagungsheft 2, Antriebselemente, pp. 161-168. Düsseldorf 1953.
[28/44] KATTERBACH, R.: Reibrad-Regelgetriebe mit selbstregelndem Anpressdruck. Getriebetechnik Vol. 11 (1943) Cad. 3, ver pp. 113-116.
[28/45] KUHLENKAMP, A.: Reibradgetriebe als Steuer-, Mess- und Rechengetriebe. Z. VDI Vol. 83 (1939) pp. 677 a 683.
[28/46] LUTZ, O.: Grundsätzliches über stufenlos verstellbare Wälzgetriebe Konstruktion 9 (1957) pp. 169-271.
[28/47] NIEMANN, G.: Reidbradgetriebe. Konstruktion Vol. 5 (1953) pp. 33-38.
[28/48] REUTHE, W.: Stufenlose Reibgetriebe. Industrie-Anzeiger (1954) Cad. 19.
[28/49] SIMONIS, F. W.: Stufenlos verstellbare Getriebe. Werkstattbücher Cad. 96. Berlin: Springer 1949.
[28/50] SIMONIS, F. W.: Antriebe, Steuerungen und Getriebe bei neueren Drehbänken. Konstruktion Vol. 4 (1952) pp. 258-274 (mit Firmenverzeichnis für Regelgetriebe p. 270).
[28/51] SCHÖPKE, H.: Stufenlos regelbare Antriebe in Werkzeugmaschinen. Z. VDI Vol. 87 (1943) pp. 773-780.
[28/52] SCHÖPKE, H.: Grenzdrehmoment und Grenzleistung bei mechanisch stufenlosen Regelgetrieben in Werkzeugmaschinen. Getriebetechnik Vol. 11 (1943) pp. 333-335 e 385-386.
[28/53] THOMAS, W.: Reibscheiben-Regelgetriebe. Braunschweig: Vieweg u. Sohn 1954.
[28/54] THÜNGEN, H. v.: Stufenlose Getriebe. Z. VDI Vol. 83 (1939) p. 730.
[28/55] THÜNGEN, H. v.: Stufenlose Getriebe. Bussien, Automobiltechn. Handb. pp. 588-616. Berlin 1953.
[28/56] TIETZE, B.: Forderungen an ein ideales stufenloses Getriebe in Fördertechnik und Maschinenbau. Z. Fördern u. Heben Vol. 4 (1954) pp. 505-507.
[28/57] UHING, J.: Rollringgetriebe. Z. Konstruktion Vol. 8 (1956) p. 423.
[28/58] WELTE, A.: Konstruktions- u. Maschinenelemente (auch Regel-Reibräder). Konstruktion 10 (1958) pp. 318/33.
[28/59] —: Kopp-Getriebe mit stufenlos veränderlicher Übersetzung. Engineer Vol. 189 (1950) N.° 4923, p. 652; Auszug Z. Konstruktion Vol. 2 (1950) p. 320.
[28/60] —: Ein Getriebe mit stetig veränderlicher Übersetzung (Lamellenartig angeordneten Kegelscheiben). Engineer Vol. 188 (1949) N.° 4900, p. 747.
[28/61] —: Das Schaerer-Beier-Getriebe. Industrieblatt Vol. 54 (1954) pp. 529-530.
[28/62] —: Stufenlos regelbares Reibradgetriebe. Design News Vol. 10 (1955) 6, p. 39.
[28/63] —: Reibradgetriebe mit Druckausgleich der Reibräder. Design News Vol. 9 (1954) 14, pp. 32-33.

6. Catálogos

[28/70] I. Arter u. Co., Männedorf (Schweiz); Continental Gummi-Werke Hannover; Contraves AG, Zürich, Eisenwerk Wülfel, Hannover-Wülfel; Hans Heynau o.H.G., München 13; Rich. Hofheinz u. Co. A.G.; Haan/Rhld.; Schaerer--Werke, Karlsruhe; WEBO GmbH, Düsseldorf.

VI. ACOPLAMENTOS
29. Acoplamentos e freios de atrito

29.1. RESUMO

1. *ACOPLAMENTOS DE ATRITO*

Em relação aos acoplamentos compactos de engate, como os acoplamentos de dentes e semelhantes, os acoplamentos de atrito podem ser engatados sem o necessário sincronismo entre os eixos, pois, ultrapassando-se o momento de atrito de acoplamento, êle escorrega. Êle transmite no escorregamento o momento de atrito de deslizamento como momento de torção sôbre o eixo acionado. O trabalho de atrito no escorregamento se transforma em desgaste e aquecimento. Em correspondência a estas propriedades, os acoplamentos de atrito podem, além de servir como engate e desengate, acelerar a máquina de trabalho até o sincronismo e limitar o momento de torção. Classificam-se, segundo o tipo de utilização, em:

1) *acoplamentos de engate* (Figs. 29.19 a 29.27 e 29.31), para engatar e desengatar o movimento de rotação de uma máquina com motor em rotação contínua, ou para variar a relação de multiplicação ou direção de rotação;

2) *acoplamentos de partida* (geralmente acoplamentos centrífugos, Figs. 29.28 a 29.30), que só com rotação de trabalho transmitem todo o momento de torção à máquina de trabalho, e durante a partida deixam o motor quase sem carga, como na Fig. 29.3;

3) *acoplamentos de segurança* (Fig. 29.21), que ao ultrapassarem o momento de torção ajustado escorregam;

4) *acoplamentos direcionais* (acoplamentos supersíncronos), que ao inverterem a rotação ou o momento de torção, ou na ultrapassagem de um eixo em relação a outro, engatam ou desengatam (ver Cap. 30).

Segundo a forma construtiva (ver Tab. 29.1), há acoplamentos de sapatas e cônicos, acoplamentos de disco (de um disco, vários discos e acoplamentos de lamelas) e acoplamentos de fita oscilante; as Figs. 29.19 a 29.31 apresentam várias construções.

Segundo o tipo de associação por atrito e lubrificação, há acoplamentos a sêco e lubrificados, com ou sem lona de atrito, com areia sôlta de aço grafitado ou esferas de aço como material de atrito (Figs. 29.29 a 29.31).

Segundo o tipo de comando, há acoplamentos manuais e de pé, acoplamentos magnéticos, hidráulicos ou pneumáticos regulados e os diretamente comandados pela máquina de trabalho. Na Fig. 29.7 estão resumidos os principais tipos construtivos para a transmissão dos movimentos de engate para a peça girante e para outras relações de multiplicação da fôrça de compressão.

Relação com outros acoplamentos compactos de fôrça. Os acoplamentos de atrito são, geralmente, de construção mais fácil, menores e, principalmente, de menor custo do que os acoplamentos hidráulicos ou eletrodinâmicos, sendo, por isso, preferidos enquanto as condições de funcionamento permanecerem. Na comparação (Fig. 29.1) das curvas características do momento de torção para diversos tipos de acopla-

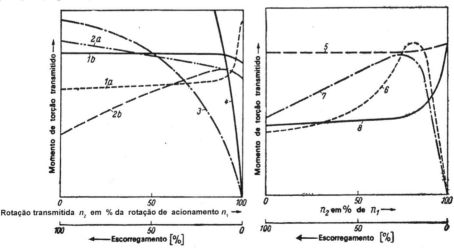

Figura 29.1 – Curvas características do momento de torção para diversos acoplamentos, em função do escorregamento na rotação de acionamento $n_1 = $ const.

1 acoplamento de atrito; 1*a* lubrificado; 1*b* sêco; 2 acoplamento com granalha de aço; 2*a* rotor estrelado acionado; 2*b* carcaça acionada; 3 acoplamento hidrodinâmico; 4 acoplamento hidrostático; 5 acoplamento com pó magnético; 6 acoplamento eletromagnético (sem par de atrito); 7 acoplamento com corrente induzida; 8 acoplamento de indução (no sincronismo sem escorregamento)

mentos, pode-se ver que o acoplamento de atrito com momento de torção nominal trabalha sem escorregamento (sem perdas contínuas), sendo alcançado, aqui, sòmente pelos acoplamentos com pó magnético e de indução. Além disso, a Fig. 29.1 mostra que, com os acoplamentos de atrito, podem-se obter diversos tipos de curvas características de momento de torção. A potência perdida no escorregamento bem como o aquecimento serão iguais para todos os tipos de acoplamento quando forem iguais a diferença de rotação $n_1 - n_2$ e o respectivo momento de torção transmitido. No entanto a potência perdida é transformada em desgaste, dando, como desvantagens, um ajuste posterior no engate e uma troca necessária do material de atrito. Além disso, pode-se ter como vantagem especial, em certos casos, o desenvolvimento da curva característica do momento de torção ou o tipo de regulação nos acoplamentos hidráulicos e eletrodinâmicos, justificando, assim, o maior trabalho.

Dados práticos e recomendações para as escolhas do acoplamento de atrito, da associação de material e do comando, bem como para a obtenção de certas propriedades de funcionamento, ver pág. 134 e seguintes.

2. FREIOS DE ATRITO

Podem ser considerados como acoplamentos de atrito, cuja superfície oposta é conservada fixa. Daí desaparece a transmissão do comando para a peça giratória, e com isso sua construção torna-se mais fácil. Relativamente às formas construtivas fundamentais para freios de atrito (Tab. 29.1), ao dimensionamento da associação por atrito, ao aquecimento e em função do comando, valem as mesmas considerações dos acoplamentos de atrito. Distinguem-se, de acôrdo com a utilização:

1) *freios de bloqueio* para fixar um eixo, uma máquina ou um veículo. Os verdadeiros freios de bloqueio, que sòmente engatam em repouso, trabalham sem desgaste e aquecimento;

2) *freios de frenagem* e de regulação para parar e regular um movimento; geralmente servem, ao mesmo tempo, como freios de fixação;

3) *freios de potência* para ensaiar uma máquina motriz e daí o acionamento da máquina sujeito ao momento de torção em movimento de regime; a potência é totalmente transformada em calor de atrito e desgaste. Além disso, há ainda os freios hidráulicos e os freios elétricos de potência (geradores).

Para diversos tipos construtivos de freios e configurações, ver Tab. 29.1 e Figs. 29.16 a 29.18 e 29.32 a 29.37.

29.2. PROCESSO DE ATRITO NO ACOPLAMENTO E NO FREIO

Para o cálculo das grandezas de movimento, isto é, da energia cinética A_m, do momento de aceleração M_B, do tempo de aceleração e assim por diante, ver as igualdades fundamentais no Cap. 20.4. As recomendações para se obterem certas ações de atrito e curvas características podem ser vistas na pág. 134. Para as designações e dimensões, ver pág. 123.

1. ACELERAÇÃO COM UM ACOPLAMENTO DE ENGATE (Fig. 29.2)

O eixo de acionamento movimenta-se com a rotação n_1; o eixo acionado após o acoplamento de engate permanece ainda parado ($n_2 = 0$). Depois do engate (posição de tempo I), o acoplamento deslizante transmite o momento de atrito $M_R = U(d/2)$, dando no tempo de atrito t_R a rotação n_1, que geralmente diminui um pouco (até n), e a rotação n_2, que cresce de zero até n (ponto II), contanto que M_R seja maior que o carregamento do momento estático de torção M_H (momento de regime) no eixo acionado.

$$M_H = 71\,620 \frac{N_2}{n_2}. \qquad (1)$$

Apenas a diferença

$$M_B = M_R - M_H \qquad (2)$$

age como momento de aceleração. Com M_B constante a rotação n_2 cresce linearmente até o sincronismo (Fig. 29.2, à esquerda), e com M_B variável segundo uma curva (Fig. 29.2, no meio). Após atingir o sincronismo (ponto II), a aceleração seguinte irá de n até a rotação de regime (ponto III), caso o acoplamento escorregar. O tempo de duração t_R do processo de escorregamento é obtido pela identidade do trabalho de aceleração A_B com o acréscimo da energia cinética A_m no intervalo de tempo t_R:

$$A_B = A_m. \qquad (3)$$

Na aceleração do eixo acionado de $n_2 = 0$ a $n_2 = n$, tem-se, para o trabalho de aceleração necessário,

$$A_B = \frac{2\pi}{60} \int_0^{t_R} \left(\frac{M_B}{100} n_2 \, dt\right) = A_m. \qquad (4)$$

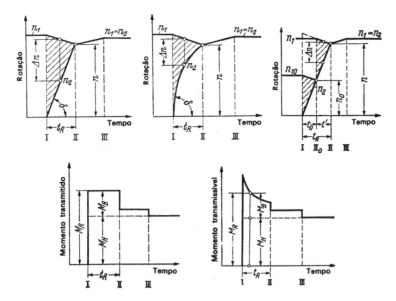

Figura 29.2 — Partida com acoplamento de atrito, com momento de aceleração constante (à esquerda), com momento de aceleração decrescente (no centro) e na partida com mudança em 2 degraus (à esquerda)

Aqui $\int n_2 dt$ é a superfície abaixo da curva n_2 no campo de t_R, e $\frac{2\pi}{60}\int n_2 dt$ o ângulo de torção desenvolvido no tempo t_R, pelo eixo acionado em unidades de arco. A energia cinética é obtida através da rotação de (GD^2) e dos pesos (Gg) em movimento linear quando acionados pelo acoplamento:

$$A_m = \frac{Gg}{9,81}\frac{v^2}{2} + \frac{GD^2 n^2}{7200}. \tag{5}$$

No M_B constante (Fig. 29.2, à esquerda) tem-se $\int n_2 dt = 0,5 n t_R$ e assim

$$A_B = \frac{M_B n t_R}{1910} = A_m \tag{6}$$

ou o tempo de deslizamento

$$t_R = \frac{1910 A_m}{n M_B}. \tag{7}$$

O trabalho de atrito que se desenvolve no acoplamento durante o tempo de deslizamento t_R (e que é transformado em aquecimento e desgaste) compreende geralmente

$$A_R = \frac{2\pi}{60}\int_0^{t_R}\left(\frac{M_R}{100}\Delta n dt\right). \tag{8}$$

Aqui $\int \Delta n dt$ é a superfície hachurada na Fig. 29.2 entre as curvas das rotações n_1 e n_2 no campo de t_R, e $\frac{2\pi}{60}\int \Delta n dt$ o ângulo desenvolvido de deslizamento no tempo t_R em unidade de arco.

Com M_R e M_B *constantes* (Fig. 29.2, à esquerda), tem-se $\int \Delta n dt = 0,5 n_1 t_R$, e assim, pelas Eqs. (7) e (8),

$$A_R = \frac{M_R n_1 t_R}{1910} = \frac{M_R}{M_B}\frac{n_1}{n}A_m. \tag{9}$$

Assim, o trabalho de atrito será tanto menor quanto maior fôr $\frac{M_B}{M_R}$ **adotado**.

A potência média de atrito por hora para z engates por hora é

$$N_R = \frac{A_R z}{27 \cdot 10^4}. \tag{10}$$

2. ACELERAÇÃO COM ACOPLAMENTO DE ENGATE COM MUDANÇA EM VÁRIOS DEGRAUS (Fig. 29.2, à direita)

O trabalho de atrito no acoplamento pode ser diminuído, de acôrdo com a Fig. 29.2, até o valor de

$$A_R = \frac{M_R}{M_B} \frac{n_1}{n} \frac{A_m}{x} \tag{11}$$

quando a aceleração do eixo acionado varia, em degraus, por meio de x posições de engate. Engata-se, aqui, em degraus, uma outra relação de multiplicação e acelera-se cada vez até o sincronismo. Assim, por exemplo, o trabalho de atrito necessita, na decomposição em dois degraus de rotação iguais, de acôrdo com a Fig. 29.2, à direita, sòmente da metade do da Fig. 29.2, à esquerda, como mostra a comparação das superfícies hachuradas.

Para o primeiro processo de aceleração da rotação $n_2 = 0$ até n_0 valem as Eqs. (5) a (9), com a introdução de n_0, A_{m0}, t_0 e assim por diante, em vez de n, A_m, t_R e assim por diante. No segundo processo de aceleração de $n_2 = n_0$ até n valem as equações com M_B e M_R constantes

$$A_B = \frac{M_B n_{médio} t'}{955} = M_B \frac{(n + n_0)t'}{1910} = A_m - A_{m0} \; ; \quad t' = \frac{(A_m - A_{m0})1910}{(n + n_0)M_B} , \tag{12}$$

$$A_R = M_R(n_1 - n_0)\frac{t'}{1910} = \frac{M_R}{M_B} \frac{(n_1 - n_0)}{(n + n_0)} (A_m - A_{m0}) \tag{13}$$

com a energia cinética A_m para a rotação n e A_{m0} para a rotação n_0, segundo a Eq. (5).

3. PARTIDA COM UM ACOPLAMENTO CENTRÍFUGO (Fig. 29.3)

Aqui o momento de atrito M_R no acoplamento é produzido pela fôrça centrífuga como fôrça de compressão (Figs. 29.14 e 29.28 a 29.30), dando uma fôrça centrífuga que cresce com o quadrado da rotação de acionamento n_1 (Fig. 29.14). O motor de acionamento pode, dêsse modo, partir quase sem carga e sòmente acelerar a máquina de trabalho numa rotação de acionamento maior n_1 (Fig. 29.3). Para o cálculo de t_R tem-se a Eq. (4) e para A_R a Eq. (8), onde M_R e M_B devem ser conhecidos em função de n_1.

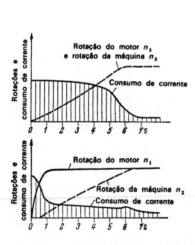

Figura 29.3 – Partida de um motor em gaiola para um acoplamento intermediário fixo (em cima) e para um engate intermediário de um acoplamento centrífugo "Pulvis" (embaixo)

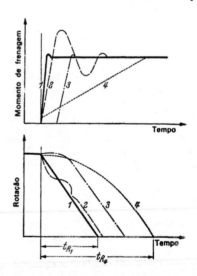

Figura 29.4 – Seqüência do momento de frenagem e da rotação durante a ação de um freio. 1 no freio com carga de mola, 2 com pêso auxiliar, 3 com carga de mola e diminuição do tempo de amortecimento, 4 com carga de mola e diminuição de fôrça de amortecimento

4. ACIONAMENTO COM UM ACOPLAMENTO DE SEGURANÇA

O acoplamento desliza no instante em que o momento de torção, após o acoplamento, ultrapassa o momento de atrito rígido. O tempo de escorregamento e o trabalho de atrito, assim como o desgaste e o aquecimento, diminuem quando se desliga, através do movimento de escorregamento, o acionamento ou o acoplamento (por exemplo por um contato). Sem êste dispositivo a construção do acoplamento precisa ser suficientemente grande para um escorregamento mais demorado.

5. DESACELERAÇÃO COM UM FREIO DE FRENAGEM (Fig. 29.4)

A ação do freio diminui a rotação do eixo de frenagem de n até zero com um momento de freio M_R. Além disso, o momento de torção externamente disponível M_H no acionado auxilia ou diminui a ação do freio, de tal maneira que se pode adotar como momento de desaceleração

$$M_B = M_R \pm M_H, \qquad (14)$$

por exemplo ($+ M_H$) na frenagem de um veículo ou no movimento de elevação de carga, e ($- M_H$) na frenagem ou no movimento de descida da carga. Para a seqüência da desaceleração valem também as Eqs. (3) a (10) para o cálculo de A_B, A_R e t_R. Além disso, deve-se considerar a ação desigual da carga de mola devido ao pêso auxiliar, à diminuição do tempo e da carga de amortecimento em função do desenvolvimento de diminuição de rotação (Fig. 29.4).

6. NOS FREIOS DE BLOQUEIO

Neste caso não se deve produzir trabalho de atrito, mas sòmente permitir a fixação segura do eixo acionado contra um momento de torção. Correspondentemente, são admissíveis, para os freios, pequenas dimensões construtivas com grandes pressões superficiais.

7. NOS FREIOS DE POTÊNCIA

Tem-se, aqui, além dos freios de potência para máquinas de ensaio, os freios para descida de uma serra. São interessantes a potência de atrito N_R, o trabalho de atrito A_R, o provável aquecimento e a vida. Para um M_R e n constantes, têm-se

$$N_R = \frac{M_R n}{71\,620} = \frac{A_R}{75\,t_R}, \qquad (15)$$

$$A_R = M_R \frac{n t_R}{955} = 75\, N_R t_R. \qquad (16)$$

29.3. ESCOLHA, DIMENSIONAMENTO E CÁLCULO

1. DESIGNAÇÕES E DIMENSÕES

A_B	[mkgf]	trabalho de aceleração	m	—	$= e^{\mu z}$, ver Fig. 29.13
A_m	[mkgf]	energia cinética	M_B, M_H, M_R	[kgf cm]	momento de aceleração, de regime e de atrito
A_R	[mkgf]	trabalho de atrito por engate	n, n_1, n_2	[rpm]	rotação, rotação de acionamento e do acionado
b	[cm]	largura da lona	Δn	[rpm]	deslize de rotação
b_s	[cm]	largura do disco	N_1, N_2	[CV]	potência de acionamento e do acionado
b_v	[m/s²]	desaceleração			
C	—	$= M_R/M_H$	N_R	[CV]	potência de atrito, $= A_R z/270\,000$
d, d_a, d_i	[cm]	diâmetro médio, externo e interno do disco de atrito			
e	—	2,718	p, p_{max}	[kgf/cm²]	pressão superficial média e máxima
F_1	[kgf]	$= F_2 m$ } fôrças da fita	P	[kgf]	fôrça de compressão, perpendicular à superfície de atrito
F_2	[kgf]				
G	[kgf]	pêso de inércia equivalente			
GD^2	[kgfm²]	momento de inércia	P_l	[kgf]	fôrça centrífuga
G_g	[kgf]	pêso movimentado linearmente	P_s	[kgf]	fôrça de engate (ver Tab. 29.1)
G_w	[kgf]	pêso do veículo por roda	q_v	[cm³/CVh]	desgaste específico
H	[kgf]	fôrça de comando	Q	[kcal/h]	calor de atrito por hora
h	[cm]	percurso de comando	s	[cm]	percurso de engate na direção P_s
i	—	relação de multiplicação do dispositivo de engate			
j	—	número de pares de atrito	s_v	[cm]	espessura desgastável da lona na direção P
K_G, K_T, K_U	—	dados característicos de carga, segundo a Tab. 29.4	S	[cm²]	projeção normal a P da superfície da lona
l	[cm]	folga perpendicular à superfície de atrito	S_K	[m²]	superfície de refrigeração
			t_R	[s]	tempo de atrito por engate
L	[cm]	comprimento da sapata perpendicular a P, ver Figs. 29.16 e 29.17	U	[kgf]	fôrça de atrito no diâmetro d
L_B	[h]	vida da lona	v	[m/s]	velocidade no diâmetro d, $= nd/1910$

v_g	[m/s]	velocidade da carga	δ	–	ângulo de inclinação para cones
v_k	[m/s]	velocidade de resfriamento superficial	η	–	rendimento do redutor
V_v	[cm³]	quantidade desgastável do material de atrito	η_G	–	rendimento do comando
			$\vartheta, \vartheta_L, \vartheta_{max}$	[°C]	temperatura, do ar e máxima
y	–	superfície da lona após o desconto dos rasgos da superfície bruta	$\vartheta_u, \vartheta_{hu}$	[°C]	temperatura superior à normal no estado estacionário
z	[1/h]	número de engate por hora			
α	–	ângulo de abraçamento e unidades de arco, $= \alpha$ (em graus) $\pi/180$	μ, μ_0, μ_G	–	coeficiente, para o atrito de bloqueio, para o deslizamento
α_k	[kcal/m² h°C]	coeficiente de transmissão de calor			

2. ESCOLHA DO TIPO DE CONSTRUÇÃO, COMANDO E ENGATE

São fundamentais, na escolha, a finalidade de utilização e as desejadas propriedades de funcionamento, o número de engates por hora e a potência média de atrito por hora, a vida desejada do material de atrito e a grandeza necessária do momento de atrito. Além disso, devem ainda ser considerados o máximo trabalho de comando admissível, a disponibilidade de espaço e, posteriormente, as divergências dos custos para uma ou outra solução. Os dados práticos e recomendáveis das págs. 134 e seguintes e os exemplos executados das páginas 143 e seguintes fornecem um meio para a escolha.

3. POSIÇÃO DE REPOUSO E AJUSTES

Deve-se estabelecer se o acoplamento, na sua posição livre, engata (por exemplo nos veículos automotrizes) ou desengata, ou se as duas posições são possíveis (geralmente exigido nos acoplamentos de máquina). A Fig. 29.7 mostra, para isso, algumas soluções construtivas. Além disso, exige-se, na maioria das vêzes, uma regulagem na grandeza da fôrça de compressão e ainda no posicionamento da alavanca de comando por causa do respectivo desgaste de atrito. Estas exigências podem, geralmente, ser satisfeitas com uma ajustagem no mancal do anel de comando ou com uma outra peça do acoplamento por meio de rôsca. Com a fôrça de comando magnética, hidráulica ou pneumática no acoplamento, evita-se, geralmente, o ajuste posterior.

4. DADOS DE FUNCIONAMENTO

Para novas aplicações, devem-se determinar ou calcular os seguintes dados: n, M_H, M_R, e A_m segundo as Eqs. (1) a (13); em seguida, adotam-se o número de engates z por hora e o tempo de atrito t_R relativamente aos dados práticos (ver Tab. 29.5). Aproximadamente, pode-se adotar:

$$M_R = CM_H \tag{17}$$

com C pela Tab. 29.3. Deve-se observar que um M_R maior solicita mais tôdas as respectivas peças da máquina mas, por outro lado, diminui o trabalho de atrito A_R.

5. ESCOLHA DAS PRINCIPAIS DIMENSÕES

Para dimensões muito pequenas, cresce demasiadamente a temperatura no par de atrito ou o trabalho de atrito, ou, por outro lado, a vida do par de atrito diminui muito.

Na determinação de d e b, podem-se utilizar os dados característicos b/d, K_U, K_G e K_T dados na Tab. 29.4[1]:

$$K_U = \frac{U}{bdj} = \frac{2M_R}{bd^2j} \tag{18}$$

$$K_G = \frac{G_w}{bdj} \tag{19}$$

$$K_T = \frac{N_R 10^3}{bdjv^{1/2}} \tag{20}$$

[1] Os novos dados característicos K_U, K_G e K_T são, para solicitações admissíveis, mais indicados do que os até hoje citados dados específicos de carga p e $p\mu v$; o dado característico K_G refere-se sòmente a freios de autoveículos.

Tem-se:

$$d = \sqrt[2]{\frac{U}{K_U \frac{b}{d} j}} = \sqrt[3]{\frac{2M_R}{K_U \frac{b}{d} j}}, \tag{21}$$

$$d = \sqrt[2]{\frac{G_w}{K_G \frac{b}{d} j}}, \tag{22}$$

$$d = \sqrt[2]{\frac{N_R 10^3}{K_T \frac{b}{d} j v^{1/2}}} = 71,5 \left(\frac{N_R}{K_T \frac{b}{d} j n^{1/2}}\right)^{0,4}. \tag{23}$$

6. DADOS DE CARGA

Cálculo de t_R, A_R e N_R pelas pelas Eqs. (4) a (10). Cálculo da fôrça de compressão P_s e da pressão superficial p nas superfícies de atrito, necessárias para M_R, com o auxílio das equações dadas pela Tab. 29.1 para diversos tipos construtivos. Para os dados de referência do coeficiente de atrito μ e da pressão superficial p, ver Tab. 29.2 e Figs. 29.9 a 29.12. Além disso, devem ser verificados[2] os novos dados característicos de carga K_U, K_G e K_T pela Tab. 29.4. As dimensões fundamentais são dadas através de cálculos do calor e da vida pelos parágrafos 8 e 9.

7. DADOS DE COMANDO

Da fôrça de compressão P_s e do percurso de engate s (calculado através da folga necessária l) pela Tab. 29.1, tem-se, com a relação de multiplicação de fôrça adotada i e com o rendimento do comando η_G, a fôrça de comando necessária:

$$H = \frac{P_s}{i \eta_G} \tag{24}$$

e o percurso de comando

$$h = s i \tag{25}$$

ou a relação de multiplicação de fôrça necessária (relação de multiplicação de percurso)

$$i = \frac{P_s}{H \eta_G} = \frac{h}{s}. \tag{26}$$

O critério para a folga l perpendicular à fôrça de atrito (ver Tab. 29.1) também deve considerar o desgaste e o ponto morto.

8. CÁLCULO DO CALOR

O trabalho de atrito é transformado em calor. A temperatura ϑ que aparece nas partes de atrito deve permanecer abaixo da temperatura limite ϑ_{ad}, pois, caso contrário, a relação de atrito varia fora do admissível ou o desgaste fica muito grande. Para dados de referência de ϑ_{ad}, ver Tab. 29.2.

Os fundamentos para o cálculo do calor são a *curva de aquecimento* do acoplamento por atrito ou do freio de atrito, em função do tempo de rotação constante e potência de atrito constante N_R, segundo a Fig. 29.5 e, em seguida, a variação da temperatura final superior ϑ_{hu} com a rotação n e com a velocidade tangencial v. A curva de aquecimento desenvolve-se da mesma maneira que a de um motor elétrico, segundo uma curva exponencial, e está perfeitamente determinada com tg γ para a tangente inicial e com ϑ_{hu}/N_R de um dado final. A grandeza de tg γ diminui com o aumento da capacidade de armazenagem de

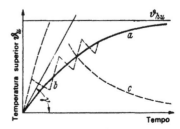

Figura 29.5 — Curva de aquecimento de um freio de disco. *a* momento de frenagem e rotação constante, *b* para frenagem intermitente, *c* curva de resfriamento para um freio de disco em movimento contínuo sem carregamento

[2] Ver nota 1 à página anterior.

calor nas partes mencionadas, e ϑ_{hu} com maior transmissão de calor por unidade de tempo. Nas potências de atrito múltiplas de x, tem-se ainda uma temperatura superior ϑ_u aproximadamente x vêzes, para qualquer tempo. A curva de resfriamento c é, em primeira aproximação, para qualquer rotação, a curva especular de aquecimento a. Relativamente a uma única, como também a uma série de engates de atrito e pausas, pode-se representar a curva de aquecimentos com uma curva em dente de serra (curva b) obtida com pedaços das respectivas curvas de aquecimento contínuo e de resfriamento.

Como o valor-limite ϑ_{hu} é, geralmente, alcançado após muitas horas (para que mais tarde se tenha uma massa maior de acúmulo de calor) e como uma passagem curta da temperatura-limite prejudica pouco, é suficiente calcular-se o valor final desejado do calor de atrito horário Q ou a potência média de atrito N_R por hora de trabalho (ver Eq. (10)):

$$\vartheta_{hu} = \frac{Q}{S_k \alpha_k} = \frac{632 N_R}{S_k \alpha_k}. \tag{27}$$

Tem-se, nesse caso, ϑ_{hu} como temperatura superior contínua na superfície S_k de irradiação de calor, que recebe todo o fluxo de resfriamento (ar, água, óleo)[3]. Respectivamente, têm-se, por exemplo, os acoplamentos cônicos, que não calculam como superfície de resfriamento as superfícies dispostas internamente, pois estas não são totalmente captadas pelo fluxo de resfriamento (ver exemplo de cálculo 1).

Para o *coeficiente de transmissão de calor* α_k em diversas condições de funcionamento e disposições do engate de atrito, tem-se até hoje relativamente poucos ensaios experimentais. Segundo ensaios de Niemann [29/23], feitos numa sapata de freio externa com tambor de freio e resfriamento natural a ar, tem-se[4]

$$\alpha_k \approx 4,5 + 6 v_k^{3/4} \tag{28}$$

Introduziu-se para v_k a velocidade tangencial referente ao diâmetro externo do disco de freio, e para S_k a superfície anular dos lados interno e externo do tambor contornante (com o desconto das superfícies cobertas pela sapata de freio) e ainda as duas superfícies radiais. O valor α_k pode ser aumentado por meio de um ventilador e uma canalização favorável de ar.

Com uma rotação alternante, tem-se

$$\alpha_k = \frac{\alpha_{k1} t_{R1} + \alpha_{k2} t_{R2} + \cdots}{t_{R1} + t_{R2} + \cdots}. \tag{29}$$

Para α_{k1} e assim por diante devem-se introduzir, respectivamente, as velocidades tangenciais v_{k1}. A temperatura resultante é

$$\vartheta = \vartheta_L + \vartheta_{hu} \leq \vartheta_{ad}. \tag{30}$$

No entanto, deve-se observar que a temperatura nos lugares de atrito é mais alta do que a temperatura ϑ resultante calculada nas superfícies de resfriamento[5] Para os dados de referência de ϑ_{ad}, ver a Tab. 29.2.

Um *cálculo simplificado do calor* com o auxílio do coeficiente K_T, segundo a Tab. 29.2, pode ser visto nas págs. 127 e seguintes.

9. CÁLCULO DA VIDA

O desgaste do par de atrito devido ao processo de atrito é, em primeira aproximação, proporcional, para condições de atrito constantes, ao trabalho de atrito desenvolvido. Com a introdução do volume desgastável de atrito V_v (ver Tab. 29.1), do desgaste específico q_v do par de atrito adotado (ver Tab. 29.2) e da potência média N_R por hora de funcionamento através da Eq. (10), obtém-se a vida do par de atrito em horas:

$$L_B = \frac{V_v}{q_v N_R}. \tag{31}$$

Com estas igualdades pode-se também calcular a vida até o ajuste posterior, quando se introduz para V_v o volume desgastável até o referido ajuste.

10. DIMENSIONAMENTO MAGNÉTICO

(Para um cálculo preciso, ver Lehmann [29/75].)

Para um anteprojeto, tem-se, para as condições a seguir, alguns dados de orientação para o necessário dimensionamento magnético (ver Fig. 29.6):

Na má transmissão de calor entre o lugar de atrito e a superfície de resfriamento (por exemplo nos acoplamentos de lamelas), a temperatura do lugar de atrito (principalmente no campo do início da curva de aquecimento) é bem maior do que na superfície de resfriamento.

[4] Teòricamente, tem-se, para o resfriamento a ar, $\alpha_k \approx 5,0 + 6,2 v_k^{6,78}$, com v_k como velocidade relativa do ar, em função da superfície de resfriamento S_k. Como v_k (e ainda ϑ_u) diminui do diâmetro externo da superfície de resfriamento até o meio, deve-se integrar $Q = \vartheta_{hu} S_k \alpha_k$ por meio de incrementos parciais.

[5] Para um cálculo preciso da temperatura no lugar do atrito, ver Hasselgruber [29/11].

Superfície necessária dos pólos:

$$S_{p_1} = S_{p_2} \approx \frac{P_s}{12} [\text{cm}^2]. \tag{32}$$

Secção transversal necessária da bobina

$$S_s = \delta^2 z_w \approx 174 f [\text{cm}^2]. \tag{33}$$

Número necessário de espiras

$$z_w \approx 900 \frac{E}{D_m}. \tag{34}$$

Tem-se

$$S_{p_1} = \frac{\pi}{4}(D_2^2 - D_1^2) [\text{cm}^2], \tag{35}$$

$$S_{p_2} = \frac{\pi}{4}(D_4^2 - D_3^2) [\text{cm}^2]. \tag{36}$$

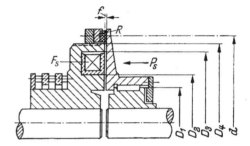

Figura 29.6 — Para o cálculo das dimensões do eletroímã

P_s [kgf] fôrça de engate;
δ [cm] diâmetro externo do arame (com isolação);
δ_k [cm] $\approx \delta/1{,}07$ diâmetro do arame condutor;
f [cm] folga entre o estator e o rotor (pràticamente $\geq 0{,}03$ cm);
D_m [cm] diâmetro médio da bobina;
$D_1 \cdots D_4$ [cm] ver Fig. 29.6;
E [volt] tensão elétrica

Condições: indução magnética $B = 12\,000$ **gauss**

condutibilidade elétrica $x = 57 \cdot 10^3 \dfrac{\text{mm}}{\Omega\,\text{mm}^2}$ para o arame de cobre,

densidade de corrente $J = 2$ ampères por mm² de secção transversal de δ_k.

Exemplo de cálculo: Para $P_s = 300$ kgf, $D_m = 17{,}5$ cm, $E = 24$ volts e $f = 0{,}03$ cm tem-se

$$S_{p_1} = S_{p_2} = 25\,\text{cm}^2, \quad S_s = 5{,}2\,\text{cm}^2, \quad z_w = 1\,240, \quad \delta = 0{,}647\,\text{mm}, \quad \delta_k = 0{,}61\,\text{mm}.$$

29.4. EXEMPLOS DE CÁLCULO

Exemplo 1: acoplamento de engate como acoplamento cônico (segundo a Tab. 29.1, tipo construtivo 2).

Dados: Uma máquina deve ser acelerada com um motor em rotação contínua, através de um acoplamento em $t_R = 1$s, de $n_2 = 0$ até $n_2 = n_1 = 750$ rpm. Em relação ao eixo do acoplamento tem-se, para a aceleração do momento de inércia das peças rotativas da máquina, $GD^2 = 30$ kgfm², momento de regime $M_H = 1410$ cmkgf, número de engates por hora $z = 60$ e temperatura do ar $\vartheta_L = 25°$C.

Adotado: segundo a Tab. 29.2, para lona de atrito de asbesto com resina sintética, funcionando a sêco, $\mu \approx 0{,}35$, $q_v = 0{,}15$ cm³/CVh, coeficiente de aproveitamento para a superfície da lona $y = 0{,}9$, folga $l = 0{,}1$ cm, espessura desgastável da lona $s_v = 0{,}3$ cm, fôrça manual $H = 10$ kgf, rendimento do sistema de comando $\eta_G \approx 0{,}9$, ângulo de inclinação do cone $\delta = 25°$, sen $\delta = 0{,}422$.

Procura-se: M_R; b, d; N_R; ϑ_{hu}, ϑ; L_B; P_s, s, i, h.

Momento de atrito M_R: de $A_m = GD^2 n^2/7200 = 2350$ mkgf segundo a Eq. (5), $M_B = 1910\,A_m/(n t_R) = 5970$ cmkgf pela Eq. (6), obtém-se $M_R = M_B + M_H = \underline{7380\text{ cmkgf}}$ pela Eq. (2).

Potência de atrito N_R: de $A_R = M_R n_1 t_R/1910 = 2900$ mkgf pela Eq. (9), obtém-se $N_R = A_R z/270000 = \underline{0{,}64\text{ CV}}$ **pela** Eq. (10).

Elementos de Máquinas

Dimensões principais d e b: com $K_T = 1,2$, $b/d = 0,2$ e $j = 1$ pela Tab. 29.4, obtém-se, pela Eq. (23), $d = 28,3$ cm, adotado $d = \underline{30 \text{ cm}}$, $b = d(b/d) = \underline{6 \text{ cm}}$.

Aquecimento: a superfície útil de resfriamento $\overline{S_K}$ é sòmente a superfície externa do disco cônico contínuo externo, pois o cone interno é isolado pela lona de atrito e a superfície interna não é ventilada pelo ar externo.

$S_K \approx \pi d b_s + \pi d^2/4 = 0,146 \text{ m}^2$ com $b_s = 8$ cm, $v_K = dn/1910 = 11,8$ m/s,
$\alpha_K \approx 4,5 + 6v_k^{3/4} = 42,9$ pela Eq. (28),
$\vartheta_{hu} = 632 N_R/S_K\alpha_K = 64,6°C$ pela Eq. (27),
$\vartheta = \vartheta_L + \vartheta_{hu} = 25 + 64,6 = 90°C$.

Pressão média superficial p: de acôrdo com a Tab. 29.1, tem-se $S = \pi d b y = 510 \text{ cm}^2$, $U = 2M_R/d = 492$ kgf, $p = U/(S\mu) = \underline{2,76 \text{ kgf/cm}^2}$.

Vida da lona L_B: segundo a Tab. 29.1, tem-se $V_v = Ss_v = 153 \text{ cm}^3$; pela Eq. (31), tem-se $L_B = V_v/(q_v N_R) = \underline{1600}$ horas de trabalho.

Dados de engate e de comando: pela Tab. 29.1, tem-se, como fôrça de engate, $P_s = U \operatorname{sen} \delta/\mu = \underline{590 \text{ kgf}}$, e para o percurso $s = l/\operatorname{sen} \delta = 0,237$ cm, pela Eq. (26), tem-se, em contraposição, $i = P_s/(H\eta_G) = \underline{65,7}$ com $H = 10$ kgf; pela Eq. (25), tem-se o percurso manual $h = si = \underline{15,6 \text{ cm}}$.

Exemplo 2: Acoplamento de engate como acoplamento de lamelas (segundo a Tab. 29.1, tipo construtivo 3 e Fig. 29.24).

Dados: características de trabalho $M_R = 7380$ e $N_R = 0,64$, segundo o Ex. 1.

Adotado: associação de atrito, aço temperado contra material sinterizado, ranhurado em espiral e lubrificado a óleo, $\mu \approx 0,1$, $q_v = 0,025 \text{ cm}^3/\text{CVh}$, segundo a Tab. 29.2, $j = 10$, folga $l = 0,025$ cm, espessura desgastável da lona $s_v = 0,035$ cm, fôrça manual $H = 10$ kgf, rendimento do sistema de comando $\eta_G \approx 0,8$, coeficiente de aproveitamento da superfície da lona $y = 0,7$.

Procura-se: d, b; L_B; p; P_s, s, i, h.

Dimensões principais d e b: com $K_T = 0,7$ e $b/d = 0,15$ pela Tab. 29.4, e $N_R = 0,64$, obtém-se, pela Eq. (23): $d \approx \underline{17 \text{ cm}}$ e $b = \underline{2,6 \text{ cm}}$.

Vida da lona $\overline{L_B}$: segundo a Tab. 29.1, tem-se $S = \pi d b y j = 777 \text{ cm}^2$; $V_v = Ss_v = 27 \text{ cm}^3$; pela Eq. (31), tem-se $L_B = \dfrac{V_v}{q_v N_R} = \underline{1700}$ horas de funcionamento.

Pressão média superficial p: pela Tab. 29.1, tem-se

$$p = \frac{U}{S\mu} = \frac{2M_R}{dS\mu} = \underline{11,2 \text{ kgf/cm}^2}.$$

Dados de engate e de comando: segundo a Tab. 29.1, tem-se, para a fôrça de engate, $P_s = \dfrac{U}{j\mu} = \dfrac{2M_R}{dj\mu} = \underline{870 \text{ kgf}}$; percurso de engate $s = lj = \underline{0,25 \text{ cm}}$; segundo a Eq. (26), tem-se, como relação de multiplicação do comando, $i = P_s/(H\eta_G) = \underline{109}$; pela Eq. (25), tem-se o percurso manual $h = si = \underline{27 \text{ cm}}$.

Exemplo 3: Freio de sapata como freio de bloqueio para um mecanismo de elevação de garras (segundo a Tab. 29.1, tipo construtivo 1 e Fig. 29.16a).

Dados: carga $G_g = 5200$ kgf, velocidade da carga $v_g = 0,75$ m/s, rotação do tambor de freio $n = 600$ rpm, rendimento do redutor $\eta = 0,8$; momento de inércia do motor e redutor $GD^2 = 155 \text{ kgfm}^2$; tempo de frenagem após a descida da carga $t_{RS} = 2,5$ s; número de frenagens por hora $z = 200$. Compressão por meio de molas e abertura através do ímã segundo a Fig. 29.32; rendimento do sistema de comando $\eta_G \approx 0,9$; temperatura do ar $\vartheta_L = 25°C$.

Adotado: pela Tab. 29.2, tem-se, para o material de atrito asbesto com resina sintética, funcionamento a sêco, $\mu = 0,35$, $q_v \approx 0,15 \text{ cm}^3/\text{CVh}$. Folga $l = 0,2$ cm; espessura desgastável da lona $s_v = 0,6$ cm, coeficiente de aproveitamento da superfície da lona $y = 0,9$.

Procura-se: M_R; percurso de frenagem e tempo de frenagem após a elevação ou a descida; N_R; b, d; ϑ_{hu}, ϑ; p; L_B; P_s, s, i, h.

Momento de atrito M_R na direção da descida: pela Eq. (5), $A_m = 7900$; pela Eq. (6), $M_B = 1910 A_m/(nt_{RS}) = 10040$ cmkgf; M_H para fixar a carga. $M_H = \eta G_g v_g 30/(\pi n) = 4960$ cmkgf; $M_R = M_H + M_B = \underline{15000 \text{ cmkgf}}$.

Tempo de frenagem t_{RH} após a elevação da carga: pela Eq. (14), tem-se, na direção da subida, $M_B = M_H + M_R = 19960$ cmkgf. Segundo a Eq. (7), tem-se $t_{RH} = 1910 A_m/(nM_B) = \underline{1,25 \text{ s}}$.

Percurso de frenagem: s_{RH} da carga após o levantamento: $s_{RH} = v_g t_{RH}/2 = \underline{0,47 \text{ m}}$.

Percurso de frenagem s_{RS} da carga após a descida: $s_{RS} = v_g t_{RS}/2 = 0,94$ m.

Potência de atrito N_R: [do valor médio para $t_R = (t_{RH} + t_{RS})/2 = \overline{1,87 \text{ s}}$]. Pela Eq. (9), $A_R = M_R n t_R/1910 = 8830$ mkgf; pela Eq. (10), $N_R = A_R z/270000 = \underline{6,5 \text{ CV}}$.

Dimensões principais d e b: com $K_U = 0,3$, $b/d = 0,4$, $j = 1$ pela Tab. 29.5 e $M_R = 15000$, tem-se, pelas Eqs. (21) e (23), com $K_T = 0,9$

$$d \approx \underline{63\,\text{cm}}, \quad b \approx 0,4\,d = \underline{25\,\text{cm}}.$$

Adotado: $b_s = 26\,\text{cm}$, $L \approx 0,6\,d = 38\,\text{cm}$, $S = 2Lb\,y = 1710\,\text{cm}^2$, $c_3 = 5\,\text{cm}$, $c_2 = 36\,\text{cm}$, $c_1 = 72\,\text{cm}$ (ver Fig. 29.16a).

Aquecimento: Para a máxima velocidade tangencial do disco de freio $v = nd/1910 = 19,8\,\text{m/s}$ e $v_k \approx 0,35\,v = 6,9\,\text{m/s}$ como valor médio para o funcionamento e repouso, tem-se pela Eq. (28), $\alpha_k \approx 4,5 + 6v_k^{3/4} = 30$. Para um cálculo preciso de α_k, ver a Eq. (29), $S_K \approx 2d\pi b_s + 2\pi d^2/4 - 2Lb = 14640\,\text{cm}^2 = 1,464\,\text{m}^2$; pela Eq. (27), $\vartheta_{hu} = 632\,N_R/(S_k\alpha_k) = 94°\text{C}$ e $\vartheta = \vartheta_L + \vartheta_{hu} = 25 + 94 = \underline{119°\text{C}}$.

Pressão média superficial p: pela Tab. 29.1, $p = \dfrac{2M_R}{dS\mu} = \underline{0,8\,\text{kgf/cm}^2}$.

Vida da lona L_B: segundo a Tab. 29.1, $V_v = Ss_v = 1710 \cdot 0,6 = 1030\,\text{cm}^3$. Pela Eq. (31), $L_B = \dfrac{V_v}{q_v N_R} = \underline{1050}$ horas de trabalho. (Pela Tab. 29.5 um pouco justo).

Dados de engate e de comando: pela Tab. 29.1, tem-se a fôrça de engate $P_s = P_{s_1} + P_{s_2} = 2M_R c_2/(d\mu c_1) = \underline{682\,\text{kgf}}$.

Percurso de engate s: $s = lc_1/c_2 = 0,4\,\text{cm}$.

Fôrça de mola P_F de: $P_F + P_M + P_H = P_s/2 = \underline{341\,\text{kgf}}$, onde P_M e P_H são a parte do pêso do rotor magnético e da alavanca n, m, i (Fig. 29.32) no ponto de aplicação de P_F.

Relação de multiplicação, fôrça de engate/fôrça magnética: $i = P_s/(H\eta_G) = 15,2$ segundo a Eq. (26), com a fôrça magnética $H = 50\,\text{kgf}$. Percurso da folga magnética $h = si = 0,4 \cdot 15,2 = \underline{6,1\,\text{cm}}$.

Exemplo 4: Freio de fita com freio de bloqueio (segundo a Tab. 29.1, tipo construtivo 4).

Dados: características de funcionamento, dimensões do disco d e b e o momento de atrito para a descida $M_{RS} = 15000\,\text{cmkgf}$, como no Ex. 3.

Adotado: material de atrito, μ, q_v, l e s_v, como no Ex. 3, mas $y \approx 1$, ângulo de abraçamento $\alpha = 1,25\pi = 225°$.

Procura-se: M_{RH} e t_{RH} na direção do levantamento, além disso N_R; ϑ_{hu}, ϑ; p; L_B; P_s; s, i, h.

Momento de atrito M_{RH}: na direção do levantamento atua o freio correspondente ao tipo construtivo 5 da Tab. 29.1. (na direção da descida, o tipo construtivo 4). Pela Tab. 29.1 tem-se, relativamente a U, do tipo 5 para o tipo 4, $M_{RH} = M_{RS}/m = 15000/3,9 = 3840\,\text{cmkgf}$, onde $m = e^{\mu\alpha} = 3,9$, como na Fig. 29.13.

Tempo de atrito t_{RH}: com $M_B = M_{RH} + M_H = 8800$ para o levantamento e $A_m = 7900$, pelo Ex. 3 tem-se, da Eq. (7), $t_{RH} = 1910\,A_m/(M_B n) = \underline{2,85\,\text{s}}$.

Potência de atrito N_R: do valor médio para $M_R = (M_{RH} + M_{RS})/2 = 9420\,\text{cmkgf}$, $t_R = (t_{RH} + t_{RS})/2 = 2,67\,\text{s}$, pelas Eqs. (9) e (10)

$$A_R = M_R n t_R/1910 = 7900\,\text{mkgf},$$
$$N_R = A_R z/27 \cdot 10^4 = \underline{5,85\,\text{CV}}.$$

Aquecimento: a potência de atrito N_R é um pouco menor do que a do freio de sapata do Ex. 3, mas por isso o disco de freio externo é mais coberto pela fita do freio, de tal maneira que o aquecimento pode ficar um pouco maior do que o do freio de sapatas do Ex. 3.

Pressão média superficial p: pela Tab. 29.1, tem-se

$$p = \dfrac{2M_{RS}}{dS\mu} = \underline{0,44\,\text{kgf/cm}^2}, \text{ com a introdução de } S = 0,5\,\alpha db = 3100\,\text{cm}^2.$$

Máxima pressão superficial p_{max}:

Segundo a Tab. 29.1, $p_{max} = p\alpha\mu \dfrac{m}{m-1} = \underline{0,815\,\text{kgf/cm}^2}$.

Vida da lona L_B:

Pela Tab. 29.1, $V_v = \dfrac{bds_v}{2\mu} \dfrac{m-1}{m} = 1000\,\text{cm}^3$ com $s_v = 0,6\,\text{cm}$.

Segundo a Eq. (31), $L_B = \dfrac{V_v}{q_v N_R} = \underline{1140}$ horas de trabalho.

Dados de engate e de comando: pela Tab. 29.1, tem-se:

fôrça de engate

$$P_s = F_2 = \frac{2M_{RS}}{d(m-1)} = \underline{164 \text{ kgf}};$$

percurso de engate

$$s = l\alpha = \underline{0{,}79 \text{ cm}};$$

relação de multiplicação

$$i = \frac{P_s}{H\eta_G} = \frac{164}{50 \cdot 0{,}9} = \underline{3{,}64};$$

percurso da folga magnética

$$h = si = \underline{2{,}88 \text{ cm}}.$$

Comparação com o freio de sapatas do Ex. 3: A inércia do deslocamento para o levantamento e a descida é mais uniforme; a vida da lona é pouco maior (pois uma lona grande gasta desigualmente) mas o trabalho de comando Hh é nìtidamente menor. O momento de frenagem poderia ser aumentado ao dôbro, para alcançar-se o menor tempo de frenagem do freio de sapatas $t_{RH} = 1{,}25$ s; o aquecimento e a vida, neste caso, sòmente seriam favorecidos, apesar da maior pressão superficial.

Exemplo 5: Freio de autoveículo como freio simétrico de sapatas internas, segundo a Fig. 29.17, mas acionado com cilindro a pressão

Dados: pêso móvel $G_g = 1360$ kgf; freio nas 4 rodas; $G_w = G_g/4 = 340$; velocidade do veículo v_g 100 km/h, $= 27{,}8$ m/s; desaceleração $b_v = 4$ m/s²; diâmetro das rodas $D = 68$ cm; número de frenagens por hora: $z = 20$; relação de alavanca $c_2/c_1 = 0{,}5$; $c_3/c_2 = 1{,}2$; $c_3/c_1 = 0{,}6$; fôrça de engate $P_{s_1} = P_{s_2}$; comando através da fôrça do pé com multiplicação hidráulica.

Adotado: folga $l = 0{,}1$ cm (para P_1), fôrça do pé $H = 50$ kgf; rendimento do sistema de comando $\eta_G \approx 0{,}9$, lona de atrito: asbesto com resina sintética segundo a Tab. 29.2 ($\mu \approx 0{,}3$, $q_v \approx 0{,}17$ cm³/CVh), espessura desgastável da lona $s_v = 0{,}4$ cm; comprimento da sapata $= 0{,}9\,d$.

Procura-se: t_R; percurso de frenagem; M_R; b, d; P_1; P_2 e p_1, p_2; P_s, s, i, h; L_B. Em seguida, calcula-se, para cada S, M_R, P_1, P_2 e P_s o valor total dos 4 freios.

Tempo de frenagem t_R: $t_R = v_g/b_v = 6{,}95$ s para a desaceleração de $v_g = 27{,}8$ m/s até $v_g = 0$.
Percurso de frenagem s_R: $s_R = v_g t_R/2 = 96{,}6$ m para a frenagem de $v_g = 27{,}8$ m/s até $v_g = 0$.
Momento total de atrito M_R: da fôrça de desaceleração $P_v = G_g b_v/9{,}81 = 555$ kgf no veículo e com o fator 1,1 para considerar a energia das peças girantes, obtém-se, para os freios nas rodas:

$$M_R = 1{,}1\, P_v D/2 = \underline{20\,700} \text{ cmkgf}.$$

Dimensões principais b e d: com $K_G = 4{,}5$ e $b/d = 0{,}11$, pela Tab. 29.4, tem-se, pela Eq. (22):

$$d \geq \sqrt{\frac{G_w}{K_G \dfrac{b}{d}}} = 26{,}2 \text{ cm};$$

Adotado: $d = 27$ cm, $b = d(b/d) = 3$ cm.
Fôrça total de compressão e pressão superficial: Pela pág. 142, tem-se

$$P = P_1 + P_2 = \frac{2M_R}{\mu d} = \underline{5100 \text{ kgf}};$$

$$\frac{P_2}{P_1} = \frac{1 + \mu \dfrac{c_3}{c_2}}{1 - \mu \dfrac{c_3}{c_2}} = 2{,}125;$$

assim

$$P_1 = \frac{P}{1 + \dfrac{P_2}{P_1}} = \underline{1635 \text{ kgf}}; \quad P_2 = P - P_1 = \underline{3465 \text{ kgf}};$$

Superfície total da lona $S = 0{,}9\,d\,b\,8 = \underline{583 \text{ cm}^2}$;

Pressão superficial

$$p_1 = 2\frac{P_1}{S} = \underline{5{,}6} \text{ kgf/cm}^2,$$

$$p_2 = 2\frac{P_2}{S} = \underline{11{,}9} \text{ kgf/cm}^2$$

Fôrça total de engate P_s: desprezando-se a fôrça de recuo do comando, tem-se

$$P_s = P_{s1} + P_{s2} = 2P_2\left(\frac{c_2}{c_1} - \mu\frac{c_3}{c_1}\right) = \underline{2200 \text{ kgf}}.$$

Por cada cilindro de compressão (por sapata de freio) tem-se, então, a fôrça de engate $2200/8 = 275\text{ kgf}$.
Dados de engate e de comando: Segundo a Tab. 29.1,

$$s = \frac{lc_1}{c_2} = 0{,}2\text{ cm,}$$

pela Eq. (26)

$$i = \frac{P_s}{H\eta_G} = 49,$$

pela Eq. (25)

$$h = si = \underline{9{,}8\text{ cm}}.$$

Vida da lona L_B: tomando-se como valor médio para a energia crescente, em cada frenagem, a velocidade do veículo $v_g = 10\text{ m/s}$ como base e o fator 1,1 para considerar as massas girantes, tem-se, pela Eq. (5),

$$A_m = \frac{1{,}1\,G_g v_g^2}{9{,}81 \cdot 2} = 7630\text{ mkgf};$$

pela Eq. (10)

$$N_R = \frac{A_m z}{27 \cdot 10^4} = 0{,}565\text{ CV};$$

pela Tab. 29.1

$$V_v = S s_v = 233\text{ cm}^2;$$

segundo a Eq. (31) $L_{Bm} = \dfrac{V_v}{q_v N_R} = 2430$ horas de funcionamento como valor médio para a pressão superficial média $p_m = 0{,}5\,(p_1 + p_2) = 8{,}75\text{ kgf/cm}^2$. Na realidade, as sapatas têm sòmente, para $p_2 = 11{,}9$, uma vida $L_{B2} = L_{Bm} p_m / p_2 = \underline{1780}$ horas de funcionamento.

Exemplo 6: Freio de potência (segundo a Fig. 29.18).

Dados: funcionamento contínuo com a rotação $n = 1000/\text{rpm}$, diâmetro $d = 60\text{ cm}$, largura da lona $b = 25\text{ cm}$, associação de atrito a sêco e resfriamento interno com água.
Procura-se: potência admissível de frenagem em regime.
Calculado: com a introdução de $K_T = 9$, pela Tab. 29.4, e $v = nd/1910 = 31{,}5\text{ m/s}$, obtém-se da Eq. (20) a potência admissível de frenagem em regime $N_R \approx K_T b d \sqrt{v}/10^3 = \underline{75{,}5\text{ CV}}$.

29.5. DADOS EXPERIMENTAIS E RECOMENDÁVEIS

1. *TABELAS*

TABELA 29.1 – *Tipos construtivos e designações para acoplamentos e freios de atrito. $m = e^{\mu\alpha}$, ver Fig. 29.13.*

Tipo construtivo		1	2	3	4	5	6	7
Embreagens		Com sapatas	Cônico	Discos ou lamelas				
Freios					Fita na a direção da rotação	Fita contra a direção da rotação	Fita somatória	Fita diferencial
Fôrça de atrito U no diâmetro d*		$\mu(P_1+P_2)$	$\dfrac{\mu P_s}{\operatorname{sen}\delta}$	$\mu P_s j$	$(m-1)F_2$	$\dfrac{(m-1)}{m}F_1$	$\dfrac{m-1}{m+1}(F_1+F_2)$	
Necessária fôrça de engate P_s**		$P_{s1}+P_{s2}=\dfrac{Uc_2}{\mu c_1}$	$\dfrac{U\operatorname{sen}\delta}{\mu}$	$\dfrac{U}{\mu j}$	$F_2=\dfrac{U}{m-1}$	$F_1=\dfrac{Um}{m-1}$	$F_1+F_2=U\dfrac{m+1}{m-1}$	$U\dfrac{1-c_1 m/c_2}{m-1}$
Percurso de engate s_s*** na direção P_s***		$l\dfrac{c_1}{l}$	$\dfrac{l}{\operatorname{sen}\delta}$	$l j$	$l\alpha$	$l\alpha$	$s_1=s_2=0{,}5l\alpha$	$s_2\doteq\dfrac{l\alpha}{1-c_1/c_2}$
Pressão superficial média p					$\dfrac{U}{S\mu}$			
Máxima pressão superficial p_{max}****		$\dfrac{2Ut\operatorname{sen}\alpha_2}{b\,d\,y\,\mu(\cos\alpha_1-\cos\alpha_2)}$		$\dfrac{p\,d}{d_i}$		$p\alpha\mu\dfrac{m}{m-1}=\dfrac{2U}{db}\dfrac{m}{m-1}=\dfrac{2S_1}{db}$		
Quantidade desgastável de material de atrito V_o			$S s_v$			$\dfrac{S s_v}{\alpha\mu}\dfrac{m-1}{m}=\dfrac{b\,d\,s_v}{2\mu}\dfrac{m-1}{m}$		
Superfície da lona S		$2Lby$	$\pi d b y$	$\pi d b y j$		$0{,}5\,a\,d\,b\,y$		

*Momento de atrito $M_R = U\,d/2$.
**Vale para $P_1 = P_2$, ver pág. 142.
***Folga $l = 0{,}02$ a $0{,}2$ cm, de acôrdo com à reserva desgastável e a marcha livre no engate.

TABELA 29.2 — *Dados de referência para associações por atrito* (ver também as Figs. 29.8 a 29.12
No grupo I, tem-se, para uma superfície oposta lisa, $q_v = 0{,}125$ a $0{,}2$ com funcionamento a sêco, $\approx 0{,}05$ com lubrificação a óleo; para o grupo III, tem-se $q_v \approx 0{,}025$.

Grupo	Par de atrito	Coeficiente de atrito μ sêco	Coeficiente de atrito μ lubrificado	ϑ_{ad} contínuo °C	ϑ_{ad} instantâneo °C	p kgf/cm²	Custo*
I	*Ferro fundido cinzento, aço fundido ou aço contra:*						
	Resina sintética fenólica	0,25	0,1 ··· 0,15	100	150	0,5 ··· 7	//
	Tecido de algodão com resina sintética	0,4 ··· 0,65	0,1 ··· 0,2	100	150	0,5 ··· 12	///
	Malha de asbesto com resina sintética	0,3 ··· 0,5	0,1 ··· 0,2	200	300	0,5 ··· 20	///
	Asbesto com resina sintética prensado hidràulicamente	0,2 ··· 0,35	0,1 ··· 0,15	250	500	0,5 ··· 80	///
	Lã metálica com buna prensada	0,40 ··· 0,65	0,1 ··· 0,2	250	300	0,5 ··· 80	///
	Carvão grafítico/aço	0,25	0,05 ··· 0,1	300	550	0,5 ··· 20	////
II	*Ferro fundido cinzento, aço fundido ou aço:*						
	Madeira balza	0,2 ··· 0,35	0,1 ··· 0,15	100	160	0,5 ··· 5	/
	Couro	0,3 ··· 0,6	0,12 ··· 0,15	100		0,5 ··· 3	/
	Cortiça	0,3 ··· 0,5	0,15 ··· 0,25	100		0,5 ··· 1	/
	Fêltro	0,22	0,18	140		0,3 ··· 7	/
	Gutapercha, papel	0,22	0,18	140		0,5 ··· 3	/
III**	Aço duro/aço duro ou metal sinterizado, oleado	$\mu_0 = 0{,}12 \cdots 0{,}17$	$\mu_G = 0{,}06 \cdots 0{,}11$	100		5 ··· 30	///
	Aço duro/aço duro ou metal sinterizado num fluxo de óleo	$\mu_0 = 0{,}08 \cdots 0{,}12$	$\mu_G = 0{,}03 \cdots 0{,}06$	100		5 ··· 40	///
IV	Ferro fundido cinzento/aço	0,15 ··· 0,2	0,03 ··· 0,06	260		8 ··· 14	/
	Ferro fundido cinzento/ferro fundido cinzento	0,15 ··· 0,25	0,02 ··· 0,1	300		10 ··· 18	/
V***	Granalha de aço/ferro fundido cinzento ou aço grafitado	0,4 ··· 0,5		350			//
	Esfera de aço/ferro fundido cinzento ou aço grafitado	0,2 ··· 0,3		300			////

TABELA 29.3 — *Dados experimentais para* $C = M_R/M_H$ ****.

Para acoplamentos entre	Para freios	C	Observações
Motor elétrico/bomba centrífuga		1,3 ··· 1,5	
Motor elétrico/máquina operatriz leve		1,3 ··· 1,5	
Motor elétrico/prensa, tesoura		1,4 ··· 1,8	
Turbina a vapor/turbo compressor		1,4 ··· 1,8	
Motor elétrico/máquina de retalhar		2 ··· 2,5	
Turbina a água/acionamento de moinho		2 ··· 2,5	
Motor elétrico/centrífuga, transportador de rolos		2,5 ··· 3	
Motor diesel/acionamento de escavadeira		2,5 ··· 3	
Acionamento/laminador, moinho de bolas		3 ··· 5	
Acionamento/autoveículo		2 ··· 3	M_H = momento do motor
	Freio de máquina de levantamento	2 ··· 4	M_H = momento da carga
	Freio do veículo e do acionamento de rotação	0,8 ··· 2	M_H = momento da carga

*Custos de / baixo até //// alto.
**Aço duro = aço temperado. Para a influência da disposição dos rasgos, p e a viscosidade do óleo (temperatura) sôbre μ, ver Fig. 29.9 a 29.12 e pág. 136.
***Para a granulação 1 até 0,6 mm, pêso de escoamento $\gamma \approx 4{,}4$ kgf/dm³.
Para esferas polidas com um diâmetro de 2 até 3 mm, $\gamma \approx 4{,}3$ kgf/dm³.
****Nos processos de atrito isolados com M_R constante, tem-se, para a temperatura superior no lugar de atrito, segundo Hasselgruber [29/11], para $C = 2$ um mínimo.

TABELA 29.4 — *Dados característicos para acoplamentos de atrito e freios.*

Tipo construtivo	Segundo a figura	b/d	$K_U = \dfrac{U}{bdj}$ kgf/cm²	$K_G = \dfrac{G_w}{bdj}$ kgf/cm²	$K_T = \dfrac{N_R \, 10^3}{bdj \, v^{1/2}}$ $\dfrac{CV \, 10^3}{cm^2 \, (m/s)^{1/2}}$	Outros dados
Acoplamentos:						
De sapatas, de fita, cônicos, de disco, $j = 1$ a 2	Tabela 29.1	0,15···0,3	2 ···8		1,0 ··· 1,6	$j = 1$
		0,15···0,3	2 ···5			
De lâminas $j = 4$ até 20		⎧ 0,1 ···0,25	0,8···3,5		0,45···0,65	Funcionando a sêco
		⎨ 0,1 ···0,25	0,8···3,5		0,45···1,0	Oleado
		⎩ 0,1 ···0,25	0,8···3,5		2,0 ···4,5	No fluxo de óleo
Freio na roda de veículos:	29.17	0,1 ···0,15	3 ···5,5			$b_v = 3,2 \cdots 4,6 \, m/s^2$
Veículo de passageiros		0,1 ···0,15	3 ···5,5	4,8···8		G_w = pêso de veículo por freio
Veículo de carga		0,1 ···0,15	3 ···5,5	4 ···6		
Freio de guindaste	29.32	0,3 ···0,4	0,2···0,8		0,8 ··· 1,4	Para:
Freio de bloqueio	a	0,3 ···0,4	0,75			carga $b_v < 1,4 \, m/s^2$
Freio de frenagem	29.34	0,3 ···0,4	0,2···0,4			$t_R = 0,5 \cdots 5 \, s$
Freio de descida		0,3 ···0,4	0,25			z e L_B, ver Tab. 29.5
Freio de potência	29.18	0,2 ···0,5				Para: $\vartheta_{hu} = 60°C$
					1,1 ···1,8	Funcionamento a sêco e resfriamento a ar
					6,5 ···11	Funcionamento a sêco e resfriamento a água
					22 ···28	Lubrificação e resfriamento a água

TABELA 29.5 — *Referências para o número de engates z e a vida da lona L_B dos freios de máquinas de levantamento.*

Tipo de máquina de levantamento	z [1/h]	L_B [h]
Elevadores	60··· 70	10 000
Guindastes rolantes	até 120	10 000
Guindastes de volumes-de cais	50···120	15 000
Guindastes de garras	100···200	1 500
Guindastes de caçambas	200···350	1 000
Guindastes de fundição	80···150	5 000
Guindastes de laminação a quente e de forno de poço	até 600	200

2. RELAÇÕES E ASSOCIAÇÕES DE ATRITO

Associação de atrito sêco ou lubrificado: No funcionamento a sêco, o coeficiente de atrito μ é consideràvelmente maior (ver Tab. 29.2 e Fig. 29.11); portanto, as pequenas fôrças de compressão e de comando também satisfazem. Além disso, o μ varia nitidamente menos com a velocidade de escorregamento, pressão superficial e temperatura; ademais, a inclinação de trepidação na passagem para o movimento de escorregamento é menor, pois no funcionamento a sêco o coeficiente de atrito de bloqueio não é nìtidamente maior ou melhor do que o coeficiente de atrito de deslizamento (ver Fig. 29.11).

Apesar disso, utiliza-se também a superfície de atrito lubrificada, justamente quando se pretende diminuir o desgaste, quando não se pode conservar com segurança a superfície de atrito livre de óleo (por exemplo nos acoplamentos de engate na caixa do redutor), onde se deve aumentar a transmissão de calor por meio de líquidos (por exemplo nos freios de potência).

Coeficiente de atrito μ: Os coeficientes de atrito que são apresentados na Tabela 29.2 sòmente servem como dados de primeira aproximação. Para uma crítica rigorosa do comportamento de atrito, deve-se conhecer, para a respectiva associação de atrito, o desenvolvimento de μ em função de v, p e ϑ (ver Fig. 29.8). Nas Figs. 29.9 a 29.12, pode-se ver como se influencia, inclusive nas superfícies de atrito lubrificadas, a posição em altura e a seqüência de μ com a escolha da associação dos materiais de atrito e com a configuração da superfície de atrito. Assim é importante, nas lamelas de aço lubrificadas a óleo, para evitar a tendência de trepidação, quando se diminui, por um lado, o coeficiente de atrito de bloqueio (por exemplo por meio da utilização de superfícies opostas sinterizadas e ávidas ao óleo) e, por outro lado, quando a diminuição de μ decresce com o aumento de v, interrompendo a formação da pressão do lubrificante através de um rasgo espiral estreito na superfície oposta (Fig. 29.10), ou quando se produz um atrito hidrodinâmico grande por meio de uma superfície oposta nervurada em forma de espinhos (Fig. 29.9).

Acoplamentos e Freios de Atrito

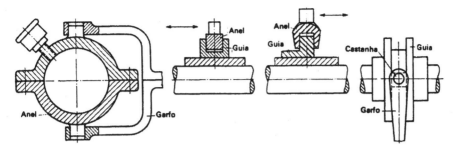

Ligação entre a guia do engate com a alavanca

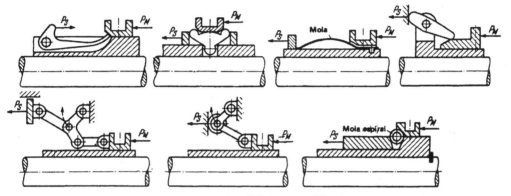

Fôrça axial de engate P_S, guia aliviada na posição do ponto morto

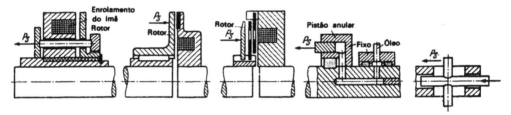

Fôrça axial do engate P_S, magnética, hidráulica, mecânica

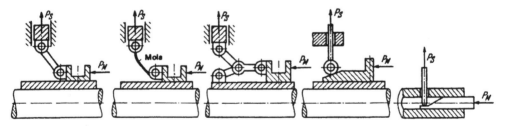

Fôrça radial de engate P_S, guia aliviada na posição do ponto morto

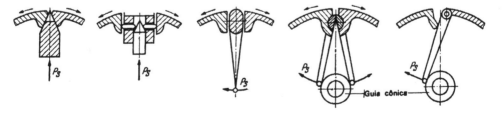

Fôrça tangencial de engate

Figura 29.7 – Comando de engate e transmissão de fôrça para acoplamentos de atrito

135

Inclusive na associação por atrito a sêco é recomendável uma superfície de atrito interrompida por rasgos para eliminar o desgastado que, em caso contrário, interfere no efeito do atrito.

Nos acoplamentos de lamelas lubrificadas a óleo, também é de interêsse a influência da pressão superficial e da temperatura sôbre μ, de acôrdo com a Fig. 29.12, e, além disso, a influência da configuração da superfície de atrito sôbre o tempo de alívio e sôbre o momento de atrito em vazio pela Fig. 29.10. Aqui também é recomendada uma fina subdivisão da superfície oposta por meio de rasgos espirais.

Em seguida, a formação de carvão de óleo nas altas temperaturas do óleo diminui o coeficiente de atrito e a transmissão de calor. Com um aditivo especial no óleo, pode-se diminuir a formação do carvão de óleo, sendo melhor ainda a utilização de óleo sintético.

Associação por atrito: Resumo e dados característicos das associações por atrito, ver Tab. 29.2. Para o funcionamento a sêco, utilizam-se, nas construções de máquinas e de veículos, pares de atrito do grupo I; para os lubrificados a óleo, os apresentados nas Figs. 29.10 e 29.11, onde se encontram discos finos de aço, pareados com equivalentes ou com discos opostos de metal armado e sinterizado.

A fixação das lonas de atrito verifica-se geralmente com rebites de cobre (de preferência rebites tubulares) ou por meio de cola; mas existem também construções com disposição flutuante das peças de atrito (Figs. 29.19 e 29.23).

Um material notável de atrito, especial para acoplamentos de partida e centrífugos é, devido às suas propriedades de atrito quase constantes, a granalha grafitada de aço (também esferas grafitadas de aço) com os coeficientes de atrito da Tab. 29.2. Para as respectivas construções, ver as Figs. 29.29 e 29.30.

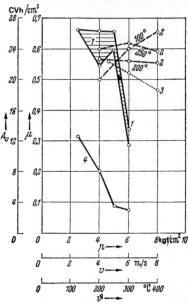

Figura 29.8 – Coeficiente de atrito μ e o valor de desgaste $A_v = 1/q_v$ para o material de atrito, lã de metal com ligação de buna contra aço fundido funcionando a sêco

1μ em função de ϑ para $v = 6$, $p\mu v = 13,1$; 2μ em função de p para $v = 6$, $\vartheta = 100$; 200 e $250°C$; 3μ em função de v para $p = 3$, $\vartheta = 200°C$; $4 A_v$ em função de ϑ para $v = 6$, $p\mu v = 13,1$

3. TIPOS CONSTRUTIVOS E PROPRIEDADES

Na Tab. 29.1 estão resumidos os tipos construtivos fundamentais para acoplamentos por atrito e freios por atrito e as respectivas designações válidas.

Os tipos construtivos 1 a 3 (construção em tambor, cônica e de disco) comportam-se igualmente nos seguintes pontos (para o mesmo M_R, μ, d, l): mesmo efeito de atrito nas duas direções de rotação, mesma variação de M_R proporcional a μ e mesmo trabalho de comando $P_s s$.

O tipo construtivo 1 possui, no entanto, maior superfície de resfriamento, em correspondência ao ar que pode vir de todos os lados do disco.

O tipo construtivo 2 possui maior volume desgastável (maior vida da lona), em correspondência à lona de atrito que cobre tôda a superfície do anel.

O tipo construtivo 3 possui menor fôrça de comando P_s, em correspondência às inúmeras j lamelas; com mínima necessidade especial de espaço, porém má transmissão de calor, contanto que não seja construída a forma de disco único.

Nos tipos construtivos 2 e 3 a pressão superficial se distribui radialmente proporcional a $1/r$, pois o desgaste é proporcional a $p\mu v = p\mu\omega r =$ constante. O diâmetro útil de atrito é $d = 0,5(d_a + d_i)$.

No tipo construtivo 2, a fôrça necessária de compressão é um pouco maior do que a fôrça tangencial de atrito, quando se evita a auto-retenção no cone, adotando-se tg δ um pouco maior que μ.

Os tipos construtivos 4 até 7 (tipos construtivos de fita) são especialmente simples; a fôrça resultante de F_1 e F_2 solicita, no entanto, os mancais do eixo, e o efeito de atrito sòmente é igual nos dois sentidos para o tipo construtivo 6. A relação de $F_1/F_2 = m = e$ e a fôrça tangencial $U = -F_2 = F_2(m-1)$, com m de acôrdo com a Fig. 29.13. Aqui aparece, no esticamento da fita na direção F_2 (tipo construtivo 4), um servo-efeito, isto é, a fôrça de atrito traciona a fita de tal maneira que o trabalho de comando torna-se menor do que nos tipos construtivos 1 a 3.

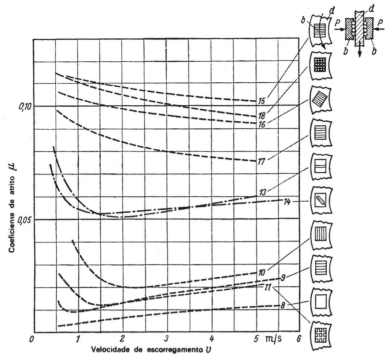

Dados para as curvas:

N.°	Elemento de compressão b	p_m kgf/cm²	η_E kgf s / cm²	Óleo
8	liso, plano	5	$0{,}23 \cdot 10^{-6}$	B 1774
9	com rasgos transversais	5	$0{,}23 \cdot 10^{-6}$	B 1774
10	com rasgos longitudinais*	5	$0{,}23 \cdot 10^{-6}$	B 1774
11	com rasgos em xadrez*	5	$0{,}23 \cdot 10^{-6}$	B 1774
13	com 1 agulha, $\varnothing = 5$ mm transversal	4	$2 \cdot 10^{-6}$	Voltol V
14	com 1 agulha, $\varnothing = 5$ mm inclinado	4	$2 \cdot 10^{-6}$	Voltol V
15	com 5 agulhas, $\varnothing = 3$ mm transversal	5,6	$0{,}23 \cdot 10^{-6}$	B 1774
16	com 5 agulhas, $\varnothing = 3$ mm inclinado	5,6	$0{,}23 \cdot 10^{-6}$	B 1774
17	com 5 agulhas, $\varnothing = 3$ mm transversal	5	$1 \cdot 10^{-6}$	B 1774
18	com 36 esferas $\varnothing = 3$ mm	5	$0{,}23 \cdot 10^{-6}$	B 1774

*Distância entre rasgos 5 mm.

Figura 29.9 — Coeficiente μ em relação a v na associação de escorregamento lubrificado a óleo de aço temperado (segundo os ensaios da FZG). b elementos de compressão em repouso; d disco girante liso; P fôrça de compressão, p carregamento específico $= P/S$; η_E viscosidade do óleo de entrada

No *tipo construtivo 5*, a fôrça de atrito atua em sentido contrário na compressão, de tal maneira que se torna necessário uma fôrça maior de comando; mas o momento de atrito oscila menos com μ em relação aos outros tipos construtivos.

No *tipo construtivo 7*, o momento de atrito pode ser reforçado pela escolha das distâncias c_1, c_2 até a auto-retenção, e, assim, diminuir ainda mais o trabalho de comando, isto é, no sentido contrário de rotação, conservar ainda mais independente de μ o momento de atrito.

4. RECOMENDAÇÕES PARA O PROJETO

1) *Mínimas dimensões construtivas* podem ser realizadas com a construção em lamelas e cônica, contanto que não seja prejudicial para a pequena configuração, o maior aquecimento e a maior fôrça de comando $P_s s$.

2) *O efeito de atrito constante* pode perfeitamente ser realizado através de uma construção adequada (ver N.° 5 na Tab. 29.1 e Fig. 29.15), através de uma escolha adequada do par de atrito pelo parágrafo 2 e por um dimensionamento racional (mínima oscilação de calor).

3) *Maior vida da lona* obtém-se através da diminuição do trabalho de atrito (com menores massas volantes e tempos de atrito), da diminuição da temperatura (maiores superfícies de resfriamento, aletas de resfriamento e maior ventilação), do aumento do volume desgastável, por meio da conservação da rugosidade lisa e lubrificação da superfície de atrito e por meio de um material de atrito mais resistente ao desgaste.

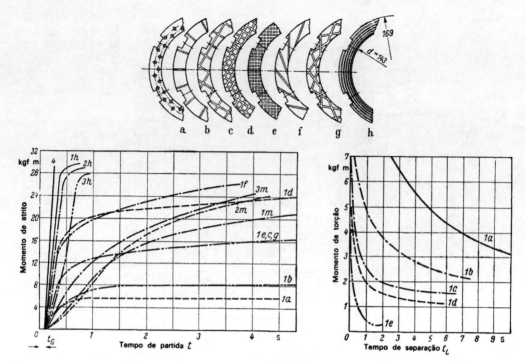

Figura 29.10 – Comportamento de atrito de um acoplamento magnético de lamelas (montado segundo os ensaios de Nitsche [29/24]. À esquerda: momento de atrito em relação ao tempo de partida. À direita: tempo necessário para separar as lamelas aderidas em função do momento de torção. Execução: lamelas internas de aço temperado, lamelas externas de acôrdo com a figura acima. *a* furado; *b* com 18 rasgos radiais; *c*, *d* e *e* com rasgos cruzados; *f* e *g* com rasgos tangenciais; *h* com rasgos estreitos espirais; *m* apresentação lisa. 1 para as lamelas externas de ferro sinterizado (lubrificado a óleo), 2 de bronze sinterizado, 3 de bronze fosforoso, 4 com lona de asbesto funcionando a sêco

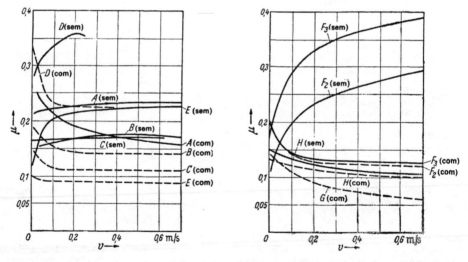

Figura 29.11 – Coeficiente de atrito μ, em função da velocidade de escorregamento v para acoplamentos de lamelas (resumido pelos ensaios de Kollmann [99/19]. Execução: (sem) = funcionando a sêco; (com) = lubrificado a óleo; *A*, *B*, e *C* = lamelas de cortiça-buna com $p = 6$; *D* = lamelas de cortiça e $p = 2$; *E* = anel grafitado com $p = 6$; F_3 = lamela de resina sintética Reico com $p = 3$; F_2 = lamela Reico, $p = 1$; *G* = lamela de aço com $p = 11$; *H* = bronze sinterizado com rasgos estreitos espirais; superfície oposta de aço temperado e retificado

4) *Menor trabalho de comando* $P_s s$ obtém-se por meio de um maior diâmetro de atrito d, maior μ e, além disso, por meio da interrupção da marcha livre no percurso do engate, por exemplo através de uma única direção da fôrça no engate com molas de protensão ou de abertura. Além disso, uma construção com ação automática, por exemplo o tipo construtivo da Tab. 29.1, resulta num menor trabalho de acionamento.

5) *Maior duração até o nôvo ajuste* pode ser alcançada com a introdução de uma mola no percurso da fôrça (menor diminuição da fôrça de compressão com o desgaste), assim como com as considerações do parágrafo 3.

Acoplamentos e Freios de Atrito

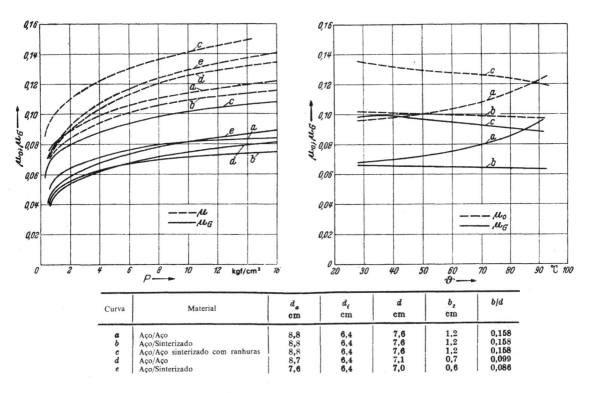

Curva	Material	d_a cm	d_i cm	d cm	b_z cm	b/d
a	Aço/Aço	8,8	6,4	7,6	1,2	0,158
b	Aço/Sinterizado	8,8	6,4	7,6	1,2	0,158
c	Aço/Aço sinterizado com ranhuras	8,8	6,4	7,6	1,2	0,158
d	Aço/Aço	8,7	6,4	7,1	0,7	0,099
e	Aço/Sinterizado	7,6	6,4	7,0	0,6	0,086

Figura 29.12 — Coeficiente de atrito de partida μ_0 e coeficiente de atrito de deslise μ_G para acoplamentos de lamelas, segundo os ensaios de Stöferle [29/29]. Lubrificação com óleo deslizante Voltol II, $\vartheta = 60$ até 70°C; para o material e dimensões das lamelas, ver a tabela

Figura 29.13 — Representação de $m = e^{\mu\alpha}$ em função do ângulo de abraçamento α

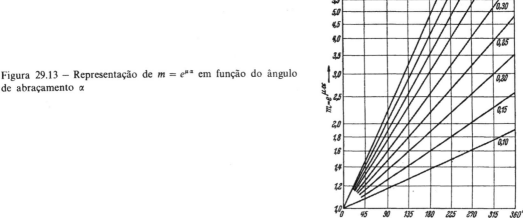

6) *A manutenção pode ser facilitada* através de um ajuste saliente e de fácil acesso para a fôrça de compressão, percurso de folga e uniformidade de separação dos pares de atrito. Além disso, deseja-se uma troca simples da lona de atrito.

5. APRESENTAÇÕES VARIADAS

1) *Apresentação como acoplamento ou freio centrífugo.* Utiliza-se, no caso, a fôrça centrífuga de um pêso para a compressão do par de atrito. Pode-se, assim, fundamentalmente, aplicar todos os tipos construtivos de engate por atrito. As Figs. 29.14, 29.28 a 29.30 e 29.37 mostram algumas aplicações.

Segundo a Fig. 29.14, a fôrça centrífuga P_l atua no pêso G, no centro de gravidade S, uma distância r do eixo de rotação, produzindo no par de atrito a fôrça de compressão P_N. O efeito da fôrça centrífuga pode ser retido por meio da fôrça de mola P_e até uma rotação predeterminada. Para o cálculo vale:

Elementos de Máquinas

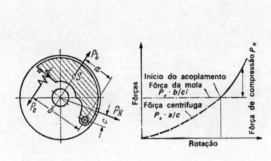
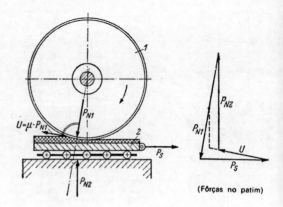

Figura 29.14 — Efeito da fôrça num acoplamento de fôrça centrífuga com alavanca de pêso com o pêso centrífugo e com mola de recuo

Figura 29.15 — Freio de potência com momento de atrito quase constante (segundo Niemann)

fôrça de compressão
$$P_N = \frac{aP_l - bP_e}{c};\qquad(37)$$

fôrça centrífuga
$$P_f = P_l = \frac{Gr\omega^2}{981} = \frac{Grn^2}{9\cdot 10^4}.\qquad(38)$$

2) *Associação por atrito com M_R constante.* Numa associação por atrito segundo a Fig. 29.15, que é auto-retentora numa direção de rotação, obtém-se, na outra direção de rotação, um M_R pràticamente constante, independentemente do coeficiente de atrito, quando a fôrça tangencial de atração P_s é constante. Com um coeficiente de atrito dobrado obtém-se, por exemplo, a fôrça tracejada em contraposição ao polígono de fôrças em linha cheia, à direita, portanto uma fôrça tangencial de atrito U, apenas pouco maior. Quanto menor o ângulo entre P_{N1} e P_{N2}, tanto mais U se aproxima de P_s em grandeza e em direção, e tanto menos varia U com μ. O processo apresentado parece ainda não ser conhecido e aplicado. Êle também pode ser aplicado em outros tipos construtivos (por exemplo nos acoplamentos de discos com superfícies de atrito laterais).

3) *Acoplamentos de lamelas.* Como acoplamentos de atrito, prefere-se, para os redutores, os acoplamentos de lamelas lubrificadas a óleo. A lubrificação a óleo exige, no entanto, condições especiais na escolha e na configuração do par de atrito e lubrificação. Em relação aos dados experimentais da pág. 136, precisa-se considerar a tendência de trepidação e a oscilação do coeficiente de atrito com a variação da temperatura do óleo. A transmissão de calor do acoplamento aliviado por meio da névoa de óleo ou lubrificação de óleo não é grande, podendo-se elevá-la com um abundante fluxo de óleo vindo do eixo para fora, pelas ranhuras espirais das lamelas [29/91], e, além disso, com uma boa circulação de ar na caixa do redutor [29/95]. Deve-se ainda observar a variação do atrito no funcionamento em vazio (Fig. 29.10). Para o dimensionamento dos acoplamentos de lamelas é crítica, nos engates múltiplos, a potência de atrito por hora N_R e, com isso, a transmissão de calor. As dimensões necessárias podem ser aproximadamente determinadas pela Eq. (23) e pelos dados K_T apresentados na Tab. 29.4[6]. Para exemplo, ver pág. 128.

4) *Freios de sapatas* (segundo a Fig. 29.16):

a) *Para sapatas simples* (Fig. 29.16a, alavanca de freio à esquerda), os efeitos de frenagens nas duas direções são diferentes quando a fôrça de atrito $R_1 = \mu P_1$ atua numa distância c_3 do ponto de rotação. Da igualdade dos momentos $P_{s1}c_1 = P_1 c_2 \pm R_1 c_3 = P_1 (c_2 \pm \mu c_3)$, obtém-se

$$R_1 = \mu P_1 = \frac{P_{s1} c_1}{\dfrac{c_2}{\mu} \pm c_3},\qquad(39)$$

com sinal negativo para a direção de rotação oposta. Neste caso entra, para $c_3 \geqq c_2/\mu$, a auto-retenção (catraca por atrito). Para $c_3 = 0$ (Fig. 29.16c), o efeito de frenagem é igual nas duas direções de rotação. A pressão superficial p distribui-se desigualmente (ver a apresentação de p na Fig. 29.16, sapata à direita), e, assim, relativamente à espessura desigual de desgaste normal à superfície de atrito após o desgaste.

b) *Nos freios de sapatas duplas* (Fig. 29.16a) com disposição simétrica das duas alavancas de freio, tem-se um efeito total de frenagem igual nos dois sentidos de rotação. O carregamento transversal do mancal do eixo por meio das resultantes de P_1 e R_1 e de P_2 e R_2 sòmente se anula totalmente quando $c_3 = 0$.

c) *Nos freios de sapatas duplas com sapatas oscilantes* (Fig. 29.16b), o M_R é igual nas duas direções de rotação e o carregamento transversal do mancal do eixo é zero. Uma outra vantagem é o autoposicio-

[6] Para o critério dos valores K_T, utilizaram-se os resultados experimentais dados por Schach [29/91]. Sôbre a influência da rotação e da ventilação, faltam ainda ensaios satisfatórios.

Acoplamentos e Freios de Atrito

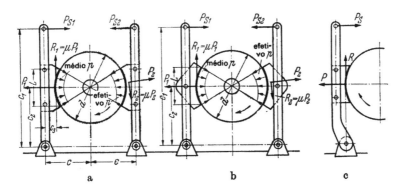

Figura 29.16 – Freios de sapatas com sapatas fixas (a), com sapatas oscilantes (b), com efeito de frenagem igual nos dois sentidos de rotação (c)

namento das sapatas oscilantes (nenhuma solicitação unilateral numa execução defeituosa) e a troca fácil das mesmas sem a desmontagem da alavanca de freio. No entanto, o momento de torção devido à fôrça de atrito R_1 e R_2 sôbre o ponto giratório das sapatas produz uma outra distribuição desigual da pressão superficial p e o respectivo desgaste desigual na lona de atrito.

5) *Freios ou acoplamentos de sapatas internas* (Fig. 29.17):

a) *Com disposição simétrica das sapatas* (segundo a Fig. 29.17a). Na sapata à direita, a fôrça de atrito μP_2 produz um momento de compressão adicional $\mu P_2 c_3$, enquanto na sapata à esquerda o respectivo momento $\mu P_1 c_3$ atua contra a compressão. Tem-se, com isto (cálculo simplificado),

momento de atrito total
$$M_R = \mu(P_1 + P_2)\frac{d}{2}; \tag{40}$$

pressão superficial média
$$p_1 = \frac{P_1}{bL}; \quad p_2 = \frac{P_2}{bL}. \tag{41}$$

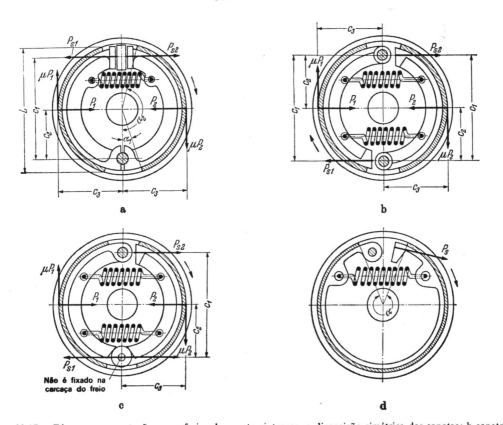

Figura 29.17 – Diversas apresentações para freios de sapatas internas. a disposição simétrica das sapatas; b sapatas de ações concordantes; c com apoio da segunda sapata na primeira; d com fita de frenagem tracionando no sentido da rotação

Para a mesma fôrça de comando $P_{s1} = P_{s2}$ (comando com pressão de óleo) os efeitos de frenagem e os desgastes nas duas sapatas são desiguais. Cálculo de P_1, P_2 e P_2/P_1 de

$$P_{s1}c_1 = P_1 c_2 + \mu P_1 c_3; \quad P_{s2}c_1 = P_2 c_2 - \mu P_2 c_3; \quad \frac{P_2}{P_1} = \frac{c_2 + \mu c_3}{c_2 - \mu c_3} \qquad (42)$$

Para o mesmo percurso de comando tem-se, para as duas sapatas (comando com chave de freio),

$$P_1 = P_2 = \frac{M_R}{\mu d}. \qquad (43)$$

$$P_{s1} + P_{s2} = \frac{2 M_R}{\mu d} \frac{c_2}{c_1}. \qquad (44)$$

$$\frac{P_{s1}}{P_{s2}} = \frac{c_2 + \mu c_3}{c_2 - \mu c_3}. \qquad (45)$$

b) *Para sapatas de ações concordantes* (segundo a Fig. 29.17b). Cada sapata tem a sua própria castanha de frenagem e ponto de rotação. Para $P_{s1} = P_{s2}$ obtém-se aqui o mesmo efeito de frenagem nas duas sapatas e nenhuma carga sôbre o mancal da roda. Além disso, tem-se

$$P_1 = P_2 = \frac{M_R}{\mu d}. \qquad (46) \qquad P_{s1} + P_{s2} = \frac{2 M_R}{\mu d} \frac{c_2 \mp \mu c_3}{c_1}. \qquad (47)$$

O sinal inferior positivo vale para a direção de rotação contrária[7].

c) *Para a 2.ª sapata apoiada e de ação concordante*[7] (segundo a Fig. 29.17c). A fôrça de compressão P_{s1} para a sapata à esquerda é a fôrça de articulação da sapata apoiada à direita. Os demais efeitos de fôrça, como na disposição em *b*. A ampliação da compressão (servo-efeito) pelo momento da fôrça de atrito $\mu P_2 c_3$ e $\mu P_1 c_3$ sòmente aparece numa direção de rotação do disco do freio, enquanto na outra direção de rotação entra um efeito de frenagem respectivamente enfraquecido[7].

d) *Para uma fita de frenagem de ação concordante*[7] (segundo a Fig. 29.17d). Cálculo de M_R, P_s, p e assim por diante pela Tab. 29.1 para o tipo construtivo 4.

6) *Freios de potência* (Fig. 29.18). Prefere-se a apresentação com sapatas ou com fita de frenagem e resfriamento pela canaleta interna (resfriamento por evaporação), com ou sem lubrificação a água e com material de atrito do grupo I, Tab. 29.2, ou ainda com madeira balsa. Para a disposição da tubulação do freio, recomenda-se não ultrapassar a temperatura de 80 a 100° no disco; para a fôrça de atrito, pode-se também prever uma auto-regulação segundo Lindner [29/98] ou Oesterlen [29/143] ou segundo a Fig. 29.15. Os dados experimentais do autor vigentes até hoje, para o dimensionamento estão na Tab. 29.4 como valores de K_T. Para exemplos de cálculo, ver pág. 130.

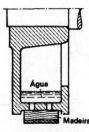

Figura 29.18 — Freio de tambor com fita de frenagem e anel interno de água com freio de potência

6. ENGATE E COMANDO

O engate abrange tôdas as peças que estão ligadas aos movimentos de engate e desengate do acoplamento ou freio. Sua configuração, assim como a do acoplamento e do freio, baseia-se principalmente no tipo de comando (através da fôrça de mola, contrapêso ou fôrça centrífuga, manual ou de pé, magnético, pressão de ar ou de óleo) e no tipo de funcionamento, isto é, se a solicitação é por meio de mola, pêso ou fôrça centrífuga, se o alívio de carga deve ser feito por comando externo ou contrário e, além disso, se o engate, o desengate, ou ambos, devem ser posições de descanso.

No comando manual ou de pé, a fôrça de comando H e o percurso de comando h devem ser adaptados respectivamente.

No comando manual $H < 12$ kgf, $h < 75$ cm
comando de pé $H < 50$ kgf, $h < 18$ cm $\Big\}$ $Hh < 900$ kgfcm.

Para a direção de rotação segundo as Fig. 29.17b a d, a fôrça de comando necessária para o mesmo M_R é menor (vantagem!), mas M_R varia com a oscilação de μ mais do que μ (desvantagem!). Na direção de rotação contrária, as tendências são contrárias.

No comando de fôrça (por meio magnético, pressão de óleo ou de ar), o produtor de fôrça pode ser diretamente montado no acoplamento ou freio (Fig. 29.7) ou atuar como acessório independente do comando interno através de alavancas (Fig. 29.32). No comando magnético, os tempos de engate e desengate crescem bastante com a grandeza do ímã e a corrente. Além disso, a fôrça de tração varia com o entreferro, portanto com o percurso de engate. Especialmente destacável é ainda a simplicidade do comando à distância dos eletroímãs. A indesejável condução de corrente elétrica para a peça girante através de dois anéis de atrito (no fechamento do circuito pela "Massa", sòmente com um anel de atrito) pode até ser evitada quando a bobina do ímã é apoiada sôbre o eixo giratório e fixada externamente. Nos acoplamentos de lamelas, as lamelas de aço podem, inclusive, ser indiretamente atraídas pela fôrça do fluxo magnético em vez de diretamente pelo núcleo do ímã (Fig. 29.7).

No comando por pressão de ar com aproximadamente 4 a 8 atmosferas (geralmente disponível nas fábricas), o acoplamento de engate com pistão de compressão interno pode alcançar as mesmas dimensões externas do acoplamento magnético. O ar comprimido é introduzido aqui para as peças girantes por meio de retentores deslizantes. Sua vantagem está na rapidez da resposta e na constância da fôrça de compressão em função do percurso de engate.

No comando por pressão de óleo (pressão até aproximadamente 25 atm), conseguem-se menores dimensões para o acoplamento do que no comando magnético ou de ar comprimido (Figs. 29.7 e 29.25). Para o engate rápido com comando a distância é preferível montar uma válvula magnética. Nos acoplamentos com transmissão mecânica da fôrça de engate para a peça girante, transmite-se um movimento axial externo (movimento axial de alavanca ou de tirante) sôbre uma associação de escorregamento ou de rolamento para uma guia girante e axialmente móvel (Fig. 29.7). Na continuação da transmissão da fôrça, da guia deslizante para a respectiva associação de atrito comprimida axial, radial ou tangencialmente, pode-se também introduzir uma multiplicação de fôrça. A Fig. 29.7 mostra, para isso, uma série de soluções. Na construção, deve-se cuidar para que nenhuma fôrça axial apreciável seja transmitida continuamente de fora para as peças girantes; portanto, a guia de engate deve ser axialmente aliviada de carga nas posições de engate e desengate. Nos freios, o comando atua sôbre a peça de atrito fixa. Mesmo assim é importante, para a construção, saber se a solicitação do freio é por mola, por pêso e se a descarga é provocada pelo engate ou inversamente, ou, ainda, se o comando é executado indiretamente por meio de alavancas, hastes, cabos de tração ou cabo "Bowden".

29.6. CONSTRUÇÕES REALIZADAS

1. *ACOPLAMENTOS DE ATRITO*

Figura 29.19 – *Acoplamento Conax* (alemão). Possui um elemento de atrito *b* formado por segmentos de anel, que são agrupados por uma mola helicoidal *c* (mola de acintamento). Na posição desengatada, os segmentos do acoplamento apóiam-se sôbre o disco cônico *d*. Com a introdução do volante manual *f*, os discos cônicos são comprimidos por alavancas angulares *e*; com isso a lona é apertada contra a cobertura *a*. O ajuste posterior da fôrça de atrito é feito pela porca *g*.

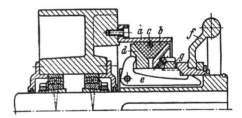

Figura 29.19

Figura 29.20 – *Acoplamento por atrito elástico "Fawick-Airflex"* (Lohmann & Stolterfoht). A compressão da lona de atrito *c* é feita contra o tambor de atrito e radialmente por meio de ar comprimido na mangueira *b*. A alimentação de ar comprimido provém do eixo *a*. Um ajuste posterior para compensar o desgaste é desnecessário neste acoplamento.

Figura 29.21 – *Acoplamento duplamente cônico* (Lohmann & Stolterfoht). Serve, ao mesmo tempo, de acoplamento de segurança. Ultrapassando-se o momento de torção prefixado, êle desengata pelo movimento relativo dos filêtes do parafuso *d*, que desloca o pino chanfrado *c*. A guia auxiliar *b*, que fixa os filêtes do parafuso, pode ser engatada em movimento de tal maneira que a disposição de segurança só reage após a partida. Os discos cônicos centram-se por si mesmos. O ajuste posterior da fôrça de atrito é feito pelo deslocamento do cone *e*.

Figura 29.22 – *Acoplamento de disco para autoveículos* (Fichtel & Sachs). O disco de atrito *b* é comprimido axialmente através do disco de compressão *d* por meio das molas *c* sôbre o volante *a*. Com o deslocamento do anel de grafite *e* para a esquerda, o acoplamento é aliviado e a alavanca *f*, que se apóia sôbre a cantoneira *g*, descomprime o disco através dos pinos *h*. A ponta de eixo é centrada por uma bucha de escorregamento.

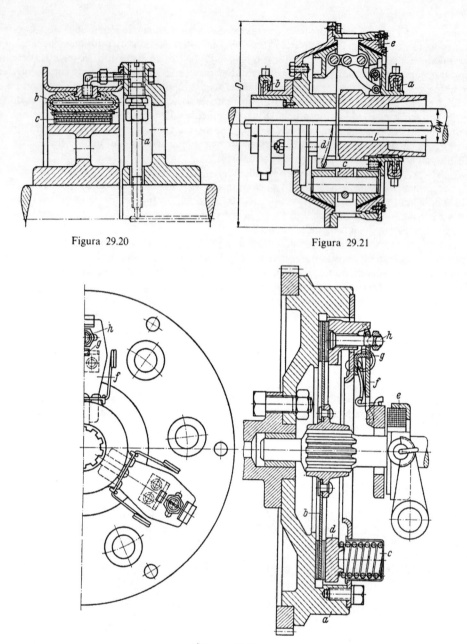

Figura 29.20

Figura 29.21

Figura 29.22

Figura 29.23 — *Acoplamento de disco com castanhas de atrito* (acoplamento Almar, Flender). As castanhas de atrito *a*, quando desgastadas, podem ser fàcilmente desmontadas. Para o alívio estão previstas molas helicoidais; o ajuste posterior da fôrça de atrito é feito pela rotação porca anular e a centragem da ponta do eixo, pelo rolamento.

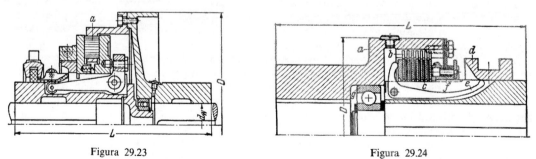

Figura 29.23

Figura 29.24

Figura 29.24 — *Acoplamento de lamelas* (Ortlinghaus). A cobertura *a* e o cubo têm rasgos para a adaptação das lamelas de aço temperadas *b* e *c*. A compressão é feita pelo deslocamento da guia de engate *d* e as alavancas angulares *e* comprimem, assim, o pacote de lamelas. A separação das lamelas é feita com o recuo da guia de engate por meio do molejo próprio das lamelas opostas e onduladas. Ajuste posterior da fôrça de atrito através de *f*.

Figura 29.25 — *Acoplamento de lamelas com comando de óleo comprimido* (Ortlinghaus). O óleo comprimido entra em *e* e comprime o pistão anular *b* contra o pacote de lamelas *a*. Importantes são os retentores anulares Stulpen *c* e as molas helicoidais *d* para o alívio. É desnecessária uma ajustagem posterior do acoplamento.

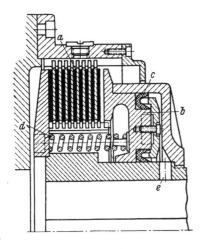

Figura 29.25

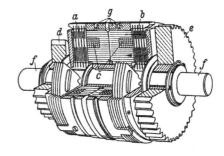

Figura 29.26

Figura 29.26 — *Acoplamento de lamelas com comando magnético* (fábrica de engrenagens Friedrichshafen). No engate dos discos de atrito *a* por meio da corrente elétrica no eletroímã à esquerda *c*, a transmissão do momento de torção verifica-se de *f* para *d* e, no engate dos discos de atrito *b* (pela corrente elétrica no eletroímã à direita), de *f* para *e*. O fluxo magnético de fôrça segue a direção das flechas através dos discos de atrito. A entrada de corrente realiza-se pelos anéis de escorregamento *g*. Os discos de atrito de aço são levemente ondulados na direção tangencial, para destacar os discos entre si no funcionamento em vazio. Os furos nos discos servem para o fluxo magnético no sentido das flechas e para o escoamento do óleo.

Figura 29.27 — *Acoplamento com fita helicoidal* (STROMAG). Como fita helicoidal utiliza-se uma mola helicoidal temperada. Com a introdução da guia *a*, a alavanca *b* articulada na fita helicoidal e com um dente *c* apóia-se contra um limitador. Continuando a introdução, a fita passa então a apertar o cubo *d* que está fixo sôbre o eixo e acioná-lo pela ligação de atrito.

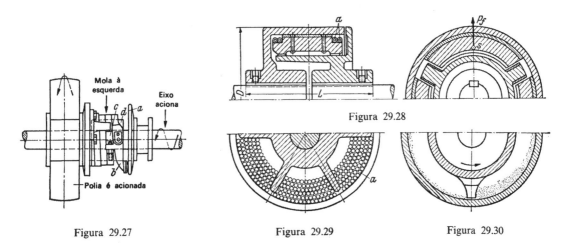

Figura 29.27   Figura 29.29   Figura 29.30

Figura 29.28

Figuras 29.28 a 29.30 — *Diversos acoplamentos centrífugos*. Na Fig. 29.28 (Wülfel), 3 segmentos *S* servem, ao mesmo tempo, como pesos centrífugos e como castanhas de atrito. Na Fig. 29.29 (Metalluk), o enchimento de esferas de aço age como material de atrito e como pêso centrífugo, e na Fig. 29.30 (Pulvis), a granalha grafitada de aço exerce esta função.

Para os coeficientes de atrito da granalha e das esferas de aço, ver a Tab. 29.2.

Figura 29.31 — *Acoplamento magnético de pó* (AEG). Compõe-se de um núcleo de aço *a* com enrolamento de ímã *b* e uma carcaça *c* como elo de fechamento magnético. Tem-se no entreferro pó de ferro, o qual, no campo magnético, é magnetizado e transmite um momento de torção. São destacáveis as pe-

Elementos de Máquinas

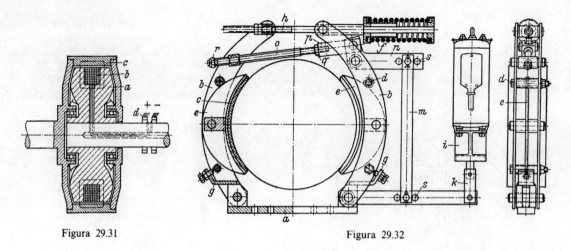

Figura 29.31   Figura 29.32

quenas perdas do funcionamento em vazio e a possibilidade de regulação do momento de atrito pela corrente de alimentação [29/70].

2. FREIOS DE ATRITO

Figura 29.32 – *Freio de sapata dupla para guindastes* (MAN). Construção normal da MAN. É utilizado como freio de bloqueio sôbre o eixo do motor. As sapatas de frenagem e com lonas de frenagem (sapatas articuladas de chapa soldada) são articuladas com pinos nas alavancas b e, além disso, um pouco apertadas (parafusos de apêrto d). Com a mola de compressão f, as alavancas com as sapatas são comprimidas sôbre a polia de frenagem. O alívio do freio é executado pelo eletroímã a tração i através das hastes k, m, n e o. Pode-se ajustar o seguinte: a fôrça de mola através da porca, à esquerda, na haste h; a relação de multiplicação das alavancas através do deslocamento da haste m nos furos s; a uniformidade de folga das sapatas, através do parafuso de ajuste g como limitador para a alavanca (o percurso do ímã não pode ser influenciado pelos parafusos de ajuste).

Recomendações: Através de uma mola de abertura para as sapatas, pode-se eliminar o ponto morto do engate e, assim, diminuir o trabalho necessário de engate. Além disso, deve-se preferir 1 parafuso de ajustagem g (no lugar de 2), para garantir que o percurso do ímã não seja influenciado.

Figura 29.33 – *Motor de rotor deslocável com freio cônico* (DEMAG). A polia de frenagem c é aliviada pela fôrça axial de tração do rotor do motor a quando a corrente do motor é ligada, e, quando desligada, ela é comprimida pela mola de compressão f sôbre o mancal de rolamento g no cone de frenagem da carcaça. O pistão de amortecimento k e as molas-prato i devem amortecer os choques axiais. Numa construção nova (não representada), a lona de atrito apóia-se sôbre um anel de borracha que exerce a função de k.

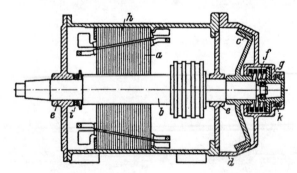

Figura 29.33

Figura 29.34 – *Freio de fita comum para máquinas de levantamento* (segundo Ernst [29/6]). A fita de frenagem é solicitada através de uma mola de compressão e na alavanca c e aliviada pela rotação do disco excêntrico g por meio da alavanca manual f. Pode-se ajustar o seguinte: a fôrça de mola através da porca superior; a posição da alavanca c e o comprimento da fita de frenagem através do ajuste posterior da porca na extremidade do parafuso d; a uniformidade da folga da fita por meio dos parafusos de ajuste i como limitadores para a fita no aço chato de contôrno h.

Figura 29.35 – *Freio de fita alternante para tratores agrícolas* (segundo Strohbäcker [29/100]). Com esta construção, consegue-se o efeito automático unilateral do tipo construtivo 4 (Tab. 29.1) nos dois sentidos de rotação. Para frenar, desloca-se a alavanca manual em tôrno do ponto de rotação A para a direita; ela levanta, assim, com sua castanha c, a tala de ligação a das duas extremidades da fita no ponto d. No momento em que o freio age, a fita é arrastada na direção de rotação e a limitação da respectiva extremi-

Acoplamentos e Freios de **Atrito**

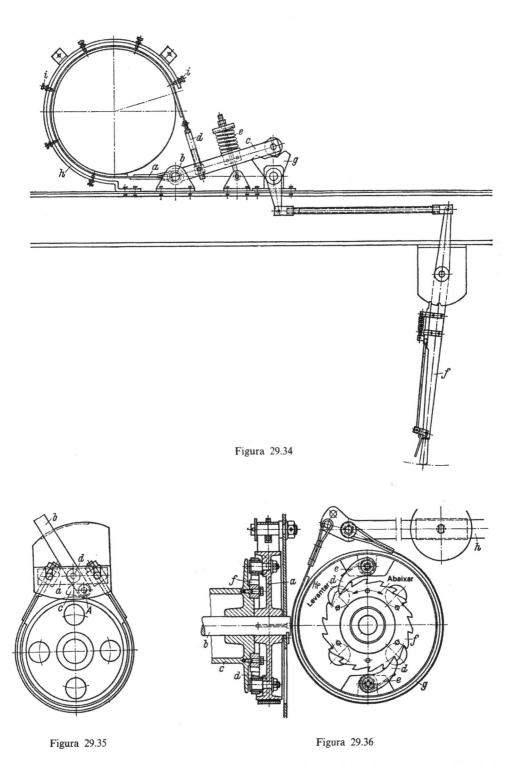

Figura 29.34

Figura 29.35   Figura 29.36

dade deslocada da fita chega a fixar-se no rasgo da chapa da tala, agindo, assim, como ponto fixo (no funcionamento à direita da polia de frenagem, a extremidade direita da fita e vice-versa).

Figura 29.36 — *Freio de catraca de um enrolador manual de cabo* (Otto Kaiser). A polia de frenagem *a* apóia-se livremente sôbre o eixo *b* do tambor do cabo *c*. 2 catracas *d* da polia de frenagem engatam sob *a* compressão de mola na roda da catraca *f* do tambor do cabo. No levantamento da carga, a roda dentada escapa sob as garras. Na parada e na descida, a roda dentada engata nas garras e, assim, também na polia frenada *a*. No alívio do freio a carga desce.

Figura 29.37 — *Freio centrífugo de "Becker"* (E. Becker). A carcaça *a* é fixa. As sapatas de frenagem *b* encostam-se na polia girante *c* e são atraídas para dentro pelas talas *e* quando o momento de torção da mola de torção *d* é suficiente para girar a bucha *f* contra a fôrça centrífuga das sapatas. No momento em que a rotação do disco *c* fôr tão grande, a ponto de a fôrça centrífuga das sapatas de frenagem ultrapassar a fôrça de recuo da mola de torção, começará a funcionar o efeito de frenagem das sapatas sôbre o lado

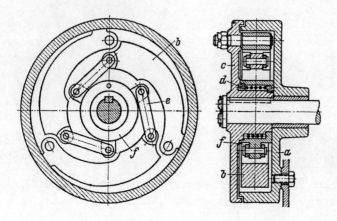

Figura 29.37

interno da carcaça. A fôrça centrífuga cresce, segundo a Fig. 29.14, com o quadrado da rotação, sendo que a velocidade de descida da carga é conservada em determinados limites. O efeito de frenagem e a transmissão de calor podem ser favorecidos por meio da disposição do freio sôbre um eixo com maior rotação. Para o cálculo da fôrça centrífuga e o efeito de frenagem, ver pág. 140.

29.7. BIBLIOGRAFIA

1. Normas

Acoplamentos de atrito

DIN 7 338 Niete für Brems- und Kupplungsbeläge.
DIN 73 451 Kupplungsbeläge.
DIN 73 462 ⎱ Kupplungsscheiben für Krafträder.
DIN 73 463 ⎰
DIN 73 483 Muffen für Fusschalt- und Anlasserhebel.

Freios de atrito

DIN 1 582 Bremskurbel für Eisenbahnfahrzeuge.
DIN 5 621 Bremsklötze und Bremsklotzsohlen für Eisenbahnwagen.
DIN 5 651 (Entwurf) Bremsklotzschuhe und Befestigungskeile für Bremsklotzsohlen an Schienenfahrzeugen, technische Lieferbedingungen.
DIN 5 969 Bremsen für Muldenkipper.
DIN 11 742 (Entwurf) Innenbackenbremsen für Ackerwagen mit Luftreifen.
DIN 22 616 Tagebau- und Industriebahnwagen, geteilter Bremsklotz.
DIN 22 617 Tagebau- und Industriebahnwagen, Bremsdreieck.
DIN 22 694 Abraum- und Kohlenwagen, Bremsschema, Bremszugstangenkopf.
DIN 27 161 Geteilte Bremsklötze für Schmalspurwagen.
DIN 37 020
DIN 37 080-37 082
DIN 37 101-37 107 ⎬ Bremsen für Dampflokomotiven.
DIN 37 116
DIN 37 151-37 157
DIN 39 115/16, 39 131, 39 143, 39 145, 39 147, 39 151-39 154, 39 158/59, 39 162, 39 168/69, 39 171, 39 173, 39 175/76, 39 178 (Vornormen) Druckluftausrüstung für Schienenfahrzeuge.
DIN 39 181 (Vornorm) Druckluftausrüstung für Schienenfahrzeuge, Bremszylinder.
DIN 43 198 Dichtungsstulpen für Druckluftkolben.
DIN 74 200-74 310 Bremsen für Kraftfahrzeuge.
DIN 75 578 Bremsluftmanometer.
DIN 79 381, 79 391 Vorderradbremse für Fahrrad.

2. Leis

Para freios de autoveículos: Strassenverkehrs-Zulassungsordnung (STVZO).

3. Manuais

[29/1] BOSCH, M. TEN: Berechnung der Machinenelemente, 3.ª Ed. Berlin: Springer 1954.
[29/2] BÜRGER, H.: Das Kraftwagen-Fahrgestell. Stuttgart: Franckh 1949.
[29/3] BUSCHMANN, H.: Taschenbuch für den Auto-Ingenieur. Stuttgart: Franckh 1948.
[29/4] BUSSIEN, R.: Automobiltechnisches Handbuch, 17.ª Ed. Berlin 1953.
[29/5] ENDE, E. vom: Wellenkupplungen und Wellenschalter. Berlin: Springer 1951.

[29/6] ERNST, H.: Die Hebezeuge, Vol. I, 5.ª Ed. Braunschweig: Vieweg 1958.
[29/7] HÄNCHEN, R.: Sperrwerke und Bremsen. Berlin: Springer 1930.
[29/8] KAMM, W.: Das Kraftfahrzeug: Berlin: Springer 1936.
[29/9] NIEMANN, G.: Reibkupplungen, Reibbremsen. In: Hütte Vol. IIA, 28.ª Ed., pp. 123-140, Berlin 1954.

4. Materiais de atrito, comportamento de atrito, aquecimento e desgaste (ver também 13. Anexo)

[29/10] BIELECKE, FR. W.: Wärmetechnische Nachrechnung von Kraftfahrzeuge-Riebungsbremsen. ATZ Vol. 58 (1956) pp. 242-246.
[29/11] HASSELGRUBER, H.: Temperaturberechnungen für mechanische Reibkupplungen. Braunschweig: Vieweg 1959.
[29/12] HASSELGRUBER, H.: Der Einrückvorgang von Reibungskupplungen und -bremsen zum Erzielen kleinster Höchsttemperaturen. Forsch. Ing.-Wes. (1954) p. 120.
[29/13] HASSELGRUBER, H.: Berechnung der Temperaturen an schnellgeschalteten Reibungskupplungen. Konstruktion (1953) p. 265.
[29/14] HOCKEL, H. L.: Untersuchungen über Grenzreibung von Metallen und Gummi bei hohen Gleitgeschwindigkeiten. Diss. TH Aachen 1952 und Konstruktion Vol. 7 (1955) pp. 394-403.
[29/15] KNOBLAUCH, H.: Erwärmung der Bremsen. Z. VDI (1933) p. 321.
[29/16] KNOBLAUCH, H.: Versuche über den Wärmeaustausch zwischen Bremstrommel und Felge. Diss. TH Aachen 1932 und Z. VDI (1933) p. 321.
[29/17] KOESSLER, P.: Bremswärme und Zweistoff-Bremstrommel. ATZ (1950) p. 169.
[29/18] KOESSLER, P.: Prüfung von Reibpaarungen für Radialbremsen. Dtsch. Kraftfahrtforsch. Cad. 88. VDI--Verlag 1955.
[29/19] KOLLMANN, K.: Einfluss der Oberflächengestaltung auf den Reibwert neuzeitlicher Kupplungslamellen. Industrieblatt (1954) pp. 116-120.
[29/20] LOWEY: Powdered Metal Friction Material. Mech. Engng. Vol. 70, N.º 11 (nov. 1948) pp. 869-875.
[29/21] MINTROP, H.: Scherversuche an aufgekitteten Kupplungsbelägen bei verschiedenen Temperaturen. ATZ (1948) p. 95.
[29/22] NIEMANN, G.: Bremsbeläge und Bremstrommeln. Z. VDI (1942) p. 199.
[29/23] NIEMANN, G.: Die Erwärmung von Bremsscheiben. Fördertechnik (1938) p. 361.
[29/24] NITSCHE, C.: Die Schaltvorgänge bei Elektromagnet-Lamellenkupplungen und ihre Beeinflussung durch Formgebung der Lamellen. Konstruktion Vol. 7 (1955) pp. 287-290.
[29/25] OESMANN, W.: Entwicklung einer Metallsand-Schalt- und Regelkupplung. Diss. TH Braunschweig 1945.
[29/26] PANTELL, K.: Versuche über Scheibenreibung. Forsch.-Arb. Ing.-Wes. Vol. 16 (1949/50) p. 97.
[29/27] RABINOW: Developing Seals for Abrasive Fluid Mixtures. Machine Design (1951) pp. 128-131.
[29/28] SCHULTZ-GRUNOW: Reibungswiderstand rotierender Scheiben in Gehäusen. ZAMM Vol. 15 (1935) p. 191.
[29/29] STÖFERLE, TH.: Untersuchungen an Reibscheibenkupplungen. Diss. TH Stuttgart 1955.

5. Acoplamentos de atrito (generalidades) (ver também 13. Anexo)

[29/30] ALTMANN, F. G.: Getriebe und Triebwerksteile. Z. VDI (1951) p. 515.
[29/31] ALTMANN, F. G.: Antriebselemente und mechanische Getriebe. Z. VDI (1953) p. 548.
[29/32] ALTMANN, F. G.: Mechanische Übersetzungsgetriebe und Wellenkupplungen. Z. VDI (1952) pp. 547/48.
[29/33] ALTMANN, F. G.: Mechanische Getriebe, Wellenverbindungen und Wellenschalter. Z. VDI (1954) p. 565.
[29/34] ALTMANN, F. G.: Zahnradgetriebe, Reibgetriebe und Kupplungen. Z. VDI (1955) p. 631.
[29/35] ARNOLD, R.: Vereinfachte Berechnung von Reibkupplungen. ATZ (1946) p. 17.
[29/36] BENZ, W.: Drehnachgiebige Kupplungen und Schaltkupplungen bei periodisch schwankendem Drehmoment. Schriftenriebe Antriebstechnik, Cad. 12, pp. 178-198. Braunschweig: Vieweg 1955.
[29/37] FEIGHOFEN, H.: Selbstzentrierende Reibungskupplung. Industriemarkt (1954) Cads. 10/11, p. 3.
[29/38] FEIGHOFEN, H.: Reibungskupplung zur spielfrei Uberwindung periodisch schwankender Drehmomente. Maschinenmarkt Vol. 84 (1954) p. 22.
[29/39] FEIGHOFEN, H.: Reibungskupplung zur Übertragung stetiger und periodisch schwankender Drehmomente. Übersee-Post (1955) D 3, p. 19.
[29/40] FRANKE sen. e FRANKE jun.: Kupplungen und mechanische Übersetzungsgetriebe. Z. VDI (1950) p. 499.
[29/41] GAGNE: One-Way-Clutches. Machine Design (1950) p. 120.
[29/42] GAGNE: Clutches. Machine Design Vol. 24 (1952) N.º 8, pp. 123-158. Auszug: Konstruktion Vol. 4 (1953) p. 134.
[29/43] HILB, A.: Druckluftbetätigte Reibungskupplungen mit elektrischer Zweihand-Sicherungsschaltung. Werkst. u. Betr. (1951) p. 351.
[29/44] KLUSENER, O.: Zur Beanspruchung der Kupplung eines Motor-Kompressor-Aggregates. Motortechn. Z. (1955) p. 85.
[29/45] KOESSLER, P.: Stand der Kraftfahrzeugtechnik IV: Kennungswandler für Triebwerke mit Verbrennungsmotoren. Z. VDI (1949) p. 499.
[29/46] MARTYRER, E.: Arten und Aufgaben der nachgiebigen und schaltbaren Kupplungen. Schriftenreibe Antriebstechnik Cad. 12, pp. 155-177. Braunschweig: Vieweg 1955.
[29/47] MITTERLEHNER, G.: Der Einschaltverlust einer Reibungskupplung. ATZ (1952) p. 228.
[29/48] NIEMANN, G.: Kupplungen im Maschinenbau und Gesichtspunkte für ihre Auswahl. Konstruktion Vol. 5 (1953) pp. 311-326.
[29/49] OESMANN, W.: Entwicklung einer Metallsand-Schalt- und Regelkupplung. Diss. TH Braunschweig 1945.
[29/50] SCHEID, W.: Kupplungen im Pressenbau. Werkst. u. Betr. Vol. 86 (1953) p. 168.

[29/51] *SCHEID, W.:* Eine neue, druckluftbetätigte Zweiflächen-Reibungskupplung. Industrieblatt (1955) p. 151.
[29/52] *SCHEID, W.:* Anwendung der Hydraulik und Pneumatik bei der Schaltung von Lamellenkupplungen. Werkst. u. Betr. Jg. 89 (1956) pp. 59-61.
[29/53] *STUMPP, E.:* Das Anfahren und Umsteuern von Maschinen und Triebwerken mit Reibungskupplungen Maschinenbautechnik (1954) p. 41.
[29/54] *WEBER:* Versuche mit Rutschkupplungen. Versuchsfeld für Maschinenelemente. TH Berlin 1927.

6. Acoplamentos de fôrça centrífuga, de partida e de segurança

[29/55] *GAGNE, A.:* Overload Devices for Machine Protection. Machine Design (out. 1947) pp. 95-100 e 134.
[29/56] *MAURER; A.:* Drehmomentbegrenzungskupplungen. Schriftenreihe Antriebstechnik Cad. 12, pp. 203-224. Braunschweig: Vieweg 1955.
[29/57] *MITTERLEHNER, G.:* Der Anfahrvorgang bei einem Kraftfahrzeug mit Fliehkraftkupplung. ATZ (1954) p. 215.
[29/58] *SCHAEFFER, W.:* Anlass- und Sicherheitskupplungen für Förderband- und andere Schweranlauftriebe. Braunkohle, Wärme u. Energie (1954) p. 209.
[29/59] *SCHÖFFERT, L.:* Anlass- und Sicherheitskupplung auf Fliehkraftbasis. Die Mühle (1954) p. 277.
[29/60] *SCHULZE, K. H.:* Kinematographische Untersuchungen an einer Fliehkraftkupplung mit hydraulischer Verzögerung des Angriffes. Landtechn. Forschg. (1955) p. 15.
[29/61] *SLIBAR, A.:* Zur Behandlung des Anlaufvorganges von Fliehkraftkupplungen. Maschinenbau u. Wärmewirtsch. (1955) p. 208.
[29/62] *WILKE, R.:* Fliehkraftkupplung für den Grubenbetrieb. Glückauf (1953) p. 120 e (1955) p. 506.
[29/63] —: Pulviskupplung. Werkst. u. Betr. (1935) p. 113.

7. Acoplamentos magnéticos e elétricos (ver também 13. Anexo)

[29/64] *ANETT, W.:* Magnetic Drives. Pover Vol. 90, N.º 2 (fev. 1946) pp. 89-96.
[29/65] *BÖHME, B.:* Magnetöl- und Magnetpulverkupplungen. Maschinenbautechnik (1954) p. 397.
[29/66] *DECKER, K. H.:* Ein neues Bauelement für den Werkzeugmaschinenbau, die schleifringlose Magnetkupplung. Elektrotechn. Rdsch. (1955) p. 328.
[29/67] *DECKER, K. H. e K. KABUS:* Neuzeitliche Elektromagnetkupplungen. Konstruktion Vol. 10 (1958) pp. 130-143.
[29/68] *EICHHORN, H.:* Die elektromagnetische Schlupfkupplung. AEG-Mitt. (1952) p. 71 e Z. VDI Vol. 99 (1957) pp. 547-550.
[29/69] *ERDMANN, W.:* Elektromagnetische Lamellenkupplungen. Industrieblatt (1955) p. 58.
[29/70] *GREBE, O.:* Die Magnetpulver-Kupplung. ETZ (1952) p. 281.
[29/71] *GREBE, O.:* Die ersten Bauformen der Magnetpulverkupplung. Techn. Mitt. Jg. 45 (1952) p. 292.
[29/72] *GREBE, O.:* Die Magnetpulverkupplung und ihre zukünftige Anwendung VDI-Tagungsheft 2, Düsseldorf 1953 und Konstruktion (1953) p. 104.
[29/73] *HARNISCH, A.:* Magnetische Flüssigkeitskupplung. ETZ Vol. 71 (1950) p. 371.
[29/74] *KLAMST, J.:* Elektrische Schlupfkupplung zum Antrieb an Schiffsschrauben. ETZ-B (1954) p. 273.
[29/75] *LEHMANN, W.:* Elektrotechnik und elektr. Antriebe. Berlin: Springer 1953.
[29/76] *LÜBBEN, U.:* Schaltvorgang bei elektromagnetischen Kupplungen. Werkst. u. Betr. Vol. 85 (1952) p. 664.
[29/77] *MÜLLER, F.:* Die Schwingungsdämpfung der elektrischen Schlupfkupplung. Schiffbautechn. (1955) p. 130.
[29/78] *NEUSCHAEFER, W.:* Elektromagnetische Eisenpulver-Kupplung. Bericht über Aufsätze in englischen Zeitschriften. ATZ (1954) p. 343.
[29/79] *NITSCHE, C.:* Die Schaltvorgänge bei Elektromagnet-Lamellenkupplungen und ihre Beeinflussung durch Formgebung der Lamellen. Konstruktion (1955) pp. 287-290.
[29/80] *PHILIP, M.:* Über elektromagnetische Kupplungen. Maschinenmarkt (1952) Cad. 5, p. 5.
[29/81] *RUDISH, W.:* Der Einsatz von Induktionskupplungen im allgemeinen Maschinenbau. Werkst. u. Betr. Jg. 89 (1956) Cad. 2, pp. 53-58.
[29/82] *SCHACH, W. e U. LÜBBEN:* Elektromagnetische Kupplungen. Werkstattstechn. u. Maschinenbau Vol. 42 (1952) p. 176.
[29/83] *STRAUB, H.:* Elektromagnetische Lamellenkupplungen, Erfahrungen bei der Verwendung in Stufen und Vorschubgetrieben. In: VDI-Tagungsheft 2. Düsseldorf 1953.
[29-84] *SUSSEBACH, W.:* Die Magnetpulverkupplung und -bremse. Feinwerkstechn. (1955) p. 60.
[29-85] *TRICKEY, P. H.:* Neuartige Magnetkupplungen und -bremsen (engl.). Machine Design (1954) p. 189.
[29-86] *ZINGSHEIM, B.:* Genaues Schalten mit Magnetkupplungen. Werkst. u. Betr. Jg. 89 (1956) Cad. 2, p 62.
[29-87] —: Magnet-Fluid-Clutch. Machinery-Lloyd (1949) p. 52.

8. Acoplamentos de lamelas (ver também 13. Anexo)

[29/88] *ERHARDT, A.:* Verschleiss von Stahllamellenkupplungen. Z. VDI (1936) p. 1231.
[29/89] *MAIER, A.:* Mechanische Reibungskupplungen. Schriftenreihe Antriebstechn. Cad. 12, pp. 225-234. Braunschweig: Vieweg 1955.
[29/90] *SCHACH, W.:* Die Berechnung einer Lamellenkupplunge. Werkst. u. Betr. (1951) p. 503.
[29/91] *SCHACH, W.:* Neue Erkenntnisse bei der Entwicklung von Lamellenkupplungen. In: VDI-tagungsheft 2. Düsseldorf 1953.
[29/92] *SCHEID, W.:* Druckmittelgesteuerte Lamellen-Kupplungen. Industrieblatt (1953) p. 437.
[29/93] *SCHEID, W.:* Steuerelemente für hydraulisch betätigte Lamellenkupplungen. Industrieblatt (1954) p. 114.

[29/94] SCHEID, W.: Anwendung der Kydraulik und Pneumatik bei der Schaltung von Lamellenkupplungen. Werkst. u. Betr. (1956) p. 59.
[29/95] STÖFERLE, TH.: Untersuchungen an Reibscheibenkupplungen. Diss. TH Stuttgart 1955.

9. Freios de atrito (generalidades)

[29/96] DIETZ, H.: Die Berechnung von Backenbremsen. Z. VDI (1937) p. 1437 e (1938) p. 1416.
[29/97] KARLSON, K. G.: Über Bremsen mit gelenkigen Aussenbacken. Acta Polytechnica, Stockholm (1951) und Mech. Engng., Ser. 2 (1951) N.º 5.
[29/98] LINDNER, K.: Selbsteinspielende Bandbremse. Z. VDI (1935) p. 1341.
[29/99] NIEMANN, G.: Über Reibbremsen. In: Maschinenelemente-Tagung Aachen 1935. Berlin: VDI-Verlag 1936.
[29/100] STROHBÄCKER, P.: Betätigungskräfte bei Bandbremsen. Z. VDI Vol. 95 (1953) pp. 348 e 740.

10. Freios para autoveículos (para outras bibliografias, ver ATZ. Vol. III. 61 (1959) Cad. 8. pp. 205-229).

[29/101] BIELECKE, F. W.: Dimensionierung von Bremsanlagen. ATZ Vol. 56 (1955) pp. 285-294.
[29/102] BIELECKE, F. W.: Zur Berechung der inneren Übersetzung nockenbetätigter Innenbackenbremsen. ATZ Vol. 55 (1954) p. 60.
[29/103] BIELECKE, F. W.: Wärmetechnische Nachrechnung von Kraftfahrzeug-Reibungsbremsen. ATZ Vol. 57 (1956) pp. 242-246.
[29/104] BREUER, M.: Elektromagnetische Schienenbremsen. Z. VDI (1935) p. 1117.
[29/105] ERNST, H.: Schnellsenkbremsen. Z. VDI (1940) p. 157.
[29/106] FUCHS, F. e M. BREUER: Triebwagen mit Trommelbremse. Z. VDI (1933) p. 57.
[29/107] KAMM, W. e P. RIEKERT: Selbsttätige Anhängerbremsen. Z. VDI (1934) p. 1273.
[29/108] KLAUE, H.: Bremsuntersuchungen am Kraftfahrzeug. Dtsch. Kraftfahrforsch. Cad. 13. Berlin: VDI-Verlag 1938.
[29/109] KLAUE, H.: Scheibenbremsen für Kraftfahrzeuge. ATZ (1947) p. 40 e (1942) pp. 501-503.
[29/110] KLAUE, H.: Scheibenbremsen für Kraftfahrzeuge. Z. VDI. Vol. 47/48 (1944) p. 647.
[29/111] KLAUE, H.: Scheibenbremsen. ATZ Vol. 58 (1956) pp. 265-268.
[29/112] KNOBLAUCH, H.: Versuche über den Wärmeaustausch zwischen Bremstrommel und Felge. Diss. TH München 1932 und Z. VDI (1933) p. 321.
[29/113] KOESSLER, P.: Stand der Kraftfahrzeugstechnik II: Die Fahrwerksteile. Z. VDI (1949) p. 49.
[29/114] KOESSLER, P.: Grenzleistung und Erwärmung der Fahrzeugbremse. ATG-Berichte, Cad. 1.
[29/115] KOESSLER, P.: Prüfung von Reibpaarungen für Radialbremsen. Dtsch. Kraftfahrforschg. Cad. 88. Berlin: VDI-Verlag 1955.
[29/116] KOESSLER, P.: Die Bremse von heute. Anforderung, Berechnung, Prüfung. ATZ (1956) pp. 237-241.
[29/117] KOESSLER, P.: Zur Berechnung der Innenbackenbremse. ATZ (1955) p. 99.
[29/118] KOESSLER, P.: 44 Binsenwahrheiten über die Bremse. ATZ (1952) N.º 5, pp. 110/11.
[29/119] LANGER, P.: Prüfung der Bremswirkung. Z. VDI (1934) p. 1272.
[29/120] MARQUARD, E.: Kraftwagenbremsen. Z. VDI (1936) pp. 901 e 1482.
[29/121] MECKEL, A.: Lokomotivbremsung bei hohen Gerschwindigkeiten. Z. VDI (1932) p. 419.
[29/122] MEIER, E.: Erfahrungen mit offenen Teilscheibenbremsen in Kraftfahrzeugen. ATZ Vol. 59 (1957) p. 250.
[29/123] MÜLLER, G.: Einfluss des Betriebszustandes auf die Bremsen. Z. VDI (1934) p. 931.
[29/124] MÜLLER, G.: Thermische Entlastung der Radbremse. ATZ (1954) p. 251.
[29/125] MÜLLER, G.: Versuche mit Dauerbremsen. Techn. Überwachung (1956) N. 7.
[29/126] MÜLLER, G.: Entwicklungsrichtungen der Kraftfahrzeug-Anhängerbremsen. Techn. Überwachung (1951) N.º 5.
[29/127] NORDMANN, H.: Durchgehende Eisenbahnbremsen in entwicklungsgeschichtlicher Darstellung. Berlin: Akademie-Verlag 1950.
[29/128] PLEINES, A.: Kraftfahrzeugbremsen. Berlin: Unionverlag. Stuttgart 1951.
[29/129] PRESS: Entwicklungszustand der Scheibenbremsen. Kraftfahrzeugbetrieb N.º 50 (1951).
[29/130] RECKEL, F.: Klotzbremse für Eisenbahnfahrzeuge. Z. VDI (1935) p. 1244.
[29/131] SOLTAU, O.: Hydraulische Motorradbremsen. ATZ (1953) p. 272.
[29/132] STARKS, H.: Das Bremsen des Fahrzeuges. Autocar (1951).
[29/133] STRIEN, I.: Berechnung und Prüfung von Fahrzeugbremsen. Diss. TH Braunschweig 1949.
[29/134] WALTER, J. M.: Road Vehicle Brakes. Automobile Engineer Nr. 523 (Jan. 1950) p. 31.
[29/135] —: Disc Brakes. Automobile Engineer (Fev. 1951) pp. 69-72.

11. Freios de máquinas de levantamento e de guindastes

[29/136] DÜWELL, K.: Fördermaschinenbremsen. Z. VDI (1950) p. 163.
[29/137] HERBST, H.: Fördermaschinenbremsen. Z. VDI (1940) p. 831.
[29/138] LAMMERS-SCHUH, O.: Kranbremsen und Unfallverhütung. Z. VDI (1938) pp. 268, 294 e 525.
[29/139] LIST, F. e P. HOLD: Berechnung der Haltebremsen. Z. VDI (1938) p. 443.
[29/140] LÜTTGERDING, H.: Kupplungen und Getriebe in der Fördertechnik. Fördern u. Heben (1954) p. 36.
[29/141] THOMAS, H.: Berücksichtigung des Schwungmomentes bei Kranbremsen. ETZ (1940) Cad. 21.

12. Freios de potência

[29/142] LANGE, A.: Beschaufelung von Wasserbremsen. Z. VDI (1939) p. 936.
[29/143] OESTERLEIN, F.: Reibungsbremsen zur Leistungsmessung. Z. VDI (1938) p. 1435.
[29/144] PANTELL, K.: Versuche über Scheibenreibung. Forsch. Arb. Ing.-Wes. Vol. 16 (1949/50) p. 97.

[29/145] *SCHULZ-GRUNOW:* Reibungswiderstand rotierender Scheiben in Gehäuse. ZAMM Vol. 15 (1935).
[29/146] *TAUBMANN, H.:* Neuzeitliche Leistungsbremsen. ATZ (1953) p. 97.

13. Anexo

[29/147] *FAZEKAS, G. A. G.:* Temperature Gradients and Heat Stresses in Brake Drums. SAE-Transact. Vol. 61 (1953) pp. 279-308.
[29/148] *FÖRSTER, H. J.:* Automatische Fahrzeugkupplungen ATZ 61 (1959), pp. 57-67 e 91-102.
[29/149] *KOLLMANN, K.:* Das Verhalten von Reibkupplungen. Techn. Mitt. 51 (1958) pp. 349-356.
[29/150] *KUCKHOFF, N.:* Anforderungen an Schmierstoffe für Kupplungen. Techn. Mitt. 51 (1958), pp. 370-374.
[29/151] *MAIER, A.:* Kupplungen für Kraftfahrzeuggetriebe ATZ 60 (1958), p. 327.
[29/152] *MÄKELT, H.:* Schnellschaltende elektrohydraulisch gesteuerte Membran-Reibungskupplung für mechanische Pressen. Werkstatt u. Betr. 90 (1957) pp. 713-720.
[29/153] *SELIG, H.:* Elektromagnetische und druckölgeschaltete Lamellenkupplungen. Techn. Mitt. 51 (1958), pp. 356-363.
[29/154] *STÜBCHEN, W.:* Elektromagnetisch betätigte Kupplungen in Werkzeugmaschinen. VDI-Z. 100 (1958), pp, 1588-1594.
[29/155] *WEBER, W.:* Herstellung u. Eigenschaften gesinterter Reibkörper. Konstruktion 11 (1959) pp. 69/70.

30. Acoplamentos direcionais *(catracas, rodas livres e acoplamentos de adiantamento)*

30.1. RESUMO

1. *TIPO DE TRABALHO E UTILIZAÇÃO*

Assim como ao empurrar uma carga (por exemplo um veículo) a fôrça de compressão só pode atuar enquanto a mesma não foge, da mesma forma a fôrça tangencial como fôrça de compressão se transmite nos acoplamentos direcionais. Assim, o acionado torna-se livre quando o acionamento atrasa ou o acionado adianta, e acopla (agarra) novamente no momento em que o acionamento adianta em relação ao acionado.

Se o acoplamento direcional é montado entre uma peça girante e uma fixa, êle atua como bloqueio numa direção de rotação. Relativamente a estas propriedades, os acoplamentos direcionais são utilizados

1. *como recuo bloqueado:* por exemplo no acionamento de correias transportadoras, máquinas de levantamento, elevadores, bombas e máquinas de obras civis, para evitar o movimento de recuo pela carga quando o acionamento é interrompido;

2. *como roda livre ou como acoplamento de adiantamento:* aqui o acionado (máquina de trabalho) deve continuar movimentado-se quando o acionamento atrasa. Ela é utilizada, por exemplo, no acionamento de autoveículos (veja o conhecido cubo com roda livre Torpedo na bicicleta, pela Fig. 30.19), no acionamento de exaustores e ventiladores (movimento final do ventilador livre ao se desligar o motor), nos motores de combustão e nas turbinas a gás para a ligação do motor de partida, nas turbinas a vapor para a ligação em paralelo da peça de baixa compressão e na ligação em paralelo, associando-se às turbinas a gás ou motores; além disso, nos redutores de avanço das máquinas ferramenteiras e nas máquinas gráficas, entre o motor principal e o motor de arrasto. Para outros dados, ver a descrição da construção apresentada nas págs. 158 e 165;

3. *para sistemas de engate:* na transformação dos movimentos de oscilação (vaivém) em movimentos aditivos de uma única direção de rotação; por exemplo nas catracas (Fig. 30.11) de acionamento manual com chaves de fenda, nas talhas e nos macacos para o acionamento da alavanca oscilante das máquinas de lubrificação, como material do dispositivo de avanço em prensas e laminadores, em máquinas têxteis e de embalagem e em transmissões de regulação de engate (Fig. 30.29).

2. *TIPOS CONSTRUTIVOS E DESIGNAÇÕES*

Construtivamente, distingue-se, sobretudo, a apresentação com bloqueio travante (bloqueio por atrito) da apresentação com bloqueio de dente. Esta última (Figs. 30.1 a 30.12) trabalha com concordância de forma, sendo que a roda dentada encaixa na garra de bloqueio; a garra só pode encaixar de dente em dente, portanto só por degraus. As apresentações com bloqueio por dente são recomendáveis para fôrças tangenciais pequenas ou grandes, mas sòmente até uma determinada velocidade de engate. Não são exclusivamente encontradas na mecânica fina, mas também nas máquinas de levantamento e nos aprelhos com acionamento manual ou com volante.

Na apresentação com bloqueio travante, o par de atrito de auto-retenção atua como trava. Portanto, o mesmo trabalha por equilíbrio de fôrças, agarra (trava) em qualquer posição, no momento em que varia a direção da fôrça tangencial ou o movimento relativo entre o par de atrito. É usado, de preferência, nas construções mecânicas devido ao fato de não só agarrar em qualquer posição, como também trabalhar silenciosamente e servir para grandes velocidades de engate. A necessária fôrça normal de compressão P é, para um par de atrito (coeficiente de atrito μ), um múltiplo da fôrça tangencial U, pois $P > U/\mu$. Prefere-se, portanto, a disposição com várias subdivisões da fôrça de compressão, que mùtuamente se compensam e não sobrecarregam os mancais do eixo. Principalmente as rodas livres com cilindros travantes (Figs. 30.20, 30.29 e 30.14) e com corpos travantes (Fig. 30.23 e 30.14) são de grande preferência nas construções de máquinas.

Designação: orienta-se ou pela respectiva função e utilização (catraca, bloqueio de recuo, roda livre, acoplamento de adiantamento e dispositivo de engate) ou pelas propriedades especiais de apresentação (catraca de dente, catraca de atrito, catraca de travamento, roda livre de garras, de rolos de travamento, de corpos de travamento, de sapatas de travamento, sem contato). Além disso, utiliza-se geralmente a designação "roda livre" como abreviação para acoplamentos direcionais. Para abreviar, deve-se ainda considerar as seguintes noções do estudo de redutores (geralmente segundo a AWF 6006 [30/2]):

Catraca: aqui se trava total ou parcialmente o movimento de rotação ou de escorregamento de um elemento móvel, nas duas ou numa só direção.

Catraca fixa: com travamento total nas duas direções.

Catraca com engate (bloqueio): catraca fixa trabalhando com concordância de forma.

Elementos de Máquinas

Catraca de travamento (ligação com trava): catraca trabalhando com equilíbrio de fôrças.
Catraca direcional: com bloqueio numa direção de rotação.
Catraca direcional de dente (catraca de garras, Fig. 30.1): catraca direcional trabalhando com concordância de forma de engrenamento.
Catraca direcional de travamento (catraca de atrito, Fig. 30.2): catraca direcional trabalhando com equilíbrio de fôrças de atrito.
Catraca limitadora de fôrça: bloqueia sòmente até uma certa fôrça-limite.
Catraca de espera (limitadora, Fig. 30.3): catraca limitadora trabalhando com concordância de forma.
Catraca de frenagem: catraca limitadora de fôrça, trabalhando com equilíbrio de fôrças.
Dispositivo de engate: aqui a peça de engate (roda) do conjunto de engate move-se em degraus e é bloqueada por meio de uma catraca contra a rotação de recuo.
Dispositivo de engate por garras (Fig. 30.4): dispositivo de engate, onde o movimento em degraus e o bloqueio são feitos por garras.
Dispositivo de engate por engrenagens: o elemento de engate móvel (engrenagem 1) possui dentes de engate com os quais movimenta, em degraus, a peça de engate (engrenagem 2) (por exemplo o dispositivo de cruz de "Malta" e de estrêla).
Dispositivo de travamento (Fig. 30.5): aqui a peça de travamento (engrenagem) de uma catraca é bloqueada e aliviada alternadamente.

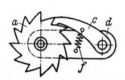 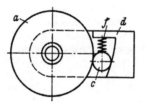 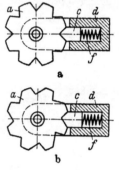

Figura 30.1 – Catraca direcional de dente*

Figura 30.2 – Catraca direcional de travamento

Figura 30.3 – Catraca limitadora, a simétrica, b assimétrica*

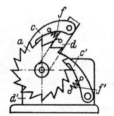 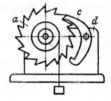

Figura 30.4 – Dispositivo de engate por garras*

Figura 30.5 – Dispositivo de alívio com comando de oscilação*

30.2. DESIGNAÇÕES E DIMENSÕES

Dados entre parênteses valem só para as catracas de dentes

a	[mm]	distância do ponto de rotação da garra
b	[mm]	comprimento dos cilindros e largura do anel, do dente e da garra
B, B'	[mm]	pontos de travamento, Fig. 30.14
C	[mm]	braço de alavanca para P_R
d	[mm]	diâmetro
f	[mm]	(largura da costa do dente)
S	[mm²]	secção transversal do anel, $= bs$
g	[mm/s²]	aceleração da gravidade, $= 9810$
H_B, H_{RC}	—	dureza Brinell, dureza Rockwell
h	[mm]	altura do dente
k	[kgf/mm²]	pressão de rolamento, $= 2{,}86\, p_H^2/E$
m	[mm]	módulo
M_f	[mmkgf]	momento fletor
M_t	[mmkgf]	momento de torção
N	[kgf]	fôrça normal no anel externo (no flanco do dente)
n	[rpm]	rotação
p_k	[kgf/mm]	pressão de canto $= P/b$
p_H	[kgf/mm²]	pressão de Hertz
P, P'	[kgf]	fôrça normal (fôrça na garra através de M)
P_R, P'_R	[kgf]	fôrça resultante para B, para B'
R_w	[mm]	raio útil, $= R_2$ e R'_2
R_1, R_2	[mm]	raio da associação de travamento em B
R'_1, R'_2	[mm]	raio da associação de travamento em B'
R_k	[mm]	raio equivalente, $1/R_k = 1/R_1 + 1/R_2$

*Segundo a AWF 6006 [30/2].

R_m	[mm]	raio médio, $= (R_1 + R_2)/2$	β	[°]	(ângulo na garra, $= 90° - \alpha$)
r	[mm]	raio médio do anel	μ	—	coeficiente de atrito $= \mathrm{tg}\,\varrho$
s	[mm]	espessura do anel	ϱ	[°]	ângulo de atrito
t	[mm]	(passo do dente)	σ	[kgf/mm²]	tensão de tração
U, U'	[kgf]	fôrça tangencial	$\sigma_f, \sigma_d, \sigma_v$	[kgf/mm²]	tensão de flexão, de compressão
W_b	[mm³]	momento de resistência			e equivalente
x	[mm]	(espessura de ruptura do dente)	τ	[kgf/mm²]	tensão de cisalhamento
y	—	grau de preenchimento	φ	[°]	ângulo $180°/z$
z	—	número de cilindros (número de dentes)	φ_t	[arco]	ângulo de passo da roda dentada
			φ_t^0	[°]	ângulo de divisão da roda dentada
α	[°]	ângulo de fôrça, $\cos \alpha = P/P_R$ (ângulo de fôrça das garras)			

30.3. APRESENTAÇÃO COM CATRACA DE TRAVAMENTO

1. *PARA A CONSTRUÇÃO*

A catraca de dentes tem rodas dentadas e garras que engatam automàticamente ou são comandadas por meio de pesos ou fôrças de mola.

As Figs. 30.1 a 30.12 mostram diversas apresentações de catracas por dentes. Para uma descrição melhor, ver pág. 157.

Número de dentes z: crítico para a escolha de z é o ângulo admissível de rotação (ângulo de divisão φ_t) de dente para dente.

$$\varphi_t = \frac{2\pi}{z} \text{ [em arco]}; \quad \varphi_t^0 = \frac{360}{z} \text{ [em graus]}.$$

Quanto maior fôr z, tanto menor será o passo t e o módulo m, e tanto maior será a tensão de flexão no pé do dente, quando forem dados a fôrça tangencial U e o diâmetro da roda de bloqueio d.

Engrenamento: sòmente para pequenas dimensões construtivas e pequenas fôrças (campo da mecânica fina) é que se utilizam os dentes agudos, de acôrdo com as Figs. 30.1 e 30.4. Para fôrças maiores utilizam-se, para engrenamento externo, as apresentações das Figs. 30.6 e 30.7, e para o engrenamento interno, a da Fig. 30.8. O pé do dente deve, em ambos os dentes, ser arredondado (Fig. 30.12) para diminuir o efeito de concentração de tensões.

Como a garra deve ser empurrada com segurança para dentro da cavidade dos dentes, mesmo com um contato na ponta do dente, e devendo a fôrça de atrito $N\mu$ ser alcançada (Figs. 30.6 e 30.7), deve-se ter para a fôrça normal N um ângulo $\alpha > \varrho$ em relação à fôrça na garra P, isto é, $\mathrm{tg}\,\alpha > \mu$. Correspondentemente, o flanco do dente deverá ser disposto radialmente (Fig. 30.6) quando a fôrça na garra P estiver num ângulo α em relação à tangente (a fôrça normal N), e atrasado de um ângulo α em relação à direção radial quando a fôrça na garra P estiver na direção da tangente (Fig. 30.7). A primeira disposição apresenta uma concentração menor de tensões no pé do dente, mas uma fôrça na garra $P = U/\cos \alpha$ um pouco maior. A Fig. 30.8 mostra a respectiva disposição dos flancos dos dentes para uma catraca interna.

Garras e regulação das garras: além das garras simples de compressão com solicitação por pêso ou de mola, utilizam-se ainda as garras a tração (gancho a tração, respectivamente a parte inferior da garra na Fig. 30.5) e as garras de inversão (Fig. 30.11) para inverter o sentido do bloqueio. Para a maior segurança e para diminuir o percurso de engate, utilizam-se também 2 ou 3 garras dispostas no contôrno da roda dentada, cuja posição de engate é defasada de $t/2$ e $t/3$ (Fig. 30.10).

Garras móveis são balanceadas quando a fôrça centrífuga influencia a função de engate (Fig. 30.12). Nas garras com comando de frenagem (Figs. 30.12 e 30.9) o ruído de engate das garras pode ser totalmente evitado. As garras apóiam-se sôbre pinos que são solicitados a flexão e a pressão superficial.

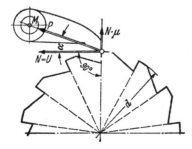

Figura 30.6 — Roda dentada com flancos de dentes radiais e garras

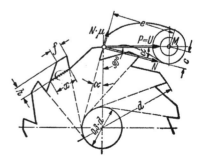

Figura 30.7 — Roda dentada com flancos não radiais e a garra

Elementos de Máquinas

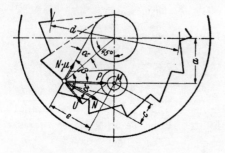

Figura 30.8 — Roda dentada com engrenamento interno e a garra

2. DIMENSIONAMENTO E CÁLCULO

Para os dados experimentais, número de dentes z, módulo m, dimensões h e f e para as tensões admissíveis, ver parágrafo 3.

Dimensões da roda dentada: com o diâmetro d dado e o número de dentes z escolhido, obtém-se o módulo m pela equação

$$\text{diâmetro } d = mz = \frac{t}{\pi} z. \tag{1}$$

A largura necessária do dente e a largura da garra b são obtidas através da fôrça na garra P e da pressão admissível de canto $p_{k\,ad}$:

$$b \geq \frac{P}{p_{k\,ad}}. \tag{2}$$

Fôrças: a fôrça na garra P é obtida pela fôrça tangencial $U = 2M_t/d$.

Para a Fig. 30.6: $P = \dfrac{U}{\cos \alpha}$.

Para a Fig. 30.7: $P = U$.

Para a Fig. 30.8: $P = U \dfrac{d}{2a}$.

Verificação da tensão de flexão σ_f *no pé do dente:* (para a medida x, ver Fig. 30.7).

$$\sigma_f = \frac{M_f}{W_b} = \frac{Uh6}{bx^2} \leq \sigma_{f\,ad}. \tag{3}$$

Para $m \geq 6$ mm e $h \leq 0,8$ m, é desnecessária a verificação de σ_f quando se conserva $p_{k\,ad}$.

Eixo de garra: nas catracas de dentes com grande freqüência de engate (por exemplo para dispositivos de engate), as garras devem ser temperadas e, de preferência, inclusive os dentes, a fim de diminuir o desgaste. Para os outros casos, ver os dados de materiais do próximo parágrafo.

3. DADOS EXPERIMENTAIS

Tensões admissíveis

Material	p_k kgf/mm	σ_f kgf/mm²
Ferro fundido	5···10	2··· 3
Aço ou aço fundido	10···20	4··· 7
Aço temperado	20···40	6···10

Dimensões do engrenamento (Fig. 30.7)

Número de dentes $z = 6$ a 30;
Módulo $m > 6$ (geralmente 10 a 20) nas construções mecânicas;
Dimensões do dente $h/m = 0,6$ a $1,0$;
$\qquad h = 5$ a 15 para catracas de dentes nas construções mecânicas,
$f/m = 0,6$ a $0,9$.
Para garras externas (Fig. 30.6 e 30.7): $\alpha = 14°$ a $17°$.
Para garras internas (Fig. 30.8): $\alpha = 17°$ a $30°$,
$\qquad\qquad a/d = 0,35$ a $0,43$.

4. EXEMPLOS DE CÁLCULO

Dados: catraca de dentes, segundo a Fig. 30.9, com flancos de dentes radiais. Momento de torção $M_t = 5 \cdot 10^4$ mmkgf; $z = 18$; $d = 252$; $b = 30$; $h = 14$; $x = 25$; $\alpha = 14.^\circ$; $\cos \alpha = 0,970$; material aço/aço.

Calculado: $m = \dfrac{d}{z} = 14$ mm;

fôrça tangencial $U = \dfrac{2M_t}{d} = 398$ kgf;

fôrça na garra $P = \dfrac{U}{\cos \alpha} = 411$ kgf;

pressão de canto $p_k = \dfrac{P}{b} = 13,7$ kgf/mm $< p_{k\,ad}$;

tensão de flexão no dente $\sigma_f = \dfrac{Ub6}{bx^2} = 1,78$ kgf/mm² $< \sigma_{f\,ad}$.

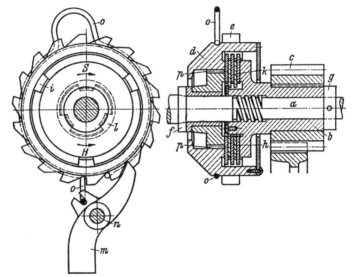

Figura 30.9 — Freio de parafuso com pressão pela carga, com catraca de dentes e comando da garra por um anel de atrito (Piechatzek, Berlin)

S = descer   H = levantar

5. CONSTRUÇÕES EXECUTADAS

Figura 30.9. Freio de parafuso com pressão pela carga, com catraca de dentes

Girando-se no sentido de levantar a carga H, através do acionamento, o anel de atrito *o* desengata a garra *m*, e girando-se no sentido de descer, a carga engata-se. O pino da garra é fixo no suporte da talha. Na posição em repouso, a carga comprime através da rôsca o acoplamento de lamelas *k*; a carga é sustentada, assim, pelo acoplamento e pela catraca de dentes. Na rotação do eixo intermediário *a*, no sentido de descer a carga, o acoplamento é aliviado pelo parafuso e fechado pelo carregamento a seguir.

Figura 30.10. Catraca de frenagem

Girando-se a roda com engrenamento interno no sentido de levantar a carga, levantam-se as garras das cavidades dos dentes e arrasta-se a mola *h*, pois o anel de atrito *f* no qual está articulado o anel é arrastado pela roda dentada por meio de atrito. Girando-se a roda dentada no sentido de descer a carga, as garras, ao contrário, são engatadas pela mola de arraste, de tal maneira que a roda dentada fica rigidamente ligada ao eixo por meio das garras e do suporte das garras *c*.

Figura 30.11. Catraca com garra alternante

Com o movimento da alavanca manual (peça tubular) para cima, a garra arrasta a roda dentada, enquanto que com o movimento da alavanca para baixo a garra escapa dos dentes e nenhum movimento é produzido na roda dentada. A roda dentada gira, então, passo a passo, com o movimento de vaivém da alavanca. Invertendo-se a garra (engatando a inferior no lugar da superior), a roda dentada passa a girar para a direita, com o movimento de vaivém da alavanca. A mola de compressão *f* comprime a garra cada vez nas cavidades dos dentes, tanto com a garra na posição superior como na posição inferior.

Elementos de Máquinas

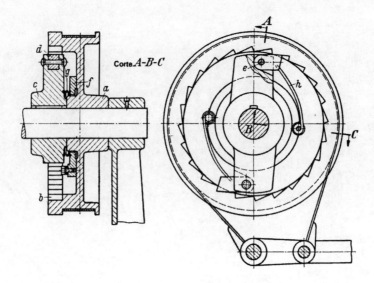

Figura 30.10 – Freio de catraca com engrenamento interno na roda e com garras comandadas (Gebr. Weissmüller, Frankfurt. a. M.)

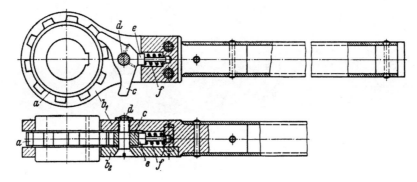

Figura 30.11 – Catraca para o acionamento duplo (segundo Hänchen [30/9]

Figura 30.12. Freio de catraca com a garra comandada por atrito

Na garra c é fixada uma sapata de atrito e com lona f que com a rotação da roda dentada a para a direita engata a garra (movimento de rotação no sentido de descer a carga), e, com a rotação para a esquerda (movimento de rotação no sentido de levantar a carga), levanta-a da cavidade do dente, evitando, assim, seu movimento de batida.

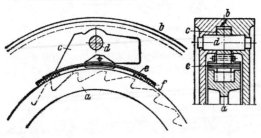

Figura 30.12 – Garra comandada para um freio de catraca (segundo Hänchen [30/8])

30.4. APRESENTAÇÕES POR ATRITO

1. *PARA A CONSTRUÇÃO*

Tipos construtivos: dos dois tipos principais, roda livre radial com fluxo de fôrças no sentido radial (Fig. 30.14) e roda livre axial com fluxo de fôrças no sentido axial (Figs. 30.13 e 30.24), utilizam-se geralmente as primeiras.

De tôdas as possíveis construções de roda livre axial (Figs. 30.14 e 30.13), definiram-se principalmente as de rolos de travamento com uma estrêla interna (Fig. 30.14c) e os corpos de travamento entre pistas concêntricas (Fig. 30.14d). Os outros tipos construtivos, como o de rolos de travamento com uma estrêla externa (Fig. 30.14b); os de menor capacidade de carga do que os da 30.14c, com sapatas articuladas (Fig.

Acoplamentos Direcionais (*Catracas, Rodas Livres* e *Acoplamentos de Adiantamento*)

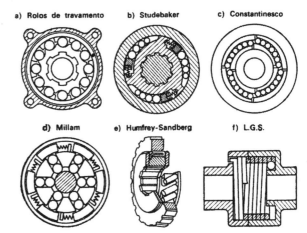

Figura 30.13 — Resumo sôbre os diversos sistemas de roda livre (segundo Bussien [30/5])

30.14a, ainda em desenvolvimento), com cunhas curvas (Fig. 30.13c) ou com fita helicoidal (Fig. 30.13f), são menos utilizados em relação aos anteriormente citados.

Distinguem-se ainda, segundo as características construtivas e propriedades adicionais: roda livre embutida (Fig. 30.20), roda livre de cubo e roda livre com rolamentos adicionais (Fig. 30.23), em seguida a roda livre sem contato (Fig. 30.21), que acima de uma certa rotação não possui mais atrito de escorregamento (nenhum desgaste de escorregamento), roda livre com possibilidade de desligar sob carga (Figs. 30.24 e 30.26), roda livre com molas independentes nos corpos de travamento (construção usual, ver Fig. 30.20) e com molas reforçadas (para dispositivos de engate), roda livre com guia de gaiola (Fig. 30.21), com compressão pela fôrça centrífuga e assim por diante.

O tipo construtivo mais simples de uma roda livre com travamento por atrito é mostrado na Fig. 30.2.

Capacidade de carga e tipo construtivo: em tôdas as rodas livres de aço com travamento por atrito, recomenda-se uma têmpera nas partes de travamento, pois o momento de torção a ser transmitido [a pressão admissível de rolamento k da Eq. (7)] cresce aproximadamente com o quadrado da dureza Brinell H_B (até $H_B = 650$).

Em tôdas as rodas livres, segundo a Fig. 30.14, a capacidade de carga cresce, pela Eq. (7), com $\operatorname{tg} \alpha \, b \, k \, R_k \, R_w \, z$, portanto com o ângulo de inclinação α, com a largura b, com o raio equivalente R_k, o raio útil R_w e o número de rolos z.

Com êste dado estão determinadas, ao mesmo tempo, tôdas as possibilidades para aumentar a capacidade estática de carga e para comparar as capacidades de carga das diversas apresentações, segundo a Fig. 30.14. Com isto, a capacidade de carga para a apresentação com rolos e estrêla interna (Fig. 30.14c)

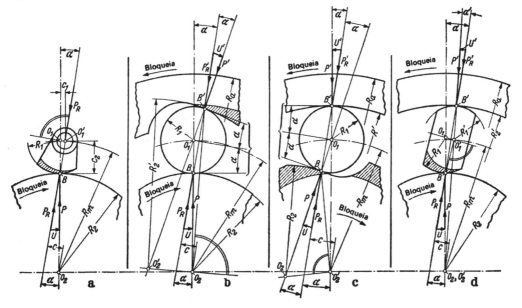

Figura 30.14 — Geometria e fôrças de diversas rodas livres radiais. a com sapata de travamento (sapata articulada); b com rôlo de travamento e estrêla externa; c com rôlo de travamento e estrêla interna; d como corpo de travamento e pistas concêntricas; B, B', lugares de travamento. Foram conservados: $\alpha(10°)$, R_1 e R_m. Momento de torção transmissível: $M_t = P_R \, C \, z$

é fundamentalmente maior do que a das outras apresentações, segundo a Fig. 30.14; no entanto, devem ser conservados os dados b, R_m, R_1/R_m e z, pois com a apresentação dada pela Fig. 30.14c $R_w = R'_2$ e o braço de alavanca c é fundamentalmente maior. Apesar disso, pode-se pràticamente conseguir, através da apresentação (com corpos de travamento) pela Fig. 30.14d, uma maior capacidade de carga, pois aqui o grau de preenchimento y e R_1 pode ser conservado maior do que nos outros casos.

Configuração e curvas de partida: teòricamente, tôdas as curvas de partida da estrêla interna e externa ou dos corpos de travamento correspondem a uma cunha com o ângulo de cunha 2α, que pode ser considerada como abraçando o corpo de base livre de travamento (ver as cunhas circulares hachuradas da Fig. 30.14). A curva de partida assim obtida é uma espiral logarítmica. Ela pode, pràticamente, ser substituída por um arco circular com o raio de curvatura da espiral logarítmica no ponto B (e B' respectivamente). O correspondente ponto de curvatura média O_K da curva de partida é o ponto de intersecção da fôrça normal P e P', respectivamente, com a perpendicular que é levantada do ponto de rotação O_D da curva de partida sôbre a linha de ligação $\overline{BO_D}$ e $\overline{B'O_D}$.

Na Fig. 30.14	a	b	c	d
tem-se, para curva de partida no ponto:	B	B'	B	B
o raio de curvatura:	R_1	R'_2	R_2	R_1
o ponto de curvatura média O_K:	O_1	O'_2	O_2	O_1
o ponto de rotação O_D:	O'_1	O_2	O'_2	O'_1

Curvas de partida diferentes: o raio da curva de partida pode ser adotado pràticamente um pouco maior do que o raio de curvatura da espiral logarítmica. O ponto da curvatura média da curva de partida é, com isso, deslocado segundo a direção da fôrça normal P (e P'). Com isso, consegue-se uma pressão de rolamento k menor (principalmente nas Figs. *a* e *d* onde varia R_1) e um ângulo de inclinação α, que varia com o deslocamento B sôbre a curva de partida: ela cresce com o momento de torção (com o deslocamento do ponto de travamento). Esta consideração deve ser especialmente recomendada quando o ângulo de inclinação α com carga zero é adotado menor (ver os dados experimentais da pág. 162). Na apresentação com estrêla interna, adota-se, de preferência, uma reta como normal à fôrça P no ponto de travamento.

Pré-molejo: prefere-se o molejo isolado para cada corpo de travamento para evitar um carregamento desigual nas pequenas diferenças dimensionais. A fôrça de mola deve ser um pouco maior do que o efeito de reação do atrito de escorregamento, pêso próprio e fôrça centrífuga. Nos dispositivos de engate é recomendável um molejo reforçado para diminuir o ponto morto até o pleno momento de torção.

Mancais e distribuição de carga: a roda livre em si só serve para a recepção do momento de torção e não para a recepção de fôrças transversais. Por outro lado, uma solicitação uniforme nos corpos de travamento só é possível nas rodas livres perfeitamente centradas e guiadas paralelamente. Caso não se verificar êste último caso nas construções comuns, deve-se prever uma roda livre com mancais transversais (Fig. 30.23).

Desgaste, vedação e lubrificação: todo desgate local delimitado pelo lugar de travamento aumenta o ângulo de inclinação α. Um desgaste uniforme sôbre as superfícies rodantes não é tão inconveniente, mas êle desloca cada vez mais o lugar de travamento para a extremidade da superfície de partida. Portanto, as rodas livres necessitam, da mesma forma como os mancais de rolamentos, suficiente lubrificação e devem ser vedados (Fig. 30.23). Para os dados experimentais de lubrificação, ver pág. 163. Para o movimento de escorregamento contínuo e grande velocidade de escorregamento, recomenda-se uma roda livre sem contato (Fig. 30.21).

Montagem, ajuste e desmontagem: a transmissão do momento de torção para o eixo verifica-se geralmente por uma chavêta e, no cubo externo, por um rasgo frontal no anel externo da roda livre. Para aliviá-lo de carga, a montagem da roda livre é ajustada com interferência, pois o ajuste forçado é recomendado (tolerâncias, ver pág. 163). A montagem e a desmontagem verificam-se por compressão axial e por tração com garras e parafuso de compressão, respectivamente (não utilizar ferramentas de choque).

Os tipos construtivos menores satisfazem quando a roda livre é adaptada sôbre um eixo com maior rotação (menor momento de torção).

2. DIMENSIONAMENTO E CÁLCULO

Designações e dimensões, ver pág. 154.
Para os dados de referência de α, k_{ad} e y, ver pág. 162.
Escolha de α: o ângulo de inclinação α deve ser menor do que o real menor valor do ângulo de atrito ϱ:

$$\text{tg }\alpha < \text{tg }\varrho_{min} = \mu_{min}.$$

Adota-se, geralmente, um valor menor para α, para aumentar o percurso de rotação até a absorção do momento de torção a plena carga. Assim sendo, diminui a fôrça máxima de choque com o aumento do trabalho de choque. Relativamente, pode-se deixar crescer α de um valor pequeno até um valor-limite no fim da curva de partida; ultrapassando-se o valor-limite no fim da curva de partida, a roda livre passa a escorregar com a sobrecarga.

Momento de torção transmissível M_t: determinante para M_t é a pressão admissível de rolamento k_{ad} (dados de referência, ver pág.162). Na condição de k_{ad}, deve-se observar se o momento de torção de choque $M_{t\max}$, no engate da roda livre, vai ser maior do que M_t. Seguramente, calcula-se com

$$M_{t\max} = 2 M_t \cdots 3 M_t$$

A pressão de rolamento k_{ad} que aqui aparece não deve produzir nenhuma deformação plástica apreciável nos lugares de travamento, pois com isto cresceria o ângulo de inclinação α. Relativamente, deve-se conservar, na escolha de α, o valor-limite, com suficiente segurança, abaixo do limite superior da grandeza admissível de k_{ad}.

Cálculo de M_t: para as rodas livres com z corpos de travamento, tem-se, genèricamente, segundo as Figs. 30.14a até d:

momento de torção $\boxed{M_t = P_R C z}$. (4)

Com a introdução da fôrça resultante

$$P_R = \frac{P}{\cos \alpha}, \text{ distância } C = R_w \operatorname{sen} \alpha,$$

com o braço de alavanca útil $R_w = R_2$ para o *caso* 1 (Figs. 30.14a, b, d):
$R_w = R'_2$ para o *caso* 2 (Fig. 30.14c),
obtém-se, da Eq. (4):

$$\boxed{M_t = \operatorname{tg} \alpha\ P R_w z}.$$ (5)

Com a introdução da pressão de rolamento[1]

$$k = \frac{P}{2 R_k b} = 2{,}86\ \frac{p_H^2}{E} \leq k_{ad}$$ (6)

e $1/R_k = 1/R_1 + 1/R_2$ no ponto de travamento B^2, obtém-se, através da Eq. (5):

$$\boxed{M_t = 2 \operatorname{tg} \alpha\, k\, b\, R_k R_w z}.$$ (7)

Solicitação no anel externo (Fig. 30.15): no carregamento isolado do anel externo, as fôrças radiais P solicitam o anel a tração e flexão. As tensões máximas de tração σ_v que aqui resultam (tensão tangencial de contôrno devido à tensão de tração σ e à tensão de flexão σ_f) localizam-se no corte transversal I (corte transversal no ponto de aplicação da fôrça), no lado externo do anel, e no corte transversal II (corte transversal no meio entre as duas fôrças P), no lado interno do anel. Além disso, σ_v é de grandeza desigual nos dois cortes transversais.

Para o cálculo de σ_v, a seguir, considera-se[3]: uma secção transversal $b\,s$ constante, fôrças radiais P iguais no contôrno, para as mesmas distâncias que comprimem igualmente sôbre a largura do anel b

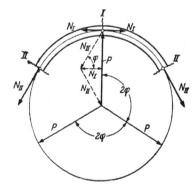

Figura 30.15 − Para o cálculo das solicitações no anel interno

---

[1] Para a pressão de rolamento k e a pressão de Hertz p_H, ver Vol. II. Para aço/aço, tem-se $p_H = 85{,}7 \cdot \sqrt{k}$, com a introdução do módulo de elasticidade $E = 21\,000$ kgf/mm² na Eq. (6); k_{ad}, ver pág. 162.

[2] Para o ponto de travamento B' na peça exterior, tem-se $1/R_k = 1/R'_1 - 1/R'_2$ (sinal negativo para a curvatura côncava), bem como a pressão de rolamento k, que é menor do que no ponto de travamento B.

[3] As equações que seguem foram obtidas pelo autor por meio de pesquisas. Para outras condições e outras secções transversais durante I e II, podem-se utilizar os critérios de cálculo de Biezeno e Grammel [30/3].

quando a espessura do anel s é pequena em relação ao raio do anel r. Com a introdução do raio médio do anel $r = R'_2 + s/2$, z como número de fôrças P, ângulo $\varphi = 180/z$ [graus] e

$$P = \frac{M_t}{\operatorname{tg} \alpha \, R_w \, z} \tag{8}$$

pela Eq. (5), tem-se
para a secção transversal I:
fôrça normal N_I e tensão de tração σ

$$N_I = \frac{0,5 \, P}{\operatorname{tg} \varphi} \, ; \quad \sigma = \frac{N_I}{b \, s} \, ; \tag{9}$$

momento de flexão M_{f_I} e tensão de flexão σ_f

$$M_{f_I} = r\left(\frac{z}{2\pi} P - N_I\right) ; \quad \sigma_f = \frac{M_{f_I}}{W_c} = \frac{6 M_{f_I}}{b \, s^2} ; \tag{10}$$

tensão resultante

$$\sigma_{v_I} = \sigma + \sigma_f ; \tag{11}$$

para a secção transversal II:
fôrça normal N_{II} e tensão de tração σ

$$N_{II} = \frac{0,5 \, P}{\operatorname{sen} \varphi} \, ; \quad \sigma = \frac{N_{II}}{b \, s} \, ; \tag{12}$$

momento de flexão $M_{f_{II}}$ e tensão de flexão σ_f

$$M_{f_{II}} = r\left(\frac{z}{2\pi} P - N_{II}\right) ; \quad \sigma_f = \frac{M_{f_{II}}}{W_c} = \frac{6 M_{f_{II}}}{b \, s^2} \tag{13}$$

tensão resultante

$$\sigma_{v_{II}} = \sigma + \sigma_f \tag{14}$$

3. DADOS EXPERIMENTAIS

Dados para associações de travamento de aço temperado lubrificado a óleo.

Ângulo de inclinação α

Valor-limite $\quad\quad\quad\quad\quad\quad\quad\quad\quad\quad\quad \alpha \leqq \varrho_{min}$
prático $\quad\quad\quad\quad\quad\quad\quad\quad\quad\quad\quad\quad\quad \alpha = 2°$ até $5°$,
$\quad\quad\quad\quad\quad\quad\quad\quad\quad\quad\quad\quad\quad\quad\quad \alpha \approx 2°$ até $3°$ para o início de carregamento com boa absorção de choque (por exemplo para a roda livre de autoveículos),
$\quad\quad\quad\quad\quad\quad\quad\quad\quad\quad\quad\quad\quad\quad\quad \alpha \approx 4,5°$ para a plena carga

Relações (R_1 e R_m, segundo a Fig. 30.14):

Para rolos de travamento $\quad\quad\quad\quad\quad z = 1 \, R_m/R_1$ até $2 \, R_m/R_1$,
$\quad\quad\quad\quad\quad\quad\quad\quad\quad\quad\quad\quad\quad\quad \dfrac{R_1}{R_m} = 0,1$ até $0,3$,

para corpos de travamento (Sprags) $\quad z = 1,1 \, R_m/R_1$ até $4,4 \, R_m/R_1$,

$\quad\quad\quad\quad\quad\quad\quad\quad\quad\quad\quad\quad\quad\quad \dfrac{R_1}{R_m} = 0,17$ até $0,37$

para os dois tipos: $\quad\quad\quad\quad\quad\quad\quad\quad s = 1,5 \, R_1$ até $2 \, R_1$,
largura dos rolos $\quad\quad\quad\quad\quad\quad\quad\quad b = 3 \, R_1$ até $8 \, R_1$.

Pressão admissível de rolamento (para a dureza Rockwell $C \approx 62 \pm 2$).

$$k_{max} = 12 \text{ (em relação a } M_{t\,max}\text{)}$$
$$k = 4 \text{ (em relação a } M_t\text{)}.$$

Materiais: Para a construção em aço cementado: EC 80 ou 16 MnCr 5 com uma profundidade de cementação 1,5 até 2 mm.
Para a construção em aço beneficiado: aço de rolamento.

Execução

Dureza da pista $\quad H_{RC} = 62 \pm 2$,
profundidade de rugosidade da pista $\quad$ 0,5 até 1 μ,
êrro no ângulo de inclinação $\quad < 3\,\mu$ num comprimento de 10 mm.

Ajuste: ajuste com interferência; para o eixo ISA j 6, para o furo ISA H 6 a H 7.

Dados de funcionamento alcançados: para dispositivos de engate (com molejo reforçado nos rolos de travamento), com até 2 000 engates/min, percurso de resposta (marcha livre) até a plena carga 0,01 a 0,02 mm.

Lubrificação: com óleo isento de acidez e água, viscosidade do óleo 20 até 37 cSt para 50°C, nível de óleo aproximadamente até 1/8 do diâmetro da pista; para uma velocidade da pista de até 2 m/s, lubrificar ainda com graxa de rolamento.

4. EXEMPLOS DE CÁLCULO

Designações e dimensões segundo a pág. 154.

Exemplo 1: roda livre embutida com rolos de travamento, segundo a Fig. 30.20.
Tipo construtivo e designações, de acôrdo com a Fig. 30.14c.

Dados: $\alpha = 4°$, $R_1 = 6$, $R_w = R'_2 = 51$, $R_2 = \infty$ (curva de partida retilínea), $b = 48$, $s = 12$, $r = R'_2 + s/2 = 57$, $z = 8$.

Procura-se: momento de torção transmissível M_t para pressão de rolamento $k = 4\,\text{kgf/mm}^2$; além disso, a tensão do anel σ_v.

Cálculo de M_t: com a introdução de tg $\alpha = 0,07$, $1/R_k = 1/R_1 + 1/R_2 = 1/6$, obtém-se, pela Eq. (7),

$$M_t = 2 \cdot 0,07 \cdot 4 \cdot 48 \cdot 6 \cdot 51 \cdot 8 = \underline{66 \cdot 10^3 \text{ mmkgf}}\ (= 66\,\text{mkgf}).$$

Cálculo de σ_{v_I} [ver Fig. 30.15 e as Eqs. (8) a (11)]:

$$P = \frac{66 \cdot 10^3}{0,07 \cdot 51 \cdot 8} = 2300\,\text{kgf}, \qquad \text{tg}\,\varphi = \text{tg}\,\frac{180}{8} = 0,414,$$

$$N_1 = \frac{0,5 \cdot 2300}{0,414} = 2780\,\text{kgf}, \qquad \sigma = \frac{2780}{48 \cdot 12} = 4,8\,\text{kgf/mm}^2,$$

$$M_{f_I} = 57\left(\frac{8}{2\pi}2300 - 2780\right) = 8540\,\text{mmkgf},$$

$$\sigma_f = \frac{6 \cdot 8540}{48 \cdot 12^2} = 7,4\,\text{kgf/mm}^2, \qquad \sigma_{v_I} = 4,8 + 7,4 = \underline{12,2\,\text{kgf/mm}^2}.$$

Cálculo de $\sigma_{v_{II}}$ [ver Fig. 30.15 e as Eqs. (12) a (14)]:

$$\text{sen}\,\varphi = \text{sen}\,\frac{180}{8} = 0,383, \qquad N_{II} = \frac{0,5 \cdot 2300}{0,383} = 3000,$$

$$\sigma = \frac{3000}{48 \cdot 12} = 5,2, \qquad M_{f_{II}} = 57\left(\frac{8}{2\pi}2300 - 3000\right) = -4560\,\text{mmkgf},$$

$$\sigma_f = \frac{6 \cdot 4560}{48 \cdot 12^2} = 3,96\,\text{kgf/mm}^2, \qquad \sigma_{v_{II}} = 5,2 + 3,96 = \underline{9,16\,\text{kgf/mm}^2}.$$

Exemplo 2: tensão do anel no modêlo de uma roda livre, segundo a Fig. 30.16.
Para as designações, ver Fig. 30.14c.

Dados: $z = 10$; $R_1 = 10$; $R'_2 = 87,5$; $R_2 = \infty$; $b = 10,2$; $s = 20$; $r = R'_2 + 0,5\,s = 97,5$; fôrça normal $P = 58,9\,\text{kgf}$ (calculado através do momento de torção executado).

Procura-se: tensão do anel $\sigma_{v_{II}}$ no anel externo (no lado interno do anel, no meio, entre 2 rolos)
a) calculado pelas Eqs. (12) a (14),
b) através da tensão fotoelástica da Fig. 30.16.

Para a), calcula-se

$$\text{sen}\,\varphi = \text{sen}\,\frac{180}{z} = 0,309,$$

$$N_{II} = \frac{0,5\,P}{\text{sen}\,\varphi} = 95,4,$$

$$\sigma = \frac{N_{II}}{b\,s} = 0,467,$$

Elementos de Máquinas

Figura 30.16 — Apresentação de tensões fotoelásticas de uma roda livre com rolos de travamento, de resina sintética, sob um momento de torção*. As faixas pretas (isocromáticas) são posições com tensões de cisalhamento constante. Na passagem de uma isocromática para outra, a tensão varia na relação do número de ordem representado, da isocromática ($\delta = 1, 2, 3 \ldots$). Notável é a pressão de Hertz nos lugares de travamento ($\delta > 7$), a tensão máxima no contôrno do anel externo fora da zona de travamento e no anel interno dentro da zona entre dois lugares de travamento, assim como a concentração de tensões no rasgo da chavêta do anel interno

$$M_{f_{II}} = r\left(P\frac{z}{2\pi} - N_{II}\right) = 165,8,$$

$$\sigma_f = \frac{6\,M_{f_{II}}}{b\,s^2} = 0,244,$$

$$\sigma_{v_{II}} = \sigma + \sigma_f = \underline{0,71\ \text{kgf/mm}^2}.$$

Para b), calcula-se: segundo a expressão principal da tensão fotoelástica [30/7] tem-se

$$\sigma_1 - \sigma_2 = \delta\,\frac{S}{b}\ [\text{kgf/mm}^2]. \tag{15}$$

Aqui σ_1 e σ_2 significam as tensões principais, δ a ordem da isocromática (ver 1, 2, 3 ... na Fig. 30.16), S a constante do material, b a espessura do modêlo. No caso proposto, tem-se $\sigma_{v_{II}} = \sigma_1 + \sigma_2$, e assim

$$\sigma_{v_{II}} = 3,3 \cdot \frac{2,14}{10,2} = \underline{0,692\ \text{kgf/mm}^2}.$$

A concordância entre o ensaio e o cálculo é realmente apreciável.

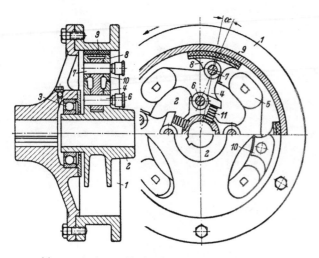

Figura 30.17 — Acoplamento de adiantamento (AEG)

*Apresentação e cálculo das tensões fotoelásticas da FZG (K. Stölzle) em um modêlo da firma Stieber--Rollkupplung (München), num trabalho de cooperação com o instituto de pesquisa para tensões fotoelásticas da TH--München.

5. CONSTRUÇÕES EXECUTADAS COM TRAVAMENTO POR ATRITO

Figura 30.17. Acoplamento de adiantamento com sapatas de atrito

Utilizado nas máquinas de partida difícil onde um motor auxiliar acelera o motor principal até a sua rotação, através de um acoplamento de adiantamento e um redutor intermediário. No momento em que o motor principal acelerado ultrapassa o acionamento do motor auxiliar, o acoplamento de adiantamento deve desacoplar, livre de choques (movimentar livre). O tambor 1 é fixado sôbre o eixo de acionamento do redutor intermediário e o cubo 2 sôbre o eixo do motor principal. Ambos os cubos são centrados pelo rolamento 3. As molas 11 garantem o início de travamento das sapatas. O motor auxiliar aciona, por meio de um redutor intermediário, o tambor 1 no sentido da flecha. No momento em que o motor principal e, com êste, o cubo do acoplamento 2 giram mais depressa do que o tambor externo 1, as alavancas das sapatas 4 movimentam-se para a direita de tal forma que as sapatas atritam sôbre o tambor. Com o aumento da rotação, as alavancas das sapatas movimentam-se ainda mais para a direita, devido à fôrça centrífuga, e as sapatas deslocam-se concêntricamente através dos limitadores 10 para a posição sem contato.

Figura 30.18. Freio com união de travamento para talhas de levantamento

As sapatas de atrito *a* são articuladas no disco *c* que se apóia com rotação livre sôbre o cubo. O arrastador *d* é ligado ao eixo, sem liberdade de rotação, e comprime, por meio das hastes, as sapatas de atrito contra o tambor de freio *b*, quando o eixo gira na direção da flecha "desce". Aparecem, assim, as fôrças *A* e *B* nos pontos de articulação das sapatas de atrito, que originam a resultante *R* situada num ângulo α da radial do ponto médio de atrito. Para um α menor do que o ângulo de atrito ϱ, aparece a auto-retenção, isto é, as sapatas travam no tambor de frenagem *b* que, por sua vez, é fixado pelas sapatas externas de frenagem *g*. Girando-se o eixo na direção da flecha "levanta", o arrastador *d* afasta as sapatas do tambor de frenagem, isto é, o eixo também pode girar livremente no sentido de levantar, apesar da fixação do tambor *b*.

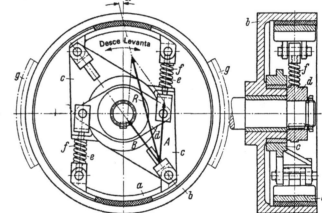

Figura 30.18 – Freio com união de travamento

Figura 30.19. Cubo de roda livre "Torpedo" para bicicletas

O acionamento se verifica pela roda dentada de corrente, à direita, a qual é ligada, sem liberdade de rotação, à estrêla interna da roda livre (ver corte *A-B*). O movimento de rotação da roda dentada de cor-

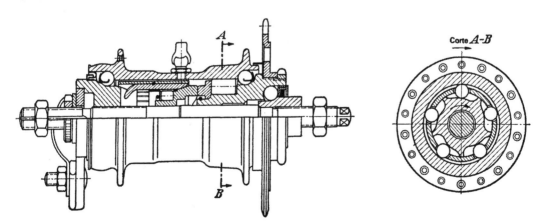

Figura 30.19 – Cubo de roda livre "Torpedo" (Fichtel & Sachs)

rente é transmitido da estrêla interna para o cubo externo da roda através de cinco rolos de travamento guiados por uma gaiola. Portanto, os rolos de travamento travam quando a estrêla interna gira na direção da flecha (acionamento de avanço da roda). O funcionamento livre na roda começa no momento em que a velocidade de rotação do cubo é maior do que a velocidade de rotação da estrêla interna (velocidade da roda dentada de corrente). O cubo externo da roda é guiado por 2 rolamentos de contato angular, que absorvem as fôrças longitudinais e transversais. O eixo central da roda livre é fixado no quadro da bicicleta, para evitar a rotação.

Figura 30.20. Roda livre embutida

É construída como elemento de mecânica, do tipo rolamento, em dimensões e grandezas prefixadas, e pode ser montada nos diferentes tipos de construções (ver Figs. 30.14 e 30.28). Os rolos de travamento são comprimidos isoladamente por meio de pinos apoiados em molas nas posições de travamento (ver figura) e guiados lateralmente por discos de partida fixos axialmente por anéis "Seeger". Para transmitir o momento de torção, as faces laterais do anel externo possuem ranhuras radiais e a estrêla interna um furo ajustado com um rasgo de chavêta.

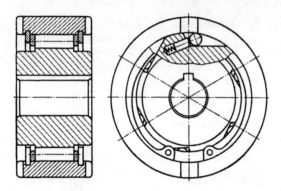

Figura 30.20 – Roda livre de embutir (Stieber)

Figura 30.21. Roda livre com corpos de travamento sem contato

Os corpos de contato 1 são guiados por uma gaiola 2 e comprimidos na direção do travamento por meio de pinos com molejo 8. O anel interno é, no caso presente de utilização (travamento de recuo no acionamento de uma bomba), fixado à carcaça por meio de uma flange 4. A peça externa 3 movimenta-se com o eixo de acionamento. No momento em que esta ultrapassa uma certa rotação, o efeito das fôrças centrífugas nos centros de gravidade dos corpos de travamento predominam sôbre a fôrça de molejo dos pinos 8, de tal forma que os corpos de travamento afastam-se aproximadamente de 0,1 a 0,3 mm do anel interno, evitando o desgaste de escorregamento. Desligando-se o acionamento, os corpos de travamento encostam outra vez no anel interno. No instante em que o eixo da bomba é acionado pela coluna de água no sentido de recuo, os corpos de travamento fixam o eixo no anel interno. Êsse tipo de roda livre serve também como acoplamento de adiantamento para uma rotação de regime em vazio até acima de 10 000/min.

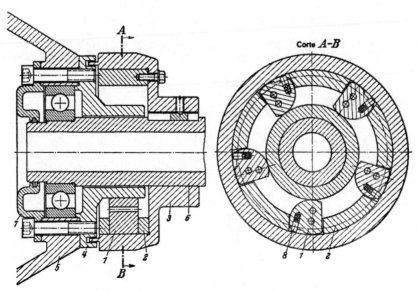

Figura 30.21 – Roda livre sem contato (Stieber)

Figuras 30.22 *e* 30.23. *Exemplos de roda livre com corpos de travamento*[4]

Pode-se obter, nesta roda livre, um grau de preenchimento especialmente alto, portanto é possível transmitir um maior momento de torção. Na Fig. 30.22 os corpos de travamento *b* são articulados nos rasgos do anel interno. Além disso, são guiados pelo anel lateral ranhurado. O efeito de travamento forma-se no anel externo, de tal forma que se alcança, aqui, um maior braço de alavanca de fôrça *C* na Fig. 30.14c. Mesmo assim, esta apresentação é menos utilizada devido ao seu maior custo. A Fig. 30.23 mostra a forma genérica de utilização dos corpos de travamento de uma roda livre com pistas externa e interna cilíndricas. Os corpos de travamento travam no anel externo e interno, correspondentemente à Fig. 30.14, onde o braço de alavanca de fôrça *C* é menor do que da apresentação anterior. Para o molejo dos corpos de travamento na direção do travamento, utilizam-se molas laterais helicoidais, que se apóiam nos rasgos laterais dos corpos de travamento. Além disso, deve-se observar o alinhamento central da roda livre através dos rolamentos e, ainda, a vedação da roda livre.

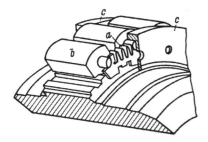

Figura 30.22 – Roda livre com corpos de travamento (Morse Chain Comp., USA)

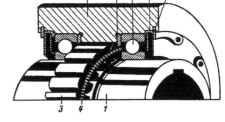

Figura 30.23 – Roda livre com corpos de travamento (Morse Chain Comp., USA)

Figura 30.24. *Roda livre cônica desengatável*[5]

Entre as duas superfícies cônicas *a* e *b*, localizam-se os rolos em forma de agulhas *c* guiados pela gaiola *d*. Os rolos estão num ângulo α em relação ao eixo do cone. Girando-se o cone externo *b*, movimentam-se os rolos segundo uma linha helicoidal sôbre o cone interno. Êste movimento helicoidal arrasta também o cone externo, devido ao fato de o pequeno ângulo de inclinação não permitir escorregamento (nenhuma tendência de atrito de escorregamento). O movimento helicoidal produz um pequeno movimento axial no cone externo e obriga um alongamento elástico no mesmo. O trabalho de alongamento corresponde ao trabalho helicoidal, composto da resistência e do percurso de rosqueamento. Quanto maior fôr o momento de torção externo, tanto maior será o percurso de rosqueamento e o trabalho de alongamento até a absorção total do momento de torção. Girando-se ao contrário, o cone externo solta o acoplamento e a peça girante externa apóia-se axialmente contra o rolamento de esferas. Esta construção é especialmente útil para a absorção de choques e vibrações rotatórias. Com a guia transversal do cone externo, pode-se alcançar inclusive um funcionamento em vazio sem contato e, através da limitação axial do movimento de rosqueamento, uma limitação no momento máximo de torção.

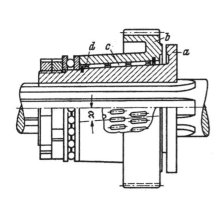

Figura 30.24 – Cone "Frei" (Stieber)

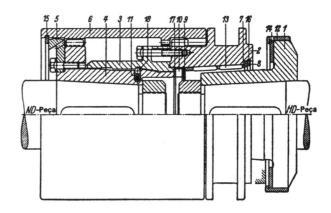

Figura 30.25 – Acoplamento de adiantamento entre duas turbinas (Stieber)

---

[4] No que se refere às apresentações alemãs, ver os catálogos [30/33] da "Stieber", Maurer e Kessler.
[5] O mesmo tipo de construção do acoplamento por rolamento pode ser visto no Vol. II, pág. 78.

Figura 30.25. Roda livre cônica com acoplamento de adiantamento entre as turbinas de vapor, para alta e baixa pressão

O cone 1 da roda livre é fixado sôbre o eixo da turbina HD com funcionamento constante, e o cone oposto 2 (desenhado na posição desenvolvida) é fixado, através do acoplamento de dentes 6 e do cubo 4, ao eixo da turbina ND. Se a turbina ND também deve acionar, ela é, antes, acelerada até a rotação ($n = 6800$) e o cone oposto 2 é engatado para a direita até o rôlo de travamento 13, com os cones 1 e 2 em contato. Em seguida, aumenta-se vagarosamente a rotação da turbina ND até a rotação ($n = 7000$) da turbina HD em funcionamento contínuo. Ultrapassando-se, a roda livre trava e ambas as rodas são acopladas. Por outro lado, desligando-se a turbina ND, diminui a sua rotação e a roda livre desacopla automàticamente. Com isto, liga-se o cone oposto 2 para a esquerda, de tal maneira que a turbina ND funciona até a sua parada como a roda livre sem contato.

Figura 30.26. Roda livre com rolos de travamento num redutor de autoveículo

A roda livre com 6 rolos de travamento (em cima, à esquerda e à direita da figura) é montada entre o acoplamento do motor e o redutor de engate. No caso normal (motor aciona), a roda livre atua como acoplamento. No momento em que se deixa de acelerar e a rotação do eixo de acionamento atrasa, o autoveículo passa a andar livremente (a roda livre age como roda livre). No instante em que o eixo de acionamento 1 aciona novamente (na aceleração), a roda livre engata e a fôrça de acionamento transmite-se para o autoveículo. Para condições especiais de rodagem, a roda livre pode ser evitada por meio de um bloqueio. Através da alavanca 6 é engatado, então, o acoplamento de dentes.

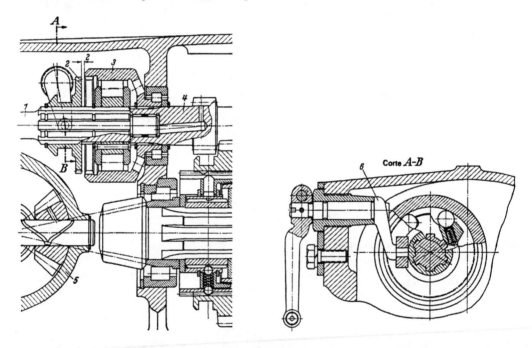

Figura 30.26 — Roda livre com rolos de travamento num redutor de câmbio de um autoveículo (AUTO-UNION)

Figura 30.27. Roda livre embutida, segundo a Fig. 30.20, como acoplamento de adiantamento para eixos não alinhados

A roda livre de embutir é montada sôbre o eixo à esquerda com os rolamentos adicionais para centrar o anel externo, e o anel interno é fixado no eixo. A transmissão do momento de torção entre o eixo à direita e o anel externo da roda livre verifica-se através de um acoplamento elástico que está fixo sôbre o eixo da direita.

Figura 30.28. Roda livre de embutir, segundo a Fig. 30.20, como acoplamento de adiantamento para o acionamento duplo

O motor 1 para a marcha fina aciona através do parafuso sem-fim 2, da carcaça da roda livre 3, que, na direção do acionamento, trava e assim gira a marcha fina do motor principal 4 e da máquina de trabalho 5, rigidamente acoplada. Ligando-se o motor principal para uma rotação maior, alivia-se a roda livre no momento em que é ultrapassada a rotação da marcha fina. Desligando-se o motor principal, a roda livre trava novamente no momento em que diminui a rotação da marcha fina.

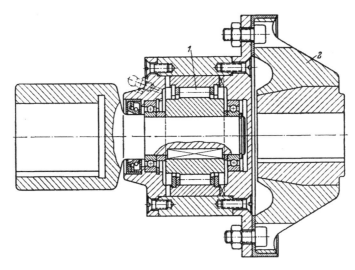

Figura 30.27 — Roda livre de embutir como acoplamento de adiantamento em eixos não alinhados (Stieber)

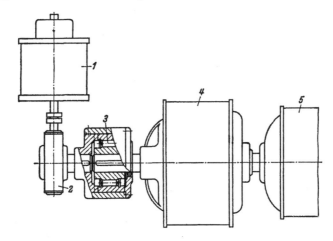

Figura 30.28 — Roda livre de embutir como acoplamento de adiantamento para o acionamento duplo (Stieber)

Figuras 30.29 e 30.30. Dispositivo de engate para redutores de regulação

O movimento uniforme de rotação na manivela de acionamento produz, na alavanca do balancim, um movimento de vaivém que, por meio da roda livre de rolos de travamento, só transmite numa direção para o eixo acionado. Ligando-se paralelamente vários dispositivos de engate em defasagem, podem-se comparar perfeitamente as velocidades resultantes angulares ω do eixo acionado, segundo a Fig. 30.30, com os movimentos angulares adicionados das rodas livres, isoladamente, de tal maneira que ω só varia ainda de um $\Delta \omega$. Pela variação do raio da manivela no acionamento, pode-se variar continuamente o eixo acionado.

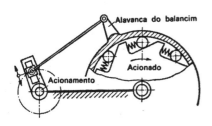

Figura 30.29 — Esquema de um dispositivo de engate de um redutor continuamente regulável (segundo Altmann [30/13])

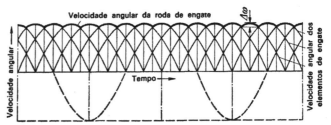

Figura 30.30 — Desenvolvimento das velocidades angulares para um dispositivo de engate de um redutor com oito dispositivos de engate defasados (segundo Altmann [30/13])

30.5. BIBLIOGRAFIA

1. Normas

[30/1] AWF u. VDMA Getriebeblätter: AWF 610. Gesperre und Sperrtriebe. Berlin: AWF 1928.
[30/2] AWF u. VDMA Getriebeblätter: AWF 6006. Begriffsbestimmungen, Sperrtriebe. Berlin: 1952.

2. Livros

[30/3] *BIEZENO-GRAMMEL:* Technische Dynamik. Berlin: Springer 1953.
[30/4] *BOCK:* Stufenlos regelbare, mechanische Geschwindigkeitsumformer, Maschinengetriebe. Berlin: VDI-Verlag 1931.
[30/5] *BUSSIEN, R.:* Automobiltechnisches Handbuch. Darin: v. THÜNGEN, Stufenlose Getriebe (Abschn. b, Schaltwerksgetriebe). Berlin: 1953.
[30/6] *ERNST, H.:* Die Hebezeuge, Vol. I, 5.ª Ed. Braunschweig: Vieweg 1958.
[30/7] *FÖPPL-MÖNCH, L.:* Praktische Spannungsoptik. 2.ª Ed. Berlin: Springer 1959.
[30/8] *HÄNCHEN, R.:* Sperrwerke und Bremsen. Berlin: Springer 1930.
[30/9] *HÄNCHEN, R.:* Winden und Krane. Berlin: Springer 1932.
[30/10] Hütte: Des Ingenieurs Taschenbuch, Vol. IIA, 28.ª Ed. Darin: R. KRAUS, Gesperre und Schaltwerke. Berlin: Ernst & Sohn 1954.
[30/11] *JAHR-KNECHTEL:* Getriebelehre. Leipzig: Jäneke-Verlag 1943.
[30/12] *SIMONIS, F. W.:* Stufenlos verstellbare Getriebe. Berlin: Springer 1949.

3. Dissertações

[30/13] *ALTMANN, FR. G.:* Stufenlos regelbare Schltwerksgetriebe. Z. VDI (1940) pp. 333-338.
[30/14] *ALTMANN, FR. G.:* Ausgleichsgetriebe für Kraftahrzeuge. Z. VDI (1940) pp. 545-551.
[30/15] *ALTMANN, FR. G.:* Getriebe und Triebewerksteile. Z. VDI Vol. 93 (1951) pp. 515-524 e ATZ (1932) pp. 157-161.
[30/16] *ALTMANN, FR. G.:* Stufenlos verstellbare mechanische Getriebe. Konstruktion (1952) p. 165.
[30/17] *BECKER, R.:* Stufenlos regelbare Antriebe in Kraftwerken. Z. VDI (1951) p. 629.
[30/18] *BOTSTIBER, W.* e *L. KINGSTON:* Freewheeling Clutches. Machine Design Vol. 24 (1952) N.º 4, pp. 189-194.
[30/19] *DERSCHMIDT, H. v.:* Der Klemmrollenfreilauf als einbaufertiges Maschinenelement. Konstruktion (1953) p. 344.
[30/20] *DIEDERICHS, M.:* Moderne Freilaufkonstruktionen. Maschinenmarkt Vol. 61 (1955) pp. 26-28.
[30/21] *GAGNE, A.:* One-Way Clutches. Machine Design (abril 1950) pp. 120-128.
[30/22] *GRÄBNER, R.:* Ausbildung und Anwendung von Kremmrollenfreilaufen im Werkzeugmaschinenbau. Werkst u. Betr. (1953) pp. 733-737.
[30/23] *GRÜNBAUM, H.:* Der Weg zum Klemm-Wälzlager. Binningen (Schweiz): Selbstverlag.
[30/24] *HAIN, K.:* Zur Weiterentwicklung der Schaltwerke. Z. VDI (1949) p. 589.
[30/25] *HELDT, P. M.:* Torque Converters or Transmissions, p. 94. Nyack (N. Y.): P. M. Heldt 1947.
[30/26] *KARDE, K.:* Die Grundlagen der Berechnung und Bemessung des Klemmrollenfreilaufes. ATZ Vol. 51 (1949) pp. 49-58. Berichtigung: ATZ Vol. 52 (1950) p. 85.
[30/27] *KOLLMANN, K.:* Beiträge zur Konstruktion und Berechnung von Überholkupplungen. Konstruktion Vol. 9 (1957) pp. 254-259.
[30/28] *SCHMIDT, FR.:* Einbau und Wartung von Klemmrollenfreiläufen. Maschinenmarkt Vol. 63 (1957) N.º 22.
[30/29] *SIMONIS, F. W.:* Antriebe, Steuerungen und Getriebe bei neueren Drehbänken. Konstruktion (1952) p. 273.
[30/30] *SPETZLER, A.:* Taschenuhren, die Hemmungen. Z. VDI (1940) pp. 377-379.
[30/31] *THOMAS, W.:* Rechnerische Bestimmung des Ungleichförmigkeitsgrades stufenlos regelbarer Schaltwerksgetriebe. Z. VDI (1953) p. 189.
[30/32] *THÜNGEN, H. v.:* Der Freilauf. ATZ Vol. 59 (1957) pp. 1-7.

4. Catálogos

[30/33] AEG, Berlin. Fichtel & Sachs, Schweinfurt. Kessler & Co. GmbH, Wasseralfingen/Württ. Malmedie & Co., Düsseldorf. Ringspann Albrecht Maurer K. G., Bad Homburg v. d. H. Stieber Rollkupplung K. G., Heidelberg.

Êste trabalho foi elaborado pelo processo de FOTOCOMPOSIÇÃO
Monophoto - no Departamento de Composição da Editora
Edgard Blücher Ltda. - São Paulo - Brasil